openGauss
数据库实战指南

李国良 冯建华◎编著

清华大学出版社
北京

内容简介

本书结合 openGauss 数据库原理，讲述 openGauss 数据库实战相关内容，并设计多种实验帮助用户理解并使用 openGauss 数据库。本书首先介绍数据库的基本概念、安装部署、开发调试，并设计实验帮助用户熟悉这一系列操作。接着介绍数据库设计、查询优化、维护、数据库备份与恢复及导入与导出、存储引擎、事务控制和数据库安全等。本书理论与实践并重，读者通过阅读本书并进行实践，可以较好地掌握 openGauss 数据库。

本书面向的读者主要是高校学生及使用 openGauss 数据库的工程师。

图书在版编目(CIP)数据

openGauss 数据库实战指南/李国良，冯建华编著. —北京：清华大学出版社，2021.9 (2025.2 重印)
(华为智能计算技术丛书)
ISBN 978-7-302-58989-1

Ⅰ. ①o… Ⅱ. ①李… ②冯… Ⅲ. ①关系数据库系统－指南 Ⅳ. ①TP311.138-62

中国版本图书馆 CIP 数据核字(2021)第 173529 号

责任编辑：盛东亮 钟志芳
封面设计：李召霞
责任校对：时翠兰
责任印制：沈 露

出版发行：清华大学出版社
网 址：https://www.tup.com.cn，https://www.wqxuetang.com
地 址：北京清华大学学研大厦 A 座 **邮 编**：100084
社 总 机：010-83470000 **邮 购**：010-62786544
投稿与读者服务：010-62776969，c-service@tup.tsinghua.edu.cn
质量反馈：010-62772015，zhiliang@tup.tsinghua.edu.cn
课件下载：https://www.tup.com.cn，010-83470236
印 装 者：涿州市般润文化传播有限公司
经 销：全国新华书店
开 本：186mm×240mm **印 张**：20 **字 数**：452 千字
版 次：2021 年 10 月第 1 版 **印 次**：2025 年 2 月第 6 次印刷
印 数：4501～5300
定 价：89.00 元

产品编号：091795-01

FOREWORD

序　　一

在数字经济时代，计算是数字经济的底座，数据是生产资料，算力是生产力。数据库系统作为存储和管理数据的软件，既是基础软件皇冠上的明珠，也是国内基础软件发展的最大挑战。从中国软件产业发展的角度看，应用软件发展优势明显，但数据库系统、操作系统等基础软件发展相对薄弱。根深才能叶茂，坚持基础软硬件创新，才能构建持续发展的基石，使上层应用生态百花齐放，推动数字经济高质量的发展。

华为公司于 2020 年 6 月 30 日正式开源 openGauss 以来，以社区为平台，持续进行数据库内核根技术创新，联合数据库产业链上下游伙伴，构建繁荣的数据库产业生态。华为公司面向企业核心应用场景，聚焦行业数字化转型，补齐基础软件短板，打造数据库根技术。openGauss 提供高性能（目前在两路鲲鹏处理器下 TPCC Benchmark 性能超过 150 万 tpmC）、高可用（提供多地多中心部署方式）、高安全（支持全密态计算，原生区块链防篡改等技术）、易运维（具有基于 AI 的智能参数调优和索引推荐等技术）的内核版本。华为公司和合作伙伴一起为完善企业级特性及南北向生态，在金融、制造等国计民生行业的核心系统中稳步推进 openGauss 数据库商用。

openGauss 是数据库领域的创新平台。基于 openGauss 的开发实践，工程师在数据库顶级会议（SIGMOD、VLDB、ICDE）上发表多篇论文，推动数据库的创新和发展。基于 openGauss 平台，清华大学、北京航空航天大学、西北工业大学等高校的学者，已开展创新型基础研究，推动数据库技术的进步；结合“智能基座”项目，清华大学、北京大学、复旦大学等 50 余所著名高校在原有数据库课程中融入 openGauss 相关内容，培养大量开发者，夯实“智能基座”人才基础。openGauss 与教育界、学术界开展多方面合作，持续推动生态繁荣。

本书结合 openGauss 数据库原理，面向高校师生及数据库工程师，通过实验帮助用户理解并使用数据库。本书不仅介绍了 openGauss 数据库的安装部署、开发调试、设计调优、运维及数据备份导入等内容，而且介绍数据库使用过程中涉及的操作，以及数据库存储引擎、事务控制和角色管理、审计等安全策略。希望读者通过本书快速上手 openGauss，同时触类旁通，进一步理解通用数据库的架构设计及调优、运维思路，并对 OLTP 数据库有更深的理解，理论结合实践，培养更好的实战能力，成为一名优秀的开发运维工程师。

邓泰华

华为技术有限公司副总裁、计算产品线总裁

2021 年 9 月

FOREWORD
序　二

数据库系统是管理和查询不同类型数据的系统软件，在计算机硬件和应用之间起到了承上启下的重要作用，是 IT 行业不可或缺的基础软件。 60 年来，数据库系统已经被广泛应用于各行各业。

由于数据库设计复杂和开发周期长，商业数据库通常被国外公司所垄断，因此数据库系统也成了“卡脖子”的系统。 近年来，为解决数据库系统“卡脖子”的问题，国产数据库系统应运而生。 其中华为 openGauss 开源数据库系统是我国自研的代表性数据库系统。 具有高性能、高可用、自治安全等特点。

对于广大数据库从业者、数据库系统开发设计人员、数据库领域的研究生和本科生来说，仅了解数据库的基本原理是不够的，还必须从工程实践的角度入手，从一个真实开源的数据库开始，把数据库理论与实践结合起来，才能真正掌握数据库的精髓，才能运用所学知识解决实际中遇到的问题，如性能调优、故障诊断与检测、容灾、升级、备份与恢复等问题。

本书以 openGauss 数据库为蓝本，原理与实践相结合，详细介绍了 openGauss 数据库的基本概念、安装部署、开发调试和运维，以及数据库设计与实现的细节。 因此本书不仅适合高校的学生深入学习数据库的基础知识和实现细节，也适合数据库管理员仔细阅读，从而更加深入地了解数据库设计和实现的精髓。

本书作者是从事一线数据库研究与开发的知名学者，不仅非常熟悉数据库的原理，而且精通数据库的设计与实现。 本书凝聚了作者的心血，是一本非常适合学习和了解数据库设计与实现以及数据库实战的参考书，期望本书能成为读者的良师益友。

李建中
哈尔滨工业大学
2021 年 9 月

FOREWORD

序 二

[illegible]

[illegible]

[illegible]

[illegible]

[illegible]

[illegible]

PREFACE
前　言

数据库系统是组织、存储、管理、分析数据的系统，是 IT 行业最重要的基础软件，目前各行各业的信息系统都需要使用数据库系统管理业务数据。数据库系统在硬件和应用之间起到了承上启下的重要作用，是 IT 行业不可或缺的软件，被誉为“软件行业皇冠上的明珠”。

20 世纪 50 年代，随着计算机的诞生和成熟，计算机开始用于数据管理，然而，传统的文件系统难以应对数据增长的挑战，也无法满足多用户共享数据和快速检索数据的需求。因此，20 世纪 60 年代，数据库应运而生。经过 60 多年的发展，数据库发生了翻天覆地的变化，从网状数据库的提出到关系数据库的蓬勃发展，从单机数据库、集群数据库到分布式数据库，从本地部署到云数据库部署形态，从交易型行存储引擎到分析型列存储引擎，从手工运维到 AI 自调优，数据库技术出现了百家争鸣的大繁荣、大发展。近年来，我国数据库领域从学术界到工业界都得到了快速发展。其中华为公司推出的开源数据库 openGauss 是我国自研的代表性数据库系统，该系统具有世界领先的分布式事务能力，具有云化架构、混合负载、多模异构、AI 自调优等特点。

本书主要介绍 openGauss 数据库实战的相关内容，帮助读者从实践的角度理解 openGauss 数据库。本书定位为数据库领域选修教材，面向工程科技类普通读者，尽可能删减繁杂抽象的公式、定理和理论推导。读者除需要具备基本的数据库知识和编程能力外，无须预修任何课程。本书特别理想的受众是计算机科学、人工智能、电子工程、生物医药、物理、化学、金融统计等领域的学术人员或需要用到数据库的研发人员；本书也为互联网公司和开发者提供了有价值的内容。

本书共 10 章，内容涵盖 openGauss 数据库的基本概念、安装部署、开发调试、数据库设计、查询优化、数据库维护、备份与恢复及导入与导出、存储引擎、事务控制、数据库安全等。通过本书，读者可以深入了解 openGauss 数据库的原理、架构和使用方法，掌握数据库开发的核心技术，将来可以开发数据库内核的核心代码，也可以更好地利用数据库开发各种应用。读者可搜索微信公众号 openGauss 或访问 openGauss 开源社区网站，以获取更多关于 openGauss 的产品和技术信息。

本书主要由李国良、冯建华编写。感谢华为公司在本书写作过程中提供的资源和支持。感谢清华大学出版社盛东亮老师和钟志芳老师等的大力支持，他们认真细致的工作保证了本书的质量。

由于编者水平有限，书中难免有疏漏和不足之处，恳请读者批评指正！

编　者

2021 年 5 月

CONTENTS

目　录

第1章

初识 openGauss

1.1 数据库基本概念

数据库顾名思义为“数据的库房”,准确来说是“按照数据结构组织、存储和管理数据的仓库”。数据库技术作为信息领域的核心技术之一,几乎支撑着所有信息系统的运转,大到全国公民身份证信息系统,小到学校信息系统,数据库在满足用户共享数据和快速检索数据等需求下承担着不可或缺的角色。

随着需要存储的数据形式(例如图形、图像、音频、视频等)逐渐增加,以及数据之间关系表现需求的变化,数据库所使用的数据模型也逐渐变化。20 世纪 70—80 年代诞生了网状数据库。网状数据库作为数据库历史上的第一代产品,在当时的环境下十分流行,在数据库系统产品中占据主导地位,但如今已经被关系数据库所取代。

关系数据库系统以关系代数为坚实的理论基础,经过几十年的发展和实际应用,技术越来越成熟和完善,应用范围非常广泛。当然,随着需求的变化和增加,也逐渐诞生了其他类型的数据库,例如分布式数据库、云数据库、图数据库和 AI 原生数据库等。本书主要介绍具有企业级能力的关系数据库系统 openGauss 及相关背景知识。

1.1.1 数据库的定义

数据库系统主要由数据和数据管理系统组成。Data(数据)泛指能被计算机存储下来的符号,是数据库中存储的基本对象。而数据库管理系统(Database Management System, DBMS)是介于用户和操作系统的管理程序。它能够帮助用户在不涉及操作系统的层面上实现对数据的定义、组织、存储和管理等。除此之外,必要的计算机硬件,例如足够大的内存和外存,支撑 DBMS 运行的操作系统,具有数据库接口的高级语言和编译系统等也是需要的。

1.1.2 数据库模式设计

1. 表的基本概念

在关系数据库中,数据可以用一个规范的二维表表示。存储数据一般包括三步:定义表结构,设置约束,添加数据。定义表结构需要确定表名称、表中各列的名称、每列的数据类型等,这也是数据库设计中重要的一步。数据库的表由行和列组成,行通常按数据插入的时间顺序存储。同一张表中列的顺序可以是任意的,但列名必须唯一,每定义一个列都需要指明其数据类型，不同表中可以使用相同的列名。例如，一个虚拟的图书信息关系见表 1-1。

表 1-1 虚拟的图书信息关系

						列
属性	书号	书名	作者	单价	出版日期	分类
	100012	塞纳的湖边	乔治	24.00	2018-03-01	外国小说
行	100013	世界上的有心人	张三	41.30	2020-09-01	中国当代随笔
	100014	荒岛生活日记	玛丽	59.00	2020-09-01	外国小说
	100015	干涸	李四	59.30	2020-10-01	中国当代小说

表 1-1 中记录了有关虚拟的图书信息，它有 6 个列首：书号、书名、作者、单价、出版日期和分类。每行介绍了一本书的具体信息，同时也代表了一组数值之间的联系，这和数学中的元组(tuple)相对应。在关系模型中，**关系**用来指代表，**元组**用来指代行。**属性**指代表中的列。

除了定义数据的结构和关系外，也需要考虑数据的类型来限定数据的范围。这样能够方便数据库系统更好地处理和管理数据，不同数据类型的存储格式也不相同。数据类型通常分为数值类型、字符类型和日期/时间类型，除此之外，很多数据库也定义了一些特殊类型，如几何类型、网络地址类型、位串类型等。各数据类型将在第 4 章详细描述。

2. 数据库模式

数据库模式(database schema)是数据库的逻辑设计。考查表 1-1 中的图书关系，该关系的模式是：虚拟的图书(书号，书名，作者，单价，出版日期，分类)。下面再看一个订单的例子，见表 1-2。

表 1-2 订单关系

订单号	书号	单价	数量
313	100012	24.00	1
1314	100015	59.30	4

表 1-2 所给出的关系中，模式可以表示为：订单(订单号，书号，单价，数量)。注意书号这一属性既出现在虚拟的图书信息模式中，也出现在订单信息模式中，这样的重复是很常见的。这也是使各种关系模式联系起来，或者说是将各种表连接起来的一种方法。例如，要查看属于外国小说这个类目下的书总共被订出多少本，首先需要从虚拟的图书信息表中找出所有属于外国小说的书籍，然后再去订单关系中统计其中每本书被订出的数量。

一个完整的图书数据库中可能需要维护更多的关系，上面给出的两个例子介绍了表的基本概念和数据库模式,至此我们看到数据在逻辑上被整齐地、有规律地排列在表中。

3. 键

表 1-1 和表 1-2 展示了数据库中表的结构和数据,实际在构建数据库时,需要添加一些约束关系进一步管理数据。下面介绍数据库最常见的两个约束。

1) 主键

主键是被挑选出来的一个或多个属性,它的值用于唯一地标识表中的某条记录,因此主键不能重复,也不能为空值。主键的定义主要是为了保证实体的完整性,加快数据库的操作速度。在数据库设计中,尽量选择一个属性作为主键;尽量选择更新少的字段作为主键;尽量选择整数型的字段作为主键。在表 1-1 的图书信息中,更适合作为主键的是书号,而书名等都易出现重复。

2) 外键

一个表中的外键是另一个表中的主键。外键可以重复,也可以是空值。一个表中可以有多个外键。外键的主要目的是使两张表形成关联关系,可以直观地理解,外键的功能是实现同一事物在不同表中的标志一致性,例如将表 1-1 中的书号作为主键,那表 1-2 中的属性书号就可以作为表 1-1 中的外键。从订单关系中任取一个元组 t_a,必然在虚拟的图书信息关系中存在一个元组 t_b,使得 t_a 中属性“书号”的取值与 t_b 的主键“书号”的取值相同。

4. 模式设计

在现实世界中,数据之间的关系总是错综复杂的。要充分、真实地反映和展示事物与事物的联系,需要从多方面考量。针对一个具体应用构造数据库,第一步需要设计数据库模式。一个好的数据库模式首先需要设计人员真正理解内部需求,然后决定构建的关系、关系中的属性,最后建立约束。在设计过程之初,数据库设计者需要将应用的关系模式以用户能理解的形式表现出来,目前这种概念模型通常用 E-R 数据模型表示,这种概念模型易于理解、更改,我们将在第 4 章详细介绍如何使用 E-R 模型对实际应用进行建模。

1.1.3 数据库性能优化

数据库性能优化的目的是提高数据库系统的性能。数据库的优化是多方面的,比如提升响应速度,提高负载能力等。通常通过调整表结构、参数,建立索引以减少系统的瓶颈。

查询操作是数据库系统中非常频繁的操作,提高查询的响应速度对提升数据库系统性能格外重要。数据库通常会提供分析查询操作的命令用于数据库管理员或者开发人员对查询命令进行优化,一些数据库也会提供优化提示命令帮助用户改变查询语句的执行计划,比如改变表的连接顺序、连接方式等。针对传统数据库,通常雇用专业人员进行数据库调优,这种方法无疑会付出高昂的代价,随着人工智能技术的发展,一些数据库利用现有机器学习模型和技术使数据库能够自动调节参数或进行性能预测来提高数据库性能,这些技术一定程度上减少了人力开销。

第 5 章将从功能描述、语法格式、参数说明和具体示例四个方面详细介绍查询分析命令、优化提示命令,以及如何使用自动化参数优化工具。

1.1.4 数据库存储

在关系数据库中数据以表的形式存储。前面简单介绍了数据在概念层或者说逻辑层上的存储。用户不需要关注存储的具体物理细节,但存储引擎作为数据库系统不可或缺的基石,其存储方式的选择等显著影响着数据传输的性能。本节将对数据库的存储进行简单介绍。

数据在硬件上需要根据数据库存储引擎提供的存储方式进行存储。通常存储方式被分为行存储、列存储和行列混合存储。行存储中一行数据是连续存储的;同理,列存储中一列数据是连续存储的,行列混合存储中部分数据按照行存储,部分数据按照列存储。每种存储方式都有自己的优势和劣势,具体会在第8章详细介绍。

数据库的物理构成中包含多种存储介质,如磁盘和高速缓存等。数据库系统需要根据多方面的需求动态地规划所需的内存和存储资源,以满足工作负载,这些需求包括数据体量、响应要求、并发程度等。内存虽然存取速度较快但价格相对高,磁盘这类辅存虽然价格低但存取速率相对较低。如何设计存储引擎来管理数据,存储为数据库系统带来更高的性能、更大的吞吐率和更低的延迟是数据库系统中重要的一环,第8章将介绍一些关键存储技术及其应用场景。

1.1.5 数据库事务控制

事务管理是为了保证即使发生了故障,如电源断电,代码异常等,数据库也能一直保持正确的状态。在数据库中,错误的操作可能带来严重的后果。

例如银行转账业务,这个简单的事务包括两个操作:一个是转出,账户中的余额减少;另一个是转入,账户的储蓄额增加。这个事务的完成必须保证两个操作全部被成功执行,如果中途数据库发生故障,就会给银行或者顾客造成损失。这种需要保证同时执行或同时不执行的要求称为原子性。而这个银行转账例子中转出和转入的金额应该相等这一特性被称为一致性。即使在系统故障下,两个账户的余额也应始终保持为更新后的值,这个要求被称为持久性。事务管理中还有一种阻止并发访问问题的特性,即隔离性,在银行转账这一事务中,假设在处理转入操作的同时这个银行卡账户正在支付购买的商品,这就涉及事务之间隔离。具体事务的隔离方式对应不同的隔离级别。

事务这一概念已经在数据库系统中广泛使用,更多的相关概念、实际操作和命令将在第9章讨论。

1.1.6 数据库安全保证

数据库通过聚集数据为人们使用和管理数据带来了便利,同时,保证数据安全也是数据库系统的职责。数据库中的数据通常会被多个用户使用,数据的价值虽在于其共享性,但也有部分数据涉及隐私,比如公司内部的员工信息需要保密。为保证数据库安全,通常采取三种措施：权限管理、安全策略和数据库审计。

权限管理对不同的用户授予不同的权限，各用户只能在自己权限范围内使用数据库，当然，用户的权限也可以变化，这就涉及用户权限的设置与回收。安全策略一般指在某个安全区域内，用于所有与安全相关的一套安全规则和行动策略，这些策略包括配置加密算法、配置密码安全参数等。数据库审计是对数据库活动的一种监管措施，通过记录数据库的行为给出实时提示或者提供给相关人员分析。

数据库安全一直是数据库运行和维护的一个重要环节。保证数据安全并为用户提供安全的服务需要完备的管理体系。更多关于数据库安全的管理方式将在第 10 章详细介绍。

1.1.7　数据库维护

数据库维护的目的是保证数据库系统的稳定性、可靠性和高效性。例如，存储硬件耗损需要及时替换，系统意外崩溃需要及时恢复数据，因此，对数据库进行定期记录、检查是必要的。数据库系统会提供相应工具帮助用户进行维护，通常包括对运行状态的检查，意在确认数据库处于可对外服务的状态；对数据库性能的检查，意在帮助用户了解数据库的负载情况；对日志文件进行检查和管理，意在帮助用户定位故障等；对表、索引进行维护，意在优化数据库的性能，提升查询效率等。当然，用于维护数据库的功能是与日俱增的，第 6 章将介绍几种数据库常见的维护手段及操作方法。

1.1.8　数据库备份

数据库备份是还原之前存储数据的一种方法。数据库系统通常给用户提供了多种数据导入导出的工具，这些数据导入导出的工具适用于不同的场景需求，第 7 章将结合具体任务给出数据导入导出的流程和使用规则。

1.2　openGauss 简介

openGauss 是华为公司推出的一款高性能、高安全、高可靠的企业级开源关系数据库。自 2020 年 6 月 30 日华为公司正式开源 openGauss 以来，社区贡献者积极参与 openGauss 社区，目前已经有海量数据、虚谷伟业、云和恩墨等多家合作伙伴发布 openGauss 商用版本。项目已经在政府、金融、运营商等领域得到具体的应用。

1.2.1　发展历史

华为公司研究数据库是从满足生产实践出发，从研发用于满足局限场景的较简单架构数据库产品开始，逐步向通用性、可规模商用的数据库产品演进。openGauss 基于开源数据库 PostgreSQL，主要经历了内部自用孵化阶段、联创产品化阶段和 openGauss 集中式版本开源三个阶段，如图 1-1 所示。

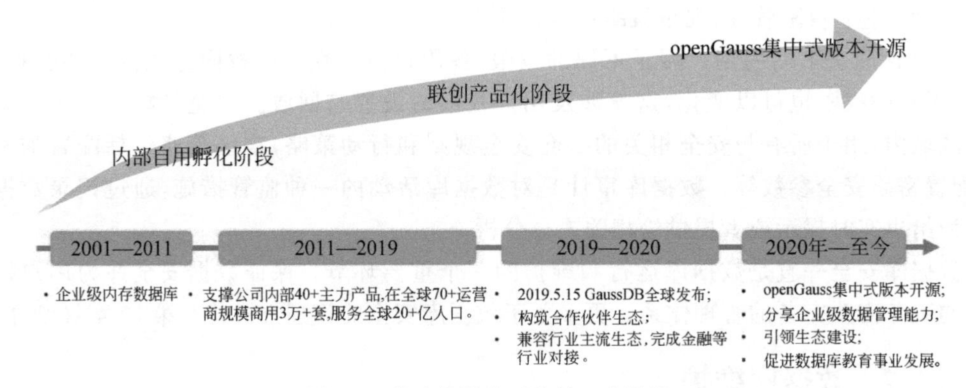

图 1-1 华为数据库开发的三个阶段

1. 内部自用孵化阶段

华为公司研究和开发数据库技术及产品,最早可追溯到 2001 年。当时,华为公司中央研究院 Dopra 团队为了支撑华为所生产的电信产品(交换机、路由器等),启动了内存数据存储组件 DopraDB 的研发,从此开启了华为自研数据库的历程。2008 年,华为核心网产品线需要在产品中使用一款轻量级、小型化的磁盘数据库,于是华为基于 PostgreSQL 开源数据库开发 ProtonDB,这是华为与 PostgreSQL 数据库的第一次亲密接触。2011 年,"数字洪水时代到来",华为铸造"方舟"渡过数字洪水的危机,由此组建了 2012 实验室。华为公司认为,在数字洪水时代,信息和通信技术(information and communications technology,ICT)软件技术栈中数据库是不可缺少的关键技术,因此将原来分散在各个产品线的数据库团队及业务重新组合,在 2012 实验室中央软件院下成立了高斯部,负责华为公司数据库产品和技术的研发。高斯部的数据库内部诞生了多个系列的产品,例如内存数据库 GMDB、磁盘型数据库 GaussDB 100 OLTP 和采用大规模并行处理(massively parallel processing,MPP)架构的 GaussDB 200 数据库,支撑公司内部主力产品。

2. 联创产品化阶段

随着华为高斯数据库在 2019 年对业界正式发布,之后进入数据库产业化阶段。华为高斯数据库后续的规划主要围绕数据库生态和技术竞争力展开。各产品逐渐商用:GMDB v2,是对标 Oracle TimesTen 内存数据库的一款产品,2018 年由基于该内存数据库产品的核心业务系统(core business system,CBS)支撑的用户数超 20 亿;GaussDB 100 v3,是在 2016 年与招商银行一起共同组建联合创新实验室中承接银行分布式业务系统中核心部件研发的分布式联机事务处理(on-line transaction processing,OLTP)数据库,现已经在一些网上银行、网上商城和信用卡预授权等关键业务系统上线商用。

3. openGauss 集中式版本开源阶段

2020 年年中,华为正式开源 openGauss,其作为公司内部配套和公有云的 GaussDB 服务内核将保持长期演进。openGauss 的开源顺应公司战略:硬件开放、软件开源、使能伙伴,从共建生态、分享企业级能力,以及高校产、学、研三方面考虑。通过 openGauss 开源社区运作，推广华为自有数据库生态，助力鲲鹏计算产业生态构建，同时把高性能、高可用、安全可信的企业级能力带给客户，在技术分享的同时社区共同研发达到合作共赢的目的。除此之外，openGauss 的开源有助于建设高校生态文明，形成产学研模式，聚国内数据库人才携手并进，共同挑战数据库难题，促进国内基础软件发展，共筑国产数据库事业。

1.2.2 架构概述

openGauss 采用客户端/服务器、单进程多线程架构，是一种支持 SQL 2003 标准，并支持主、备部署的高可用关系数据库。

1. 软件架构

openGauss 支持单机和一主多备部署方式。图 1-2 中，openGauss 实例包含主、备两种类型，具体包含 openGauss 服务器、客户端驱动等模块。openGauss 逻辑架构如图 1-2 所示。

架构说明：

(1) OM(operation manager，运维管理)模块：提供集群日常运维、配置管理的管理接口、工具。

(2) 客户端驱动(client driver)：负责接收来自应用的访问请求，并向应用返回执行结果；负责与 openGauss 实例的通信，下发 SQL 在 openGauss 实例上执行，并接收命令执行结果。

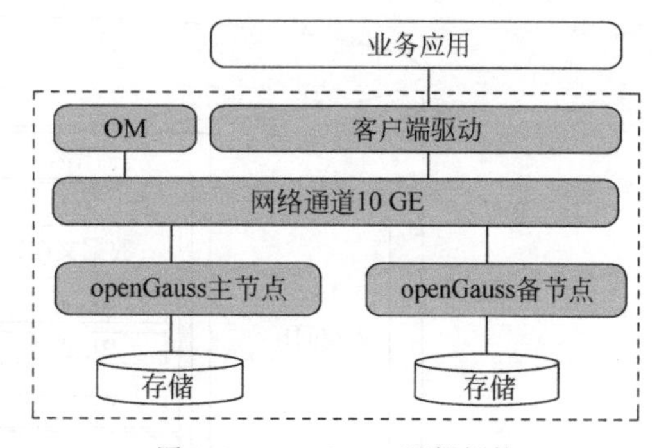

图 1-2 openGauss 逻辑架构

(3) openGauss 主、备节点：负责存储业务数据(支持行存储、列存储、内存表存储)、执行数据查询任务，以及向客户端驱动返回执行结果。

(4) 存储：服务器的本地存储资源，持久化存储数据。

在这样的软件架构中，业务数据存储在单个物理节点上，数据访问任务被推送到服务节点执行，通过服务器的高并发，实现对数据处理的快速响应。同时，通过日志复制可以把数据复制到备机，提供数据的高可靠和读扩展。图 1-3 展示了 openGauss 线程池模式开启下的服务器响应流程。

2. 数据库节点逻辑结构

openGauss 的数据库节点负责存储数据，其存储介质是磁盘。下面主要从逻辑视角介绍数据库节点中的对象，以及这些对象之间的关系。图 1-4 为 openGauss 节点逻辑结构。

(1) 表空间(table space)：一个目录可以存在多个表空间，里面存储的是它所包含的数据库的各种物理文件。每个表空间可以对应多个数据库。

(2) 数据库(database)：用于管理各类数据对象，各数据库间相互隔离。数据库管理的对象可分布在多个表空间上。

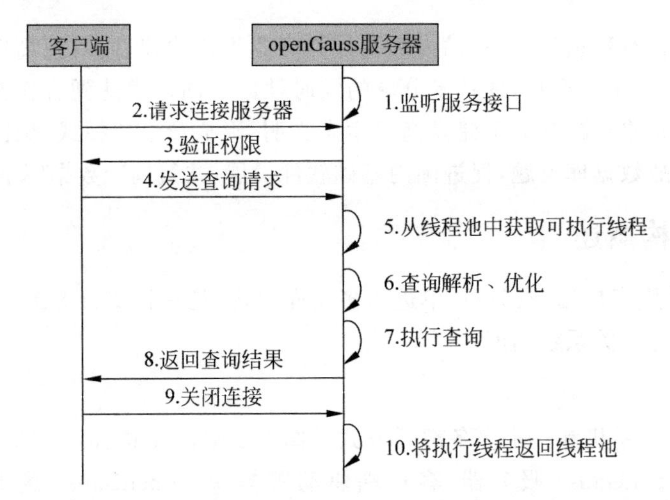

图 1-3　openGauss 线程池模式开启下的服务器响应流程

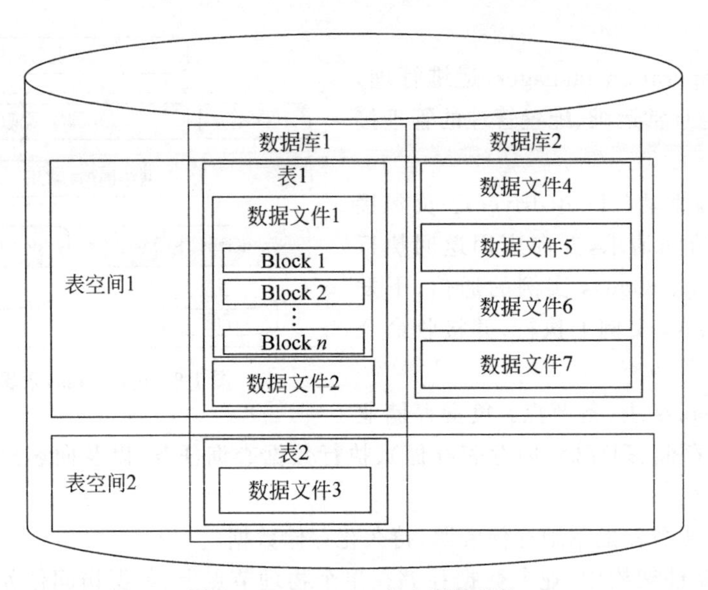

图 1-4　openGauss 节点逻辑结构

(3) 数据文件(data file)：通常每张表只对应一个数据文件。如果某张表中的数据大于 1GB，则会分为多个数据文件存储。

(4) 表(table)：每张表只能属于一个数据库，也只能对应到一个表空间。每张表对应的数据文件必须在同一个表空间中。

(5) 数据块(block)：数据库管理的基本单位，默认大小为 8KB。

1.2.3　openGauss 的优势

openGauss 作为一个单机数据库，具备关系数据库的基本功能，以及企业特性的增强功能。

1. openGauss 竞争力总览(见图 1-5)

openGauss 衍生自 PostgreSQL,单机逻辑架构与 PostgreSQL 接近。openGauss 和 PostgreSQL 在架构和关键技术上有根本性差异,尤其是存储引擎和优化器两大核心能力。表 1-3 为 openGauss 与 PostgreSQL 关键技术对比。

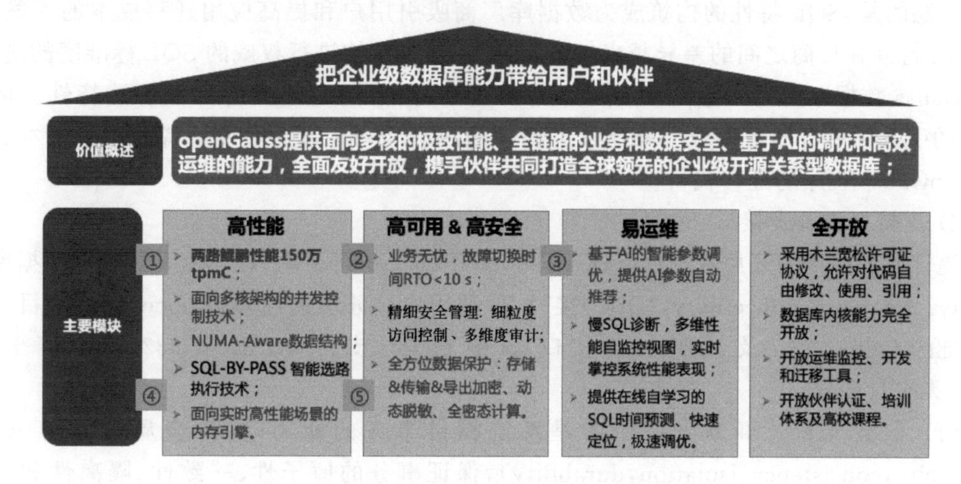

图 1-5　openGauss 竞争力总览

表 1-3　openGauss 与 PostgreSQL 关键技术对比

关键差异化因素		openGauss	PostgreSQL
宏观架构	执行模型	线程模型：动态分配执行线程,支持 1 万个并发	进程模型：进程执行模型,一个连接一个进程,小于 1000 个并发
	内存模型	进程内存被多线程共享,内存安全性好	多进程共享内存,内存安全性弱,动态扩展难
事务处理	并发控制	事务支持提交事务的序列号(commit sequence number,CSN)快照,procArray 免锁高并发	事务 ID 回卷,长期运行性能因为 ID 回收周期大幅波动
	日志和检查点	增量检查点,性能波动<5%	全量检查点,性能短期波动>15%
	鲲鹏 NUMA	非统一内存访问(non uniform memory access,NUMA)多核优化,单机两路性能 tpmC(transactions per minute,TPC-C,每分钟内系统处理的新订单个数)大于 150 万个	NUMA 多核能力弱,单机两路性能 tpmC<60 万个
数据组织	多引擎	行存、列存、内存引擎、在研 DFV 存储引擎	仅支持行存
SQL 引擎	优化器	支持基于代价的优化(cost-based optimization,CBO),吸收大型企业场景优化能力	支持 CBO,复杂场景优化能力一般
	SQL 解析	ANSI/ISO 标准 SQL 1992、SQL 1999,以及 SQL 2003 和企业扩展包	ANSI/ISO 标准 SQL 1992、SQL 1999 和 SQL 2003

2. 面向应用开发的基本功能

1）支持标准 SQL

openGauss 数据库支持标准的 SQL。SQL 标准是一个国际性的标准，会定期更新。SQL 标准的定义可分成核心特性、可选特性，绝大部分数据库都没有 100% 支持 SQL 标准。遗憾的是，SQL 特性的构筑成为数据库厂商吸引用户和提高应用迁移成本的手段，新的 SQL 特性在厂商之间的差异越来越大，目前还没有机构进行权威的 SQL 标准度的测试。openGauss 数据库支持 SQL 2011 大部分的核心特性，同时还支持部分可选特性。标准 SQL 的引入为所有的数据库厂商提供了统一的 SQL 界面，减少了使用者的学习成本和应用 openGauss 程序的迁移代价。

2）支持标准开发接口

提供业界标准的开放数据库互连(open database connectivity，ODBC)及 Java 数据库连接(Java database connectivity，JDBC)接口，保证用户业务快速迁移至 openGauss。目前支持标准的 ODBC 3.5 及 JDBC 4.0 接口，其中 ODBC 支持 SUSE、Win32、Win64 平台，JDBC 无平台差异。

(1) 事务支持。事务支持指的是系统提供事务的能力，支持全局事务的 ACID (atomicity，consistency，isolation，durability)，保证事务的原子性、一致性、隔离性和持久性。事务支持及数据一致性保证是绝大多数数据库的基本功能，只有支持了事务，才能满足事务化的应用需求。事务的默认隔离级别是读已提交(Read Committed)，保证不会读到脏数据。事务分为单语句事务和事务块，相关基础接口：Start transaction(事务开启)、Commit(事务提交)、Rollback(事务回滚)。另有 Set transaction(设置事务)可设置隔离级别、读写模式或可推迟模式。

(2) 函数及存储过程支持：函数和存储过程是数据库中的一种重要对象，主要功能是封装用户特定功能的 SQL 语句集，以便于调用。存储过程是 SQL、PL/SQL 的组合。存储过程可以使执行商业规则的代码从应用程序中移动到数据库，从而代码存储一次能被多个程序使用。

(3) PG 接口兼容。兼容 psql 客户端，并兼容 PostgreSQL 标准接口。

(4) 支持 SQL HINT。支持 SQL HINT 影响执行计划的生成、SQL 查询性能的提升。Plan HINT 为用户提供了直接影响执行计划生成的手段，用户可以通过指定连接顺序，通过 join、stream、scan 方法和指定结果行数等多个手段进行执行计划的调优，以提升查询的性能。

(5) Copy 接口支持容错机制。openGauss 提供用户封装好的 Copy 错误表创建函数，并允许用户在使用 Copy From 指令时指定容错选项，使得 Copy From 语句在执行过程中部分关于解析、数据格式、字符集等相关的报错不会中断事务，而是被记录至错误表中，使得 Copy From 的目标文件即使有少量数据错误，也可以完成入库操作。用户随后可以在错误表中对相关的错误进行定位，并进一步排查。

3. 企业特性的增强功能

相比其他开源数据库，openGauss 主要有高性能、高安全、易运维和全开放等特性，如图 1-6 所示。

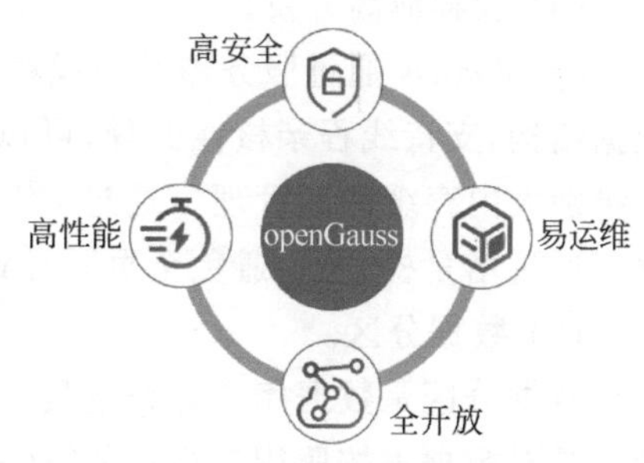

图 1-6 openGauss 数据库的特性

1) 高性能

高性能是企业级应用程序的基础。openGauss 两路鲲鹏性能达到 150 万 tpmC，采用面向多核架构的并发控制技术、NUMA-Aware 存储引擎、SQL-BY-PASS 智能选路执行技术及面向实时高性能场景的内存引擎。

(1) CBO 优化器。

openGauss 优化器是典型的基于代价的优化。在这种优化器模型下，数据库根据表的元组数、字段宽度、NULL 记录比率、distinct 值、MCV 值、HB 值等特征值，以及一定的代价计算模型，计算出每个执行步骤的不同执行方式的输出元组数和执行代价(cost)，进而选出整体执行代价最小/首元组返回代价最小的执行方式进行执行。CBO 优化器能够在众多计划中依据代价选出最高效的执行计划，最大限度地满足客户业务要求。

(2) 向量化执行和行列混合引擎。

openGauss 支持行存储和列存储两种存储模型，用户可以根据应用场景，在建表的时候选择行存储或列存储。在大宽表、数据量比较大、查询经常关注某些列的场景中，行存储引擎的查询性能比较差。例如气象局的场景，单表有 200～800 列，查询经常访问 10 列，在类似这样的场景下，向量化执行技术和列存储引擎可以极大地提升性能，减少存储空间。行列混合存储引擎可以同时为用户提供更优的数据压缩比(列存储)、更好的索引性能(列存储)、更好的点更新和点查询(行存储)性能。

(3) SQL-BY-PASS。

在典型的 OLTP 场景中，简单查询占很大比例。这种查询的特征是只涉及单表和简单表达式的查询，因此，为了加速这类查询，提出 SQL-BY-PASS 框架，在 parse 层对这类查询做简单的模式判别后，进入特殊的执行路径，跳过经典的执行器执行框架，包括算子的初始化与执行、表达式与投影等经典框架，直接重写一套简捷的执行路径，并且直接调用存储接口，这样可以大大加快简单查询的执行速度。

(4) 鲲鹏 NUMA 架构优化。

openGauss 根据鲲鹏处理器的多核 NUMA 架构特点，进行针对性的一系列 NUMA 架构相关优化：一方面，尽量减少跨核内存访问的时延问题；另一方面，充分发挥鲲鹏多核算力优势，提供的关键技术包括重做日志批插、热点数据 NUMA 分布、CLog 分区等，大幅提升了系统的处理性能；同时，openGauss 基于鲲鹏芯片所使用的 ARM v8.1 架构，利用大型系统扩展(large system extention，LSE)指令集实现高效的原子操作，有效提升 CPU 利用率，从而提升多线程间同步性能 XLog 写入性能等；数据访问基于鲲鹏芯片提供的更宽的

L3 缓存 cache line(缓存行),针对热点数据访问进行优化,有效提高了缓存访问命中率,降低了 Cache 缓存一致性维护开销,大幅提升了系统整体的数据访问性能。

(5) 线程池高并发。

openGauss 通过服务器端的线程池,可以支持 1 万个并发连接。通过 NUMA 化内核数据结构,支持线程亲核性处理,可以支持百万级 tpmC。通过页面的高效冷热淘汰,支持 T 级别大内存缓冲区管理。通过 CSN 快照,去除快照瓶颈,实现多版本访问,读写互不阻塞。通过增量检查点,避免全页写导致的性能波动,实现业务性能平稳运行。

(6) 数据分区。

数据分区是数据库产品普遍具备的功能。在 openGauss 中,这句话建议修改为:数据分区是对数据集按照用户指定的策略对数据集做进一步拆分的水平分表,将表按照指定范围划分为多个数据互不重叠的部分(partition)。openGauss 支持范围分区(range partitioning)、列表分区(list partitioning)和哈希分区(hash partitioning)功能,即根据表的一列或者多列,将要插入表的记录分为若干个范围(这些范围在不同的分区中没有重叠),然后为每个范围创建一个分区,用来存储相应的数据。用户在创建表时增加划分参数,即表示针对此表应用数据分区功能。这种设计能够在多种场景下获得收益,见表 1-4。

表 1-4 多场景收益

场景描述	收益
当表中访问率较高的行位于一个单独分区或少数几个分区时	大幅减少搜索空间,从而提升访问性能
当需要查询或更新一个分区的大部分记录时	仅需要连续扫描对应分区,而非扫描整个表,因此可大幅提升性能
当需要大量加载或者删除的记录位于一个单独分区或少数几个分区时	可直接读取或删除对应分区,从而提升处理性能;同时,为避免大量零散的删除操作,可减少清路碎片工作量

openGauss 的数据分区在改善可管理性、提升删除操作的性能、改善查询性能上有诸多优势。

(7) 自适应压缩。

当前,主流数据库通常会采用数据压缩技术。数据类型不同,适用于它的压缩算法就会不同。对于相同类型的数据,其数据特征不同,采用不同的压缩算法达到的效果也不相同。自适应压缩正是从数据类型和数据特征出发,采用相应的压缩算法,实现了良好的压缩比、快速的入库性能,以及良好的查询性能。

数据入库和频繁的海量数据查询是用户的主要应用场景。在数据入库场景中,自适应压缩可以大幅减少数据量,成倍提高 I/O 操作效率,将数据簇集存储,从而获得快速的入库性能。当用户进行数据查询时,少量的 I/O 操作和快速的数据解压可以加快数据获取的速率,从而在更短的时间内得到查询结果。目前,数据库已实现多种压缩算法,例如,支持类手机号字符串的大整数压缩、支持 numeric 类型的大整数压缩、支持对压缩算法进行不同压缩水平的调整。

2) 高安全

openGauss是高安全、高可靠的，其故障切换时间RTO(recovery time objective，恢复时间目标)小于10s。openGauss提供精细化安全管理：细粒度访问控制、多维度审计，以及全方位数据保护(存储、传输和导出加密、动态脱敏)。

(1) 访问控制。

管理用户对数据库的访问控制权限，涵盖数据库系统权限和对象权限。支持基于角色的访问控制机制，将角色和权限关联起来，通过将权限赋予对应的角色，再将角色授予用户，可实现用户访问控制权限管理。其中登录访问控制通过用户标识和认证技术共同实现，而对象访问控制则基于用户在对象上的权限，通过对象权限检查实现对象访问控制。用户为相关的数据库用户分配完成任务所需要的最小权限，从而将数据库使用风险降到最低。支持三权分立权限访问控制模型，数据库角色可分为安全管理员、系统管理员和审计管理员。其中，安全管理员负责创建和管理用户；系统管理员负责授予和撤销用户权限；审计管理员负责审计所有用户的行为。

(2) 控制权和访问权分离。

针对系统管理员用户，实现表对象的控制权和访问权分离，提高普通用户数据安全性，限制管理员对象访问权限。

(3) 数据库加密认证。

通常采用基于RFC5802机制的口令加密认证方法对数据库进行加密认证。在加密认证过程中采用单向哈希不可逆加密算法PBKDF2，可有效防止彩虹攻击。创建用户所设置的口令被加密存储在系统表中。整个认证过程中，口令加密存储和传输，通过计算相应的哈希值并与服务端存储的值比较来进行正确性校验。统一加密认证过程中的消息处理流程，可有效防止攻击者通过抓取报文猜解用户名或者口令的正确性。

(4) 数据库审计。

审计日志记录用户对数据库的启停、连接、DDL(data definition language，数据定义语言)、DML(data manipulation language，数据操纵语言)、DCL(data control language，数据控制语言)等操作。审计日志机制主要增强数据库系统对非法操作的追溯及举证能力。用户可以通过参数配置对哪些语句或操作记录审计日志。审计日志记录事件的时间、类型、执行结果、用户名、数据库、连接信息、数据库对象、数据库实例名称和端口号以及详细信息。支持按起止时间段查询审计日志并根据记录的字段进行筛选。数据库安全管理员能够根据这些日志信息复现事件，找到这些事件过程中导致问题的用户、时间和内容等。

(5) 网络通信安全特性。

openGauss支持通过SSL加密客户端和服务器之间的通信数据，保证客户的客户端与服务器通信安全。通常采用TLS 1.2协议标准，并使用安全强度较高的加密算法套件。

(6) 行级访问控制。

行级访问控制特性将数据库访问粒度控制到数据表行级别，使数据库达到行级访问控制的能力。不同用户执行相同的SQL查询操作，按照行访问控制策略，读取到的结果可能是不同的。用户可以在数据表创建行访问控制策略，该策略是指针对特定数据库用户、特定 SQL 操作生效的表达式。当数据库用户对数据表访问时，若 SQL 满足数据表特定的行访问控制策略，在查询优化阶段将满足条件的表达式按照属性 PERMISSIVE 或者 RESTRICTIVE 类型，通过 AND 或 OR 方式拼接，应用到执行计划上。行级访问控制的目的是控制表中的行级数据可见，通过在数据表上预定义过滤器，在查询优化阶段将满足条件的表达式应用到执行计划上，以影响最终的执行结果。当前行级访问控制支持的 SQL 语句包括 SELECT、UPDATE 和 DELETE 语句。

3）易运维

openGauss 的智能参数调优结合深度强化学习和启发式算法实现参数自动推荐，对慢 SQL 进行诊断，对多维性能自监控视图，实时掌控系统性能表现，同时提供在线自学习的 SQL 时间预测、快速定位、极速调优。

（1）WDR 诊断报告。

WDR（workload diagnosis report，负载诊断报告）基于两次不同时间点系统的性能快照数据，生成这两个时间点之间的性能表现报表，用于诊断数据库内核的性能故障。基于快照的性能基线，从多维度做性能分析，能帮助 DBA 掌握系统负载的繁忙程度、各个组件的性能表现、性能瓶颈。

（2）SQL 自调优。

SQL 自调优主要根据负载执行过程中的瓶颈进行针对性优化，包括参数优化和索引选择等。首先，数据库中有上百个参数，通过结合专家经验选择出主要影响性能的参数，openGauss 利用强化学习等算法自动为不同用户、负载或查询推荐合适的参数。其次，不同的索引方案严重影响查询的执行效率，openGauss 利用内置的虚拟索引实现索引收益估计，进而针对不同的查询和负载类型推荐合适的索引簇，实现查询性能优化。

（3）SQL 自诊断。

SQL 自诊断是主要针对慢 SQL 的诊断。慢 SQL 分为两部分：实时慢 SQL 和历史慢 SQL。

实时慢 SQL 能根据用户提供的执行时间阈值，输出当前系统中正在执行的且执行时间超过阈值的作业信息。

历史慢 SQL 能根据用户提供的执行时间阈值，记录所有超过阈值的执行完毕的作业信息。历史慢 SQL 提供表和文件两种维度的查询接口，用户从接口中能查询到作业的执行计划、开始和结束执行时间、执行查询的语句、行活动、内核时间、CPU 时间、执行时间、解析时间、编译时间、查询重写时间、计划生成时间、网络时间和 I/O 时间等。所有信息都是脱敏的。应用价值体现在：

① 实时慢 SQL 提供给用户管理尚未执行完毕的作业的接口，用户可以手动结束异常的、消耗过多资源的作业。

② 历史慢 SQL 提供给用户对于慢 SQL 诊断所需的详细信息，用户无须通过复现就能离线诊断特定慢 SQL 的性能问题。表和文件接口方便用户统计慢 SQL 指标，对接第三方平台。

(4) 支持一键式收集诊断信息。

openGauss 提供了多种套件,用于捕获、收集、分析诊断数据,使问题可以诊断,加速诊断过程。openGauss 能根据开发人员和定位人员的需要,从生产环境中将必要的数据库日志、集群管理日志、堆栈信息等提取出来,定位人员根据获得信息进行问题的定界定位。一键式收集工具根据生产环境中问题的不同,从生产环境中获取不同的信息,从而提高问题定位定界的效率。用户可以通过改写配置文件,收集自己想要的信息。

4) 全开放

openGauss 采用木兰宽松许可证协议,允许对代码自由修改、使用和引用;完全开放数据库内核能力,联合开发者和伙伴共同打造工具等数据库周边能力;开放伙伴认证、培训体系及高校课程。

1.3　小结

本章介绍了数据库系统相关的基本概念,对关系数据库中的表结构、约束关系和数据类型做了简单概述。openGauss 作为关系数据库中的一员,拥有企业级应用系统的多种优势,1.2 节对 openGauss 的发展历史和架构进行了介绍,着重介绍了高性能、高安全、易运维 3 种特性。

1.4　习题

1. (多选题)数据库事务控制中需要保证事务的(　　)?
   A. 原子性　　B. 隔离性　　C. 持久性　　D. 一致性
   E. 及时性
2. (多选题)数据库安全管理通常包括(　　)。
   A. 权限管理　　B. 安全策略　　C. 审计　　D. 隔离事务
3. (判断题)同一张表中的列名是可以重复的。(　　)
4. (多选题)数据分区的好处有(　　)。
   A. 改善可管理性　　B. 可提升删除操作的性能
   C. 改善查询性能　　D. 分区剪枝
   E. 智能化分区连接
5. (判断题)openGauss 如果按照主备模式部署,并打开备机可读功能,则备机将能够提供读写操作,从而缓解主机上的压力。　　(　　)

第2章

安装部署

openGauss是关系数据库，采用客户端/服务器交互模式、单进程多线程架构，支持单机和一主多备部署方式，备机可读，支持双机高可用和读扩展。本章主要描述openGauss数据库在服务器上的单机安装部署。

本章主要介绍在openEuler和CentOS上进行openGauss数据库的部署，并进行简单的数据库相关操作，需要掌握Linux系统的基本操作和系统命令，详细情况请参见**附录A**。为了满足openGauss安装部署需要，环境配置见表2-1。openGauss安装部署导图如图2-1所示。建议使用华为云弹性服务器ECS配置openGauss服务器完成安装(可参考网址为https://www.huaweicloud.com/)。

表2-1 环境配置

序号	配 置
1	openEuler 20.03-LTS+Python 3.7.x
2	CentOS 7.6+Python 3.6.x

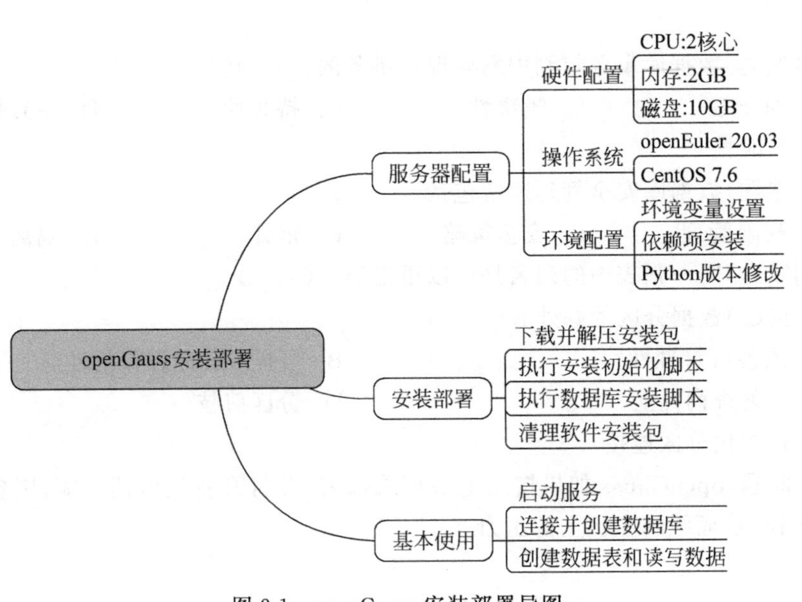

图2-1 openGauss安装部署导图

2.1　获取安装包

获取 openGauss 安装包的步骤如下。

（1）以 root 用户登录待安装 openGauss 数据库的主机，并按规划创建存放安装包的目录。命令如下：

```
[root@db1 ~]# mkdir -p /opt/software/openGauss
[root@db1 ~]# chmod 755 -R /opt/software
```

注意：不建议把安装包的存放目录规划到 openGauss 用户的根目录或其子目录下，这样可能导致权限问题。openGauss 用户须具有/opt/software/openGauss 目录的读写权限。

（2）使用 wget 命令下载数据库安装包到安装包目录。首先使用 cd 命令进入安装目录：

```
[root@db1 ~]# cd /opt/software/openGauss
```

使用 wget 命令下载安装包。命令示例如下：

```
[root@db1 ~]# wget https://opengauss.obs.cn-south-1.myhuaweicloud.com/1.1.0/arm/openGauss-1.1.0-openEuler-64bit.tar.gz
......
2020-09-14 13:57:23 (9.33 MB/s) - 'openGauss-1.1.0-openEuler-64bit.tar.gz' saved
[58468915/58468915]
```

注：以上示例下载了 ARM 架构 openEuler 服务器匹配的 openGauss 1.1.0 数据库，请从网址"https://opengauss.org/zh/download.html"获取并替换所需版本、操作系统和 ARM 架构下的下载链接，如图 2-2 所示。

（3）将下载好的安装包解压至存放目录。命令如下：

```
[root@db1 openGauss]# tar -zxvf openGauss-1.1.0-openEuler-64bit.tar.gz
./lib/
./lib/six.py
./lib/paramiko/
```

注：上述指令中，openEuler 字段在 CentOS 下为 CentOS。

（4）修改文件夹的访问权限。命令如下：

```
[root@db1 openGauss]# chmod 755 -R /opt/software
```

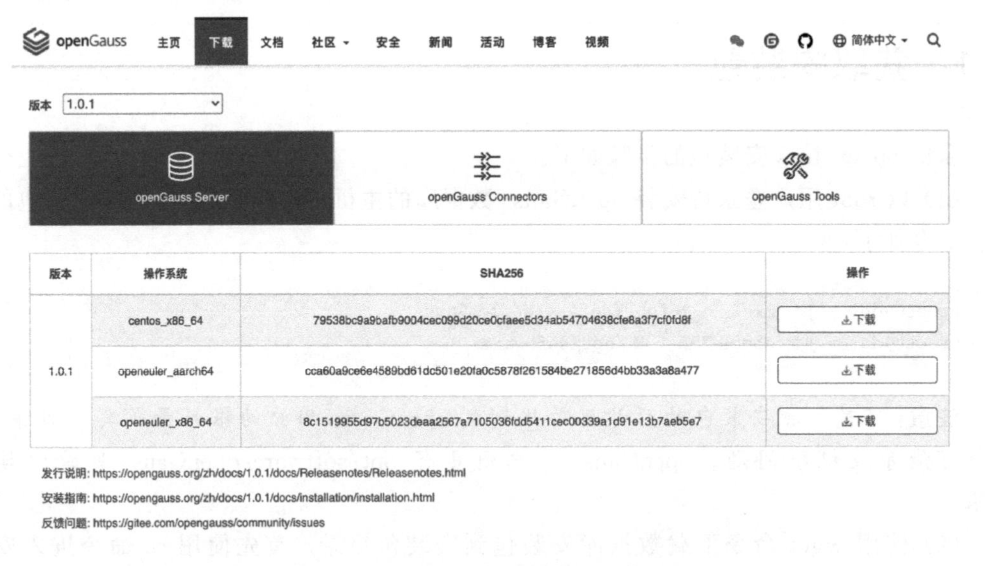

图 2-2　openGauss 官网安装包下载页面

2.2　配置安装环境

为保证数据库顺利安装,需要更改部分系统设置。为了操作方便,可以使用 SSH 工具(如 PuTTY 等,见图 2-3)从本地计算机通过配置远程服务器的 IP 地址(如 124.70.36.251)连接服务器,并使用 root 用户登录。

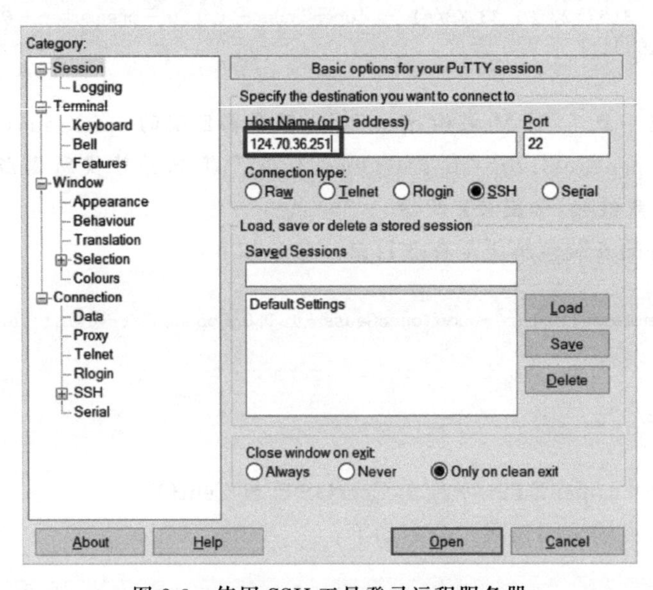

图 2-3　使用 SSH 工具登录远程服务器

2.2.1 配置环境参数

安装 openGauss 数据库前需要配置相应的环境参数，具体步骤如下。

(1) 设置字符集。命令如下：

```
[root@db1 ~]# cat >>/etc/profile<< EOF
> export LANG=en_US.UTF-8
> EOF
```

(2) 配置依赖库文件路径。为确保 OpenSSL 版本正确，可提前加载依赖库文件。命令如下：

```
[root@db1 ~]# cat >>/etc/profile<< EOF
> export LD_LIBRARY_PATH=/opt/software/openGauss/script/gspylib/clib:$LD_LIBRARY_PATH
> EOF
```

(3) 输入配置更新命令，使修改生效。命令如下：

```
[root@db1 ~]# source /etc/profile
```

(4) 验证环境变量是否生效。命令如下：

```
[root@db1 ~]# echo $LD_LIBRARY_PATH
/opt/software/openGauss/script/gspylib/clib:
```

2.2.2 使用 yum 安装系统依赖项

openGauss 依赖于第三方工具包，针对 openEuler 和 CentOS，安装命令如下。

1. openEuler 操作系统

(1) 备份原有的 yum 配置文件。命令如下：

```
[root@db1 ~]# mv /etc/yum.repos.d/openEuler_x86_64.repo /etc/yum.repos.d/openEuler_x86_
64.repo.bak
[root@db1 ~]#
```

(2) 下载可用源的 repo 文件。前往 https://mirrors.huaweicloud.com/repository/conf/获取服务器对应的 repo 配置文件 openEuler_x86_64.repo，将其下载到 repo 文件夹。命令如下：

```
[root@db1 ~]# curl -o /etc/yum.repos.d/openEuler_x86_64.repo https://mirrors.
huaweicloud.com/repository/conf/openeuler_x86_64.repo
```

```
  % Total    % Received % Xferd  Average Speed   Time    Time     Time  Current
                                 Dload  Upload   Total   Spent    Left  Speed
100   886    0   886    0     0  3661      0 --:--:-- --:--:-- --:--:--  3676
```

(3) 查看 repo 文件内容显示是否正确。命令如下：

```
[root@db1 ~]# cat /etc/yum.repos.d/openEuler_x86_64.repo
[openEuler-source]
name=openEuler-source
baseurl=https://mirrors.huaweicloud.com/openeuler/openEuler-20.03-LTS/source/
enabled=1
gpgcheck=1
gpgkey=https://mirrors.huaweicloud.com/openeuler/openEuler-20.03-LTS/source/RPM-GPG-KEY-openEuler
......
[root@db1 ~]#
```

(4) 执行以下命令，安装所需的包。命令如下：

```
[root@db1 ~]# yum install libaio* -y
......
Dependencies resolved.
......
Complete!
```

2. CentOS

(1) 备份原有的 yum 配置文件。命令如下：

```
[root@db1 ~]# mv /etc/yum.repos.d/CentOS-Base.repo /etc/yum.repos.d/CentOS-Base.repo.bak
[root@db1 ~]#
```

(2) 下载可用源的 repo 文件。前往 https://mirrors.huaweicloud.com/repository/conf/ 获取服务器对应的 repo 配置文件 CentOS-7-anno.repo，将其下载到 repo 文件夹。命令如下：

```
[root@db1 ~]# curl -o /etc/yum.repos.d/CentOS-Base.repo https://mirrors.huaweicloud.com/repository/conf/CentOS-7-anon.repo
  % Total    % Received % Xferd  Average Speed   Time    Time     Time  Current
                                 Dload  Upload   Total   Spent    Left  Speed
100  2523  100  2523    0     0  14065      0 --:--:-- --:--:-- --:--:-- 14094
```

(3) 查看 repo 文件内容显示是否正确。命令如下：

```
[root@db1 ~]# cat /etc/yum.repos.d/CentOS-Base.repo
# CentOS-Base.repo
#
# The mirror system uses the connecting IP address of the client and the
# update status of each mirror to pick mirrors that are updated to and
# geographically close to the client.  You should use this for CentOS updates
# unless you are manually picking other mirrors.
#
# If the mirrorlist= does not work for you, as a fall back you can try the
# remarked out baseurl= line instead.
#
#

[base]
name=CentOS-$releasever - Base - mirrors.huaweicloud.com
baseurl=https://mirrors.huaweicloud.com/centos/$releasever/os/$basearch/
#mirrorlist=https://mirrorlist.centos.org/?release=$releasever&arch=$basearch&repo=os
gpgcheck=1
gpgkey=https://mirrors.huaweicloud.com/centos/RPM-GPG-KEY-CentOS-7
......
[root@db1 ~]#
```

(4) 执行以下命令,安装所需的包。命令如下:

```
[root@db1 ~]# yum install -y libaio-devel flex bison ncurses-devel glibc.devel patch lsb_
release wget python3
......
Dependencies Resolved
......
Complete!
```

2.2.3 修改 Python 版本

修改 Python 版本的具体步骤如下。

(1) 服务器需要用到 Python-3.x 命令,但 openEuler 和 CentOS 7.6 默认 Python 版本为 Python-2.7.x,所以需要切换到 Python-3.x 版本。

(2) 进入/usr/bin 文件夹,备份 Python 文件。命令如下:

```
[root@db1 ~]# cd /usr/bin
[root@db1 bin]# mv python python.bak
```

(3) 建立 python3 软链接。命令如下:

```
[root@db1 bin]# ln -s python3 /usr/bin/python
```

(4) 验证 Python 版本,显示如 Python 3.x.x 版本形式,说明切换成功。命令如下:

```
[root@db1 bin]# python -V
Python 3.x.x
```

2.3 安装 openGauss 数据库

安装 openGauss 数据库需要创建 XML 配置文件,以明确待安装数据库的配置项,然后依据配置文件内容初始化安装环境,即可执行安装,生成数据库安装目录项。

2.3.1 创建 XML 配置文件

在 openGauss 目录下创建配置文件 clusterconfig.xml,它包含部署 openGauss 的服务器信息、安装路径、IP 地址及端口号等,用于告知 openGauss 如何部署。具体步骤如下。

(1) 以 root 用户登录待安装的服务器,切换到存放安装包的目录。命令如下:

```
[root@db1 ~]# cd /opt/software/openGauss
[root@db1 openGauss]#
```

(2) 创建 XML 配置文件,用于数据库安装。命令如下:

```
[root@db1 openGauss]# vi clusterconfig.xml
```

(3) 输入 i 进入 INSERT 模式,将以下内容复制到 clusterconfig.xml 文件中。加粗内容为示例服务器信息,需自行替换。命令如下:

```
<?xml version="1.0" encoding="UTF-8"?>
<ROOT>
    <!-- openGauss 整体信息 -->
    <CLUSTER>
        <PARAM name="clusterName" value="dbCluster" />
        <PARAM name="nodeNames" value="db1" />
        <PARAM name="backIp1s" value="10.0.3.15"/>
        <PARAM name="gaussdbAppPath" value="/opt/gaussdb/app" />
        <PARAM name="gaussdbLogPath" value="/var/log/gaussdb" />
        <PARAM name="gaussdbToolPath" value="/opt/huawei/wisequery" />
        <PARAM name="corePath" value="/opt/opengauss/corefile"/>
        <PARAM name="clusterType" value="single-inst"/>
    </CLUSTER>
    <!-- 每台服务器上的节点部署信息 -->
    <DEVICELIST>
        <!-- node1 上的节点部署信息 -->
        <DEVICE sn="1000001">
```

```
            <PARAM name="name" value="db1"/>
            <PARAM name="azName" value="AZ1"/>
            <PARAM name="azPriority" value="1"/>
            <!-- 如果服务器只有一个网卡可用,则将 backIP1 和 sshIP1 配置成同一个 IP -->
            <PARAM name="backIp1" value="10.0.3.15"/>
            <PARAM name="sshIp1" value="10.0.3.15"/>

        <!-- dbnode -->
        <PARAM name="dataNum" value="1"/>
        <PARAM name="dataPortBase" value="26000"/>
        <PARAM name="dataNode1" value="/gaussdb/data/db1"/>
        </DEVICE>
    </DEVICELIST>
</ROOT>
```

注：其中 db1 是云服务器的名称，可以通过 cat /proc/sys/kernel/hostname 指令获取服务器名称，10.0.3.15 是它的 IP 地址，其他值可不修改。如果其中的中文出现乱码，则可以删除这些行。

(4) 按 Esc 键退出 INSERT 模式。输入":wq"后按 Enter 键退出编辑模式，并保存文本。

如上 XML 配置文件中涉及的参数说明见表 2-2。

表 2-2 配置文件参数说明

参数	说明
clusterName	openGauss 名称
nodeNames	openGauss 中的主机名称
backIpls	主机在后端存储网络中的 IP 地址(内网 IP)，所有 openGauss 主机使用后端存储网络信息
gaussdbAppPath	openGauss 的程序安装目录。此目录应满足磁盘空间大于 1GB
gaussdbLogPath	openGauss 运行日志和操作日志存储目录，此目录应满足如下要求： • 磁盘空间建议根据主机上的数据库节点数规划。数据库节点在预留 1GB 空间的基础上再适当预留冗余空间 • 与 openGauss 所需其他路径相互独立，没有包含关系 (此路径可选，不指定的情况下，openGauss 安装时会默认指定"$GAUSSLOG/安装用户名"作为日志目录)
tmpdbPath	数据库临时文件存放目录，若不配置 tmpdbPath，默认存放在"/opt/huawei/wisequery/perfadm_db"目录下
gaussdbToolPath	openGauss 系统工具目录，主要用于存放互信工具等，此目录应满足如下要求： • 磁盘空间大于 100MB； • 固定目录，与数据库所需其他目录相互独立，没有包含关系 (此目录可选，在不指定其的情况下，openGauss 安装时会默认指定"/opt/huawei/wisequery"作为数据库系统工具目录)
corePath	openGauss 核心文件指定目录

2.3.2 执行预安装脚本

为了保证 openGauss 正确安装，需要对主机环境进行初始化。创建完 openGauss 配置文件后，在执行安装前，为了后续能以最小权限进行安装及 openGauss 管理操作，保证系统安全性，需要运行安装前置脚本 gs_preinstall，以便准备好安装用户及环境。具体需注意如下事项：

(1) 用户需要检查上层目录权限，保证安装用户对安装包和配置文件目录读写执行的权限。

(2) XML 文件中主机的名称与 IP 映射配置要正确。

(3) 只能使用 root 用户执行 gs_preinstall 命令。

初始化安装环境的步骤如下。

(1) 以 root 用户登录待安装的服务器，切换到 2.1 节介绍的存放安装包的目录。命令如下：

```
[root@db1 ~]# cd /opt/software/openGauss
[root@db1 openGauss]#
```

(2) 调节系统参数值(openEuler 系统独有)。通过 vi 命令打开 performance.sh 文件，输入 i 进入 INSERT 模式，用 # 注释掉如下粗体行，执行“:wq”保存修改并退出。命令如下：

```
[root@db1 openGauss]# vi /etc/profile.d/performance.sh
CPUNO = `cat /proc/cpuinfo|grep processor|wc -l`
export GOMP_CPU_AFFINITY = 0 - $[CPUNO - 1]

#sysctl -w vm.min_free_kbytes = 112640 &> /dev/null
sysctl -w vm.dirty_ratio = 60 &> /dev/null
sysctl -w kernel.sched_autogroup_enabled = 0 &> /dev/null
```

(3) 为使用 gs_preinstall 执行初始化脚本，切换到命令所在目录。命令如下：

```
[root@db1 openGauss]# cd /opt/software/openGauss/script
```

(4) 执行 gs_preinstall 命令，并在执行过程中自动创建 root 用户互信和 openGauss 用户互信。命令如下：

```
[root@db1 script]# python gs_preinstall -U omm -G dbgrp -X /opt/software/openGauss/
clusterconfig.xml
Parsing the configuration file.
Successfully parsed the configuration file.
Installing the tools on the local node.
```

(5) 对 root 用户建立互信，请输入 root 用户的密码。命令如下：

```
Are you sure you want to create trust for root (yes/no)? yes
Please enter password for root.
Password:
Creating SSH trust for the root permission user.
Checking network information.
```

(6) 创建 omm 用户，对 omm 用户建立互信，并设置密码。命令如下：

```
Are you sure you want to create the user[omm] and create trust for it (yes/no)? yes
Please enter password for cluster user.
Password:
Please enter password for cluster user again.
Password:
Successfully created [omm] user on all nodes.
Preparing SSH service.
Successfully prepared SSH service.
```

(7) 当返回 Preinstallation succeeded(预安装成功)的提示信息时，表明初始化完成。输出结果如下：

```
Successfully set finish flag.
Preinstallation succeeded.
```

2.3.3 执行安装

openGuass 安装步骤如下。

(1) 更新 script 文件夹所有权至数据库组 omm 用户。命令如下：

```
[root@db1 script]# chown -R omm:dbgrp /opt/software/openGauss/script
[root@db1 openGauss]#
```

(2) 切换当前用户为 omm。命令如下：

```
[root@db1 script]# su omm
......
[omm@db1 openGauss]#
```

注：omm 是初始化安装环境中 gs_preinstall 中-U 指定的用户，两者需保持一致。

(3) 前往 script 文件夹，使用 gs_install 安装 openGauss。命令如下：

```
[omm@db1 openGauss]# cd /opt/software/openGauss/script
[omm@db1 script]# gs_install -X /opt/software/openGauss/clusterconfig.xml --gsinit-parameter="--encoding=UTF8" --dn-guc="max_connections=10" --dn-guc="max_process_memory=2GB" --dn-guc="shared_buffers=128MB" --dn-guc="bulk_write_ring_size=128MB" --dn-guc="cstore_buffers=16MB"
Parsing the configuration file.
Check preinstall on every node.
Successfully checked preinstall on every node.
Creating the backup directory.
Successfully created the backup directory.
begin deploy..
Installing the cluster.
begin prepare Install Cluster..
Checking the installation environment on all nodes.
begin install Cluster..
Installing applications on all nodes.
Successfully installed APP.
begin init Instance..
encrypt cipher and rand files for database.
Please enter password for database:
Please repeat for database:
begin to create CA cert files
The sslcert will be generated in /opt/gaussdb/app/share/sslcert/om
Cluster installation is completed.
Configuring.
----------
Successfully started cluster.
Successfully installed application.
end deploy..
```

注：输入 omm 用户密码时，不要输入错误（如密码：openGauss@123）。根据用户实际内存大小设置对应共享内存参数，如此处设置最大内存为 2GB。若服务器内存满足 8GB 或以上，则可执行 gs_install -X /opt/software/openGauss/clusterconfig.xml 命令，忽略后续参数。

（4）清理软件安装包，以 openEuler 为例。命令如下：

```
[root@db1 openGauss]# ll
total 199M
---------
-rwxr-xr-x. 1 root root   65 Oct 14 02:12 openGauss-1.1.0-openEuler-64bit.sha256
-rwxr-xr-x. 1 root root  63M Oct 14 02:12 openGauss-1.1.0-openEuler-64bit.tar.bz2
-rwxr-xr-x. 1 root root  68M Oct 14 15:54 openGauss-1.1.0-openEuler-64bit.tar.gz
----------
-rwxr-xr-x. 1 root root   32 Oct 14 02:12 version.cfg
[root@db1 openGauss]# rm -rf openGauss-1.1.0-openEuler-64bit.tar.gz
```

2.3.4　安装后生成的目录

安装生成的目录内容说明见表2-3。

表2-3　生成安装的目录内容说明

序号	目录说明	目　　录	子目录	说　明
1	openGauss安装目录	/opt/gaussdb/app	etc	cgroup工具配置文件
			include	存放数据库运行时所需要的头文件
			lib	存放数据库的库文件
			share	存放数据库运行所需的公共文件，如配置文件模板
2	openGauss数据目录	/gaussdb/data	data_dnxxx	DBnode实例的数据目录，其中主实例的目录名为data_dnxxx，备实例的目录名为data_dnSxxx，xxx代表DBnode编号
3	openGauss日志目录	/var/log/gaussdb/用户名	bin	二进制程序的日志目录
			gs_profile	数据库内核性能日志
			om	om的日志目录。例如：部分本地脚本产生的日志，增、删数据库节点接口的日志，gs_om接口的日志，前置接口的日志，节点替换接口的日志等
			pg_audit	数据库审计日志目录
			pg_log	数据库节点实例的运行日志目录
4	openGauss系统工具目录	/opt/huawei/wisequery	script	用户对openGauss进行管理的脚本文件
			lib	bin目录下的二进制文件对库文件的依赖项

2.4　数据库的使用

本节描述使用数据库的基本操作。通过本节内容的学习，读者可以完成创建数据库、创建表及向表中插入数据和查询表中的数据等操作，需要掌握openGauss数据库的基本操作和SQL语法。openGauss数据库支持SQL 2003标准语法，其基本操作参见后续章节。

下面介绍数据库的基本操作命令。

(1) 以操作系统用户omm登录数据库主节点。命令如下：

```
[root@db1 ~]# su omm
```

(2) 启动服务。命令如下：

```
[omm@db1 ~]# gs_om -t start
Starting cluster.
=================================================
=================================================
Successfully started.
```

(3) 连接数据库。命令如下：

```
[omm@db1 ~]# gsql -d postgres -p 26000 -r
```

若显示如下信息，则表示连接成功。示例如下：

```
gsql ((openGauss 1.0.0 build 290d125f) compiled at ......
Non-SSL connection (SSL connection is recommended when requiring high-security)
Type "help" for help.

postgres=#
```

其中，postgres 为 openGauss 安装完成后默认生成的数据库。初始可以连接到此数据库进行新数据库的创建。26000 为数据库主节点的端口号，需根据 openGauss 的实际情况进行替换，请确认连接信息已获取。注意：

① 使用数据库前，需先使用客户端程序或工具连接到数据库，然后就可以通过客户端程序或工具执行 SQL 来使用数据库了。

② gsql 是 openGauss 数据库提供的命令行方式的数据库连接工具。

③ 第一次连接数据库时，需要先修改 omm 用户密码，新密码修改为 Bigdata@123(建议用户自定义密码)。命令如下：

```
postgres=# alter role omm identified by 'Bigdata@123' replace 'openGauss@123';
ALTER ROLE
```

(4) 创建数据库用户。

默认只有 openGauss 安装时创建的管理员用户可以访问初始数据库，还可以创建其他数据库用户账号。命令如下：

```
postgres=# CREATE USER joe WITH PASSWORD "Bigdata@123";
```

当结果显示为如下信息，则表示创建成功。输出结果如下：

```
CREATE ROLE
```

如上创建了一个用户名为 joe,密码为 Bigdata@123 的用户。

(5) 创建数据库。命令如下:

```
postgres=# CREATE DATABASE db_tpcc OWNER joe;
```

当结果显示为如下信息,则表示创建成功。输出结果如下:

```
CREATE DATABASE
```

创建完 db_tpcc 数据库后,就可以按如下方法退出 postgres 数据库,使用新用户连接到此数据库执行接下来的创建表等操作,也可选择继续在默认的 postgres 数据库下做后续的实验。

(6) (可选)退出并登录新建用户。命令如下:

```
postgres=# \q

gsql -d db_tpcc -p 26000 -U joe -W Bigdata@123  -r
gsql ((openGauss 1.0.0 build 290d125f) compiled at ……
Non-SSL connection (SSL connection is recommended when requiring high-security)
Type "help" for help.

db_tpcc=>
```

(7) 创建 SCHEMA。命令如下:

```
db_tpcc=> CREATE SCHEMA joe AUTHORIZATION joe;
```

当结果显示为如下信息,则表示创建 SCHEMA 成功。

```
CREATE SCHEMA
```

(8) 创建表。命令如下:

创建一个名称为 mytable,只有一列的表。字段名为 firstcol,类型为 int。

```
db_tpcc=> CREATE TABLE mytable (firstcol int);
CREATE TABLE
```

(9) 向表中插入数据。命令如下:

```
db_tpcc=> INSERT INTO mytable values (100);
```

当结果显示为如下信息,则表示插入数据成功。输出结果如下:

```
INSERT 0 1
```

(10) 查看表中数据。命令如下：

```
db_tpcc => SELECT * from mytable;
 firstcol
----------
      100
(1 row)
```

2.5　小结

本章介绍了 openGauss 的安装部署与基本使用。围绕 openEuler 20.03 和 CentOS 7.6，本章介绍了服务器环境的配置、openGauss 安装部署的流程步骤、数据库的启动、用户的创建、表的读写等操作。

2.6　习题

1. 请描述 openGauss 的安装部署需要哪些预备操作，这些操作各有什么作用？

2. 请练习 openGauss 的基本使用，按照如下模式创建基本表：

① STUDENT(sno，sname，ssex，sage)；

② COURSE(cno，cname，credit)；

③ ELECTIVE(sno，cno，grade)。

3. 请按照习题 2 中的基本表完成如下 SQL 的编写。

① 查询编号为 10 的学生的姓名信息；

② 将 STUDENT 表中的学生编号设置为主键；

③ 为 COURSE 表中的学生编号和课程编号创建 UNIQUE 索引；

④ 创建一个视图，显示学生的姓名、课程名称，以及获得的分数。

4. (可选)阅读 script 文件夹下的 gs_preinstall 代码，描述初始化脚本执行了哪些操作。

5. (可选)阅读 script 文件夹下的 gs_install 代码，描述 openGauss 安装主要分为哪几个子模块。

第3章

openGauss 开发调试

第2章主要介绍了如何将 openGauss 安装在服务器上。本章介绍如何连接到 openGauss 数据库并利用其提供的接口操作和管理数据，包括对存放于 openGauss 中的关系数据库的表格进行增(INSERT)、删(DELETE)、改(UPDATE)、查(SELECT)等操作。本章首先在3.1节对 gsql(openGauss structured query language，openGauss 结构化查询语言)客户端连接进行介绍，接着在3.2节对通过 GUI 工具 DBeaver 连接数据库进行介绍。实际应用中，在开发者编写程序进行应用程序开发时，往往需要管理大量复杂的数据，调用 openGauss 可以简化自定义数据结构，管理复杂数据的部分工作。最后在3.3节和3.4节，将会介绍如何在 Java 源码和 C++源码中通过编程语言调用 openGauss 数据库接口对数据进行管理。对于 Java 数据库连接和 C++数据库连接，此处分别使用了前面所述的 JDBC 和 ODBC。

3.1 gsql 客户端连接

通过 gsql 连接 openGauss 主要包含两种方式，分别在3.1.1节和3.1.2节介绍。而后将会在3.1.3节初探通过 gsql 执行 SQL。更多关于 SQL 执行的知识，请参考后续章节。

3.1.1 gsql 本地连接

gsql 是 openGauss 提供的在命令行下运行的数据库连接工具。此工具除了具备操作数据库的基本功能，还提供了若干高级特性，便于用户使用。本书只介绍最基本的 gsql 操作，即如何使用 gsql 连接数据库，关于 gsql 以及 gsql 客户端的更多高级特性，请参考 gsql 用户手册(https://opengauss.org/zh/)。本节先学习如何使用 gsql 本地连接 openGauss。

首先，用户需要确认连接信息。gsql 工具通过数据库主节点连接数据库。因此，连接前，需获取数据库主节点所在服务器的 IP 地址及数据库主节点的端口号信息。在本示例中，以操作系统用户 omm 登录数据库主节点。使用命令如下：

```
gs_om -t status -detail
```

在命令行中将会显示查询得到的 openGauss 各实例，结果如下：

```
[omm@ecs-c32a ~]$ gs_om -t status --detail
[   Cluster State   ]
```

```
cluster_state    : Normal
redistributing   : No
current_az       : AZ_ALL
[   Datanode State    ]
node          node_ip             instance                          state
1   ecs-c32a 192.168.0.40     6001 /gaussdb/data/ecs-c32a P Primary Normal
```

从以上结果可知，部署了数据库主节点实例的服务器 IP 地址为 192.168.0.40，数据库主节点数据路径为"/gaussdb/data/ecs-c32a"。由于在第 2 章中将 openGauss 安装在了单机上，因此此处仅能看见一个主机节点。

接下来用户需要确认数据库主节点的端口号。在上面查询到的数据库主节点数据路径下，保存着配置文件 ***.conf(默认为 postgresql.conf)，使用如下命令：

```
cat /gaussdb/data/ecs-c32a/postgresql.conf | grep port
```

查询其中的端口号信息，命令行会显示如下结果：

```
[omm@ecs-c32a ~]$ cat /gaussdb/data/ecs-c32a/testdbql.conf | grep port
port = 26000          # (change requires restart)
#ssl_renegotiation_limit = 0
#amount of data between renegotiations, no longer supported          #tcp_recv_timeout = 0
#SO_RCVTIMEO, specify the receiving timeouts until reporting an error (change requires
restart)
#comm_sctp_port = 1024        # Assigned by installation (change requires restart)
#comm_control_port = 10001    # Assigned by installation (change requires restart)
#supported by the operating system:
#The heartbeat thread will not start if not set localheartbeatport and remoteheartbeatport.
#e.g. 'localhost = xx.xx.xxx.2 localport = 12211 localheartbeatport = 12214 remotehost = xx.
xx.xxx.3 remoteport = 12212 remoteheartbeatport = 12215, localhost = xx.xx.xxx.2 localport =
12213 remotehost = xx.xx.xxx.3 remoteport = 12214'
# %r = remote host and port
alarm_report_interval = 10
support_extended_features = true
```

由此可知端口号为 26000。

默认情况下，客户端连接数据库后处于空闲状态时会根据参数 session_timeout 的默认值自动断开连接。如果要关闭超时设置，设置参数 session_timeout 为 0 即可。以上信息显示成功后，便表示可以正常登录并连接 gsql 了。

接下来需要以操作系统用户 omm 登录数据库主节点连接数据库。如 2.4 节所述，安装时默认生成名称为 testdb 的数据库。连接该数据库的具体命令如下：

```
gsql -d testdb -p 26000
```

其中testdb为需要连接的数据库名称，26000为数据库主节点的端口号。请根据实际情况替换。连接成功后，命令行会显示如下形式的信息：

```
[omm@ecs-c32a ~]$ gsql -d testdb -p 26000
gsql ((openGauss 1.0.1 build 13b34b53) compiled at 2020-10-12 02:00:13 commit 0 last mr  )
Non-SSL connection (SSL connection is recommended when requiring high-security)
Type "help" for help.
testdb=#
```

表示登录成功。omm用户是管理员用户，因此系统显示DBNAME=#(此处是testdb=#)。若使用普通用户身份登录和连接数据库，则系统显示DBNAME=>。“Non-SSL connection”表示未使用SSL方式连接数据库。需要高安全性时，请使用SSL连接。首次登录需要修改密码。原始密码为安装openGauss数据库时输入的密码，具体请参见在线教程中的相关章节(https://opengauss.org/zh/docs/2.0.0/docs/Quickstart/Quickstart.html/)，此处需将原始密码修改为自定义的密码，例如Mypwd123，命令如下：

```
testdb=# ALTER ROLE omm IDENTIFIED BY 'Mypwd123' REPLACE 'XuanYuan@2012';
```

如需获取帮助信息，可以在命令行中输入help命令，得到如下的信息提示：

```
testdb=# help
You are using gsql, the command-line interface to gaussdb.
Type:  \copyright for distribution terms
       \h for help with SQL commands
       \? for help with gsql commands
       \g or terminate with semicolon to execute query
       \q to quit
```

根据提示，\copyright指令表示版本发布相关信息、\h指令表示与标准查询语言(SQL)相关的问题、\?指令表示与gsql工具相关的信息、\g指令用来查询与执行query相关的指令，\q指令用来退出数据库。

在使用openGauss遇到问题时，用户要善于通过查询系统文档来获取问题答案。例如，欲查询openGauss所包含的SQL指令，可以使用\h得到如下提示：

```
testdb=#  \h
Available help:
ABORT                          ALTER TABLE                    CREATE BARRIER
      CREATE TRIGGER                  DROP ROLE                       PREPARE
--MORE--
```

此时按Enter键将会显示更多的信息。可以发现，有如上若干条SQL语句的帮助说明可供参考，若单纯想了解数据库查询语句SELECT的用法，可使用\h SELECT查看相关文档，得到此语法的详细使用说明。命令如下：

```
testdb = #  \h SELECT
Command:      SELECT
Description: retrieve rows from a table or view
Syntax:
[ WITH [ RECURSIVE ] with_query [, ...] ]
SELECT [/ * + plan_HINT * /] [ ALL | DISTINCT [ ON ( expression [, ...] ) ] ]
     { * | {expression [ [ AS ] output_name ]} [, ...] }
     [ FROM from_item [, ...] ]
     [ WHERE condition ]
     [ GROUP BY grouping_element [, ...] ]
     [ HAVING condition [, ...] ]
     [ WINDOW {window_name AS ( window_definition )} [, ...] ]
     [ { UNION | INTERSECT | EXCEPT | MINUS } [ ALL | DISTINCT ] select ]
     [ ORDER BY {expression [ [ ASC | DESC | USING operator ] | nlssort_expression_clause ]
[ NULLS { FIRST | LAST } ]} [, ...] ]
     [ LIMIT { [offset,] count | ALL } ]
     [ OFFSET start [ ROW | ROWS ] ]
     [ FETCH { FIRST | NEXT } [ count ] { ROW | ROWS } ONLY ]
     [ {FOR { UPDATE | SHARE } [ OF table_name [, ...] ] [ NOWAIT ]} [...] ];
TABLE { ONLY {(table_name)| table_name} | table_name [ * ]};
-- MORE --
```

3.1.2 gsql 远程连接

本节介绍如何使用 gsql 进行远程连接，使得用户在远程的其他机器上也可以自如地登录和操作服务器上的数据库，而不需要每次都进行 SSH 远程登录，并且不得不把编程工作迁移到安装有 openGauss 的服务器上进行。用户可按照如下顺序操作。

(1) 以操作系统用户 omm 登录数据库主节点。

(2) 配置客户端认证方式，允许客户端以 jack 用户连接到本机，此处远程连接禁止使用 omm 用户（即数据库初始化用户）。例如，配置允许 IP 地址为 10.10.0.30 的客户端访问本机，命令如下：

```
gs_guc set -N all -I all -h "host all jack 10.10.0.30/32 sha256"
```

需要注意的是，在使用 jack 用户前，需先本地连接数据库，并在数据库中使用如下语句创建 jack 用户：

```
testdb = # CREATE USER jack PASSWORD 'Test@123';
```

其中各参数的含义为：

(1) -N all 表示 openGauss 的所有主机。

(2) -I all 表示主机的所有实例。

(3) -h 表示指定需要在 pg_hba.conf 文件中增加的语句。

(4) all 表示允许客户端连接到任意的数据库。

(5) jack 表示连接数据库的用户。

(6) 10.10.0.30/32 表示只允许 IP 地址为 10.10.0.30 的主机连接。此处的 IP 地址不能为 openGauss 内的 IP 地址,在使用过程中,请根据用户的网络配置进行修改。32 表示子网掩码为 1 的位数,即 255.255.255.255。

(7) sha256 表示连接时 jack 用户的密码使用 SHA-256 算法加密。

以上这条命令在数据库主节点实例对应的 pg_hba.conf 文件中添加了一条规则,用于对连接数据库主节点的客户端进行鉴定。pg_hba.conf 文件中的每条记录可以是下面四种格式之一(四种格式的参数说明请参见官网(https://opengauss.org/zh/)中的"管理数据库安全→客户端接入认证→配置文件参考"章节):

(1) local DATABASE USER METHOD [OPTIONS]

(2) host DATABASE USER ADDRESS METHOD [OPTIONS]

(3) hostssl DATABASE USER ADDRESS METHOD [OPTIONS]

(4) hostnossl DATABASE USER ADDRESS METHOD [OPTIONS]

因为认证时系统将为每个连接请求按照从上到下的顺序检查 pg_hba.conf 中的记录,所以这些记录的顺序是非常关键的。

接下来用户应当安装 gsql 客户端,用于远程连接数据库。在客户端机器上,上传客户端工具包并配置 gsql 的执行环境变量。以 root 用户登录客户端机器,创建"/tmp/tools"目录,并获取软件安装包中的 openGauss-1.0.1-openEuler-64bit-Libpq.tar.gz 上传到/tmp/tools 路径下。该连接工具可以在官网(https://opengauss.org/zh/download.html)下载,如图 3-1 所示。

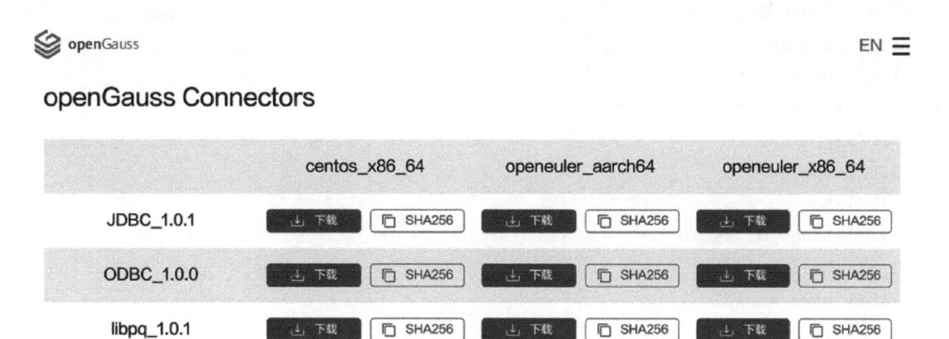

图 3-1 openGauss 连接程序下载界面

其中,文件"版本 1.0.0 -CentOS_x86_64"针对 Linux 下的 CentOS 发布版。"版本 1.0.0 -openeuler_x86_64"针对 x86_64 架构的操作系统,"版本 1.0.0 -openeuler_aarch64"针对 AArch64 架构的操作系统。不同的操作系统,工具包文件名称会有差异。请根据实际的操作系统类型选择对应的工具包。可以查看您的服务器或 PC 的本机信息来获取。此处以 x86_64 架构为例，下载好的软件安装包 openGauss-1.0.1-openEuler-64bit-Libpq.tar.gz 放置在/direction/Downloads/下，因此使用如下命令：

```
mkdir /tmp/tools/
cp     /direction/openGauss-1.0.1-openEuler-64bit-Libpq.tar.gz /tmp/tools/
```

(1) 解压文件，使用如下命令：

```
cd /tmp/tools
tar -zxvf openGauss-1.0.1-openEuler-64bit-Libpq.tar.gz
```

可观察到如下的文件解压过程：

```
user:~ root# cd /tmp/tools
user:tools root# tar -zxvf openGauss-1.0.1-openEuler-64bit-Libpq.tar.gz
x ./include/
x ./include/libpq-fe.h
x ./include/gs_threadlocal.h
x ./include/gs_thread.h
x ./include/testdb_ext.h
x ./include/libpq/
x ./include/libpq/libpq-fs.h
x ./include/libpq-events.h
x ./lib/
x ./lib/libcrypto.so
x ./lib/libcom_err_gauss.so
x ./lib/libpgport_tool.so
x ./lib/libgssrpc_gauss.so
x ./lib/libgssapi_krb5_gauss.so
x ./lib/libcrypto.so.1.1
x ./lib/libkrb5support_gauss.so.0
x ./lib/libpq.so
x ./lib/libpq.so.5.5
x ./lib/libpq.so.5
x ./lib/libkrb5_gauss.so
x ./lib/libssl.so
x ./lib/libssl.so.1.1
x ./lib/libconfig.so
```

(2) 登录数据库主节点所在的服务器，复制数据库安装目录下的 bin 目录到客户端主机的/tmp/tools 路径下，随后继续登录客户端主机执行操作，命令如下：

```
scp -r omm@121.36.214.189:/opt/gaussdb/app/bin /tmp/tools
```

稍候片刻，等待文件传输成功，之后可看到远程传输进度提醒，命令如下：

```
User:tools root# scp -r omm@121.36.214.189:/opt/gaussdb/app/bin /tmp/tools
The authenticity of host '121.36.214.189 (121.36.214.189)' can't be established.
ECDSA key fingerprint is SHA-256:JcqTWaMeHRI7eBage+GND0zWrVFAYkbk0aJSpMnj2Bo.
Are you sure you want to continue connecting (yes/no/[fingerprint])? yes
Warning: Permanently added '121.36.xxx.123' (ECDSA) to the list of known hosts.

Authorized users only. All activities may be monitored and reported.
omm@121.36.214.189's password:
kdb5_util                                   100%   138KB 359.5KB/s   00:00
klist                                       100%    41KB 371.4KB/s   00:00
gs_guc                                      100%   329KB 510.8KB/s   00:00
retry_errcodes.conf                         100%   126     1.6KB/s   00:00
gs_basebackup                               100%   207KB 608.0KB/s   00:00
openssl                                     100%   828KB 256.5KB/s   00:03
openGauss-Package-bak_13b34b53.tar.gz       100%    68MB   1.6MB/s   00:44
gs_probackup                                100%   571KB   1.2MB/s   00:00
gs_restore                                  100%   327KB   1.3MB/s   00:00
kadmin.local                                 74%   119KB 600.2KB/s   00:00
```

/opt/huawei/install/app 为 clusterconfig.xml 文件中配置的{gaussdbAppPath}路径，121.36.xxx.123 为客户端主机 IP。如果安装顺利，clusterconfig.xml 文件应当在目录/opt/software/openGauss 下。打开该文件易找到{gaussdbAppPath}对应的路径，本例中为 /opt/gaussdb/app。新版 openGauss 中，bin 文件夹在/opt/gaussdb 下；旧版 openGauss 中，bin 文件夹在/opt/huawei/install 下。

(3) 设置环境变量。登录客户端主机，打开"~/.bashrc"文件，命令如下：

```
vi ~/.bashrc
```

在其中输入如下内容后，使用":wq!"命令保存并退出。

```
export PATH=/tmp/tools/bin:$PATH
export LD_LIBRARY_PATH=/tmp/tools/lib:$LD_LIBRARY_PATH
```

(4) 使环境变量配置生效。命令如下：

```
source ~/.bashrc
```

连接数据库。数据库安装完成后，默认生成名称为 testdb 的数据库。第一次连接数据库时，可以连接到此数据库。命令如下：

```
gsql -d testdb -h 10.10.0.11 -U jack -p 8000 -W Test@123
```

testdb 为需要连接的数据库名称，10.10.0.11 为数据库主节点所在的服务器 IP 地址，jack 为连接数据库的用户，8000 为数据库主节点的端口号，Test@123 为连接数据库用户 jack 的密码。连接 openGauss 的机器与 openGauss 不在同一网段时，-h 指定的 IP 地址应为 Manager 界面上所设置的 coo.cooListenIp2(应用访问 IP)的取值。此处禁止使用 omm 用户进行远程连接数据库。

3.1.3 通过 gsql 客户端工具执行 SQL 语句

通过客户端连接 openGauss 后，用户可以使用客户端工具连接到 openGauss 执行单条 SQL 语句和批量 SQL 语句。此处着重展示 SQL 的执行，更多的 SQL 语法细节可参见后续章节。

1. 执行单条 SQL 语句

1) 方法一

首先以操作系统用户 omm 登录数据库主节点，然后使用 gsql 连接到 openGauss 服务器。命令如下：

```
gsql -d testdb -h 10.10.0.11 -U jack -p 8000 -W Test@123
```

其中，-d 参数指定目标数据库名、-U 参数指定数据库用户名、-h 参数指定主机名、-p 参数指定端口号信息。最后执行 SQL 语句，以创建数据库 human_staff 为例，语句如下：

```
CREATE DATABASE human_staff;
```

通常，输入的语句以分号结束。如果输入的语句没有错误，结果就会输出到屏幕上。

2) 方法二

首先以操作系统用户 omm 登录数据库主节点，然后执行如下包含 SQL 语句的命令，可以得到与上文一样的效果：

```
gsql -d testdb -h 10.10.0.11 -U jack -p 8000 -W Test@123 -c 'CREATE DATABASE human_staff';
```

gsql 工具使用-d 参数指定目标数据库名、使用-U 参数指定数据库用户名、使用-h 参数指定主机名、使用-p 参数指定端口号信息，使用-c 参数指定需要执行的 SQL。使用该语句时，用户需要具有相应的权限。

2. 执行批量 SQL 语句

首先以操作系统用户 omm 登录数据库主节点。首先使用 gsql 连接到数据库，然后使用文件作为命令源，而不是交互式输入，gsql 将在处理完文件后结束。

```
gsql -d testdb -h 10.10.0.11 -U jack -p 8000 -f /home/omm/staff.sql
```

gsql 工具使用-d 参数指定目标数据库名、使用-U 参数指定数据库用户名、使用-h 参数指定主机名、使用-p 参数指定端口号信息、使用-f 参数指定文件名(绝对路径或相对路径，且满足操作系统路径命名规则)。本命令中使用 jack 用户连接到远程主机 testdb 数据库的 8000 端口，并采用文件 staff.sql 作为命令源。

3.2 DBeaver 客户端连接

DBeaver 是一款支持多平台的、免费通用的数据库工具，允许查看数据库的结构，执行 SQL 查询和脚本，浏览和导出数据库设计方案(schema)，其性能卓越，内存消耗相对较低，支持几乎所有流行的数据库，例如 MySQL、TestdbQL、SQLite、Oracle、DB2、SQL Server 等，同时也支持对 openGauss 的连接。本节将介绍如何通过 DBeaver 连接数据库。

3.2.1 DBeaver 下载

DBeaver 下载的步骤如下：

(1) 从官网(https://dbeaver.io/download/)下载对应操作系统的安装包，下载界面如图 3-2 所示。

Windows

- **Windows 64 bit (installer)**
- Windows 64 bit (zip)

- Install from Microsoft Store
- Chocolatey (choco install dbeaver)

Mac OS X

- **Mac OS X (dmg)**
- Mac OS X (zip)

- Brew Cask (brew install --cask dbeaver-community)
- MacPorts (sudo port install dbeaver-community)

Linux

- **Linux Debian package 64 bit (installer)**
- **Linux RPM package 64 bit (installer)**
- Linux 64 bit (zip)
- Linux x86 64 bit (zip without Java included)
- Linux ARM 64 bit (zip without Java included)

图 3-2 DBeaver 客户端下载界面

(2) 以 Mac OS 为例，在下载完 DBeaver Mac 软件后双击 dbeaver-ce-21.0.0-macos.dmg，根据操作提示进行安装，如图 3-3 所示。

图 3-3　DBeaver 客户端安装界面

3.2.2　DBeaver 连接

打开 DBeaver 应用软件后，直接单击导航栏上的 File，然后再单击弹出菜单中的新建连接，选择需要连接的数据库类型，如图 3-4 所示。

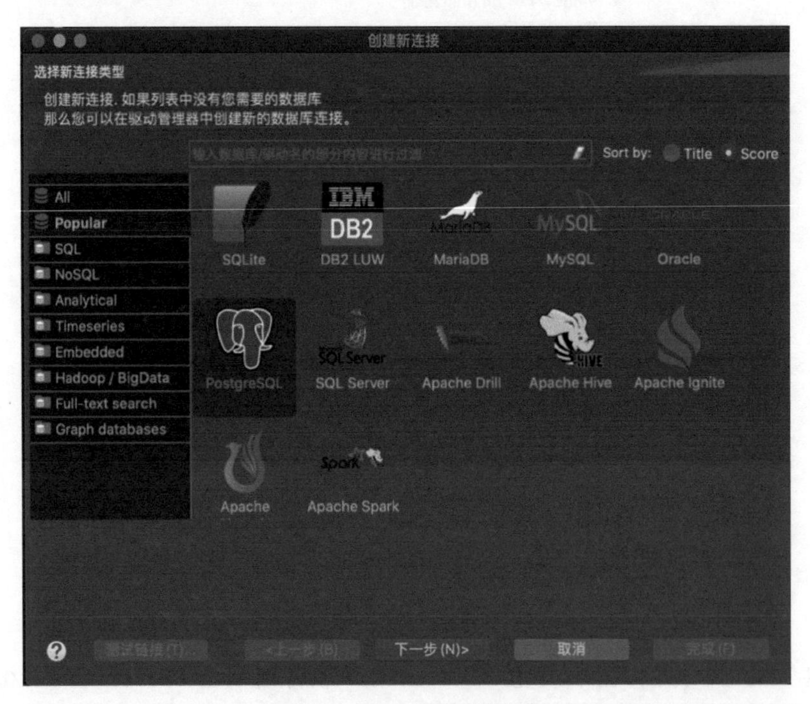

图 3-4　DBeaver 连接界面

在服务器信息界面中输入服务器地址、端口号、用户名、密码等信息，如图 3-5 所示。

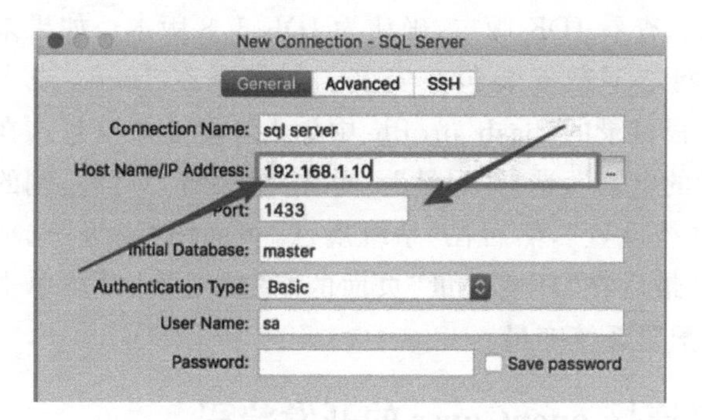

图 3-5　DBeaver 连接信息填写界面

Authentication Type 选择 Basic，单击下方的 test 按钮测试连接是否正常，若连接正常，则显示如图 3-6 所示的结果，此时便可以使用 DBeaver 连接和管理远程服务器的数据库了。

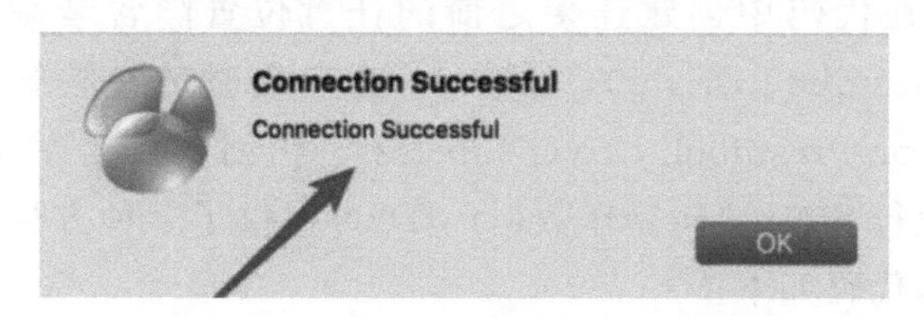

图 3-6　DBeaver 连接成功界面

3.3　openGauss 数据库 JDBC 连接与开发

JDBC(Java database connectivity，Java 数据库连接)是一种用于执行 SQL 语句的 Java API，可以为多种关系数据库提供统一的访问接口，应用程序可基于它操作数据。openGauss 数据库提供了对 JDBC 4.0 特性的支持，需要使用 JDK 1.8 版本编译程序代码，不支持 JDBC 桥接 ODBC 方式。本章只介绍基本概念与一个完整的连接流程，更多示例请参考官网的开发者文档(https://opengauss.org/zh/docs/1.1.0/docs/Developerguide/)。

3.3.1　JDBC 包、驱动类和环境类

(1) JDBC 包：在服务器端源代码目录下执行 build.sh，获得驱动 jar 包 testdbql.jar，包位置在源代码目录下。可以从发布包中获取，包名为 openGauss-x.x.x-操作系统版本号-64bit-Jdbc.tar.gz。

(2) 驱动类：在创建数据库连接之前，需要加载数据库驱动类 org.testdbql.Driver。openGauss 在 JDBC 的使用上与 postgreSQL 的使用方法保持兼容，所以，同时在同一进程内使用两个 JDBC 驱动的时候，可能会出现类名冲突。

(3) 环境类：客户端需配置 JDK 1.8(或更高版本)，首先在命令行窗口输入 java -version，查看 JDK 版本，确认为 JDK 1.8 版本。如果未安装 JDK，请从官方网站下载安装包并安装。如果是在 Linux 或者 Mac OS 上，则在用户根目录的.bash_profile 中加入环境变量信息。在 Windows 中，右击“我的电脑”，选择“属性”。首先在“系统”页面左侧的导航栏中单击“高级系统设置”，然后在“系统属性”页面的“高级”选项卡上单击“环境变量”，最后在“环境变量”页面的“系统变量”区域单击“新建”或“编辑”按钮配置系统变量。

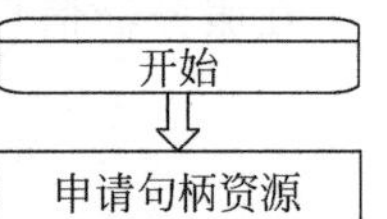

图 3-7 JDBC 的开发流程

3.3.2 JDBC 连接 openGauss 的开发流程

从逻辑层面讲，JDBC 的开发流程如图 3-7 所示。

接下来分别介绍具体的连接数据库操作和关闭连接操作。

在创建数据库连接之前，需要先加载数据库驱动程序。加载驱动程序有两种方法：①在代码中创建连接之前的任意位置隐含装载：Class.forName(org.testdbql.Driver)；②在 JVM 启动时传递参数：java -Djdbc.drivers＝org.testdbql.Driver jdbctest。在创建数据库连接之后，才能使用它执行 SQL 语句操作数据。JDBC 提供了 3 种方法，用于创建数据库连接，代码如下：

```
DriverManager.getConnection(String url);
DriverManager.getConnection(String url, Properties info);
DriverManager.getConnection(String url, String user, String password);
```

下面的示例演示了如何连接 JDBC：

```
public static Connection getConnect(String username, String passwd)
    {
        //驱动类
        String driver = "org.testdbql.Driver";
        //数据库连接描述符
        String sourceURL = "jdbc:testdbql://10.10.0.13:8000/testdb";
        Connection conn = null;
        try
        {
            //加载驱动
            Class.forName(driver);
        }
        catch( Exception e )
        {
            e.printStackTrace();
            return null;
        }
```

```
        try
        {
            //创建连接
            conn = DriverManager.getConnection(sourceURL, username, passwd);
            System.out.println("Connection succeed!");
        }
        catch(Exception e)
        {
            e.printStackTrace();
            return null;
        }

        return conn;
    };
// 以下代码将使用Properties对象作为参数建立连接
public static Connection getConnectUseProp(String username, String passwd)
    {
        //驱动类
        String driver = "org.testdbql.Driver";
        //数据库连接描述符
        String sourceURL = "jdbc:testdbql://10.10.0.13:8000/testdb?";
        Connection conn = null;
        Properties info = new Properties();

        try
        {
            //加载驱动
            Class.forName(driver);
        }
        catch( Exception e )
        {
            e.printStackTrace();
            return null;
        }
        try
        {
            info.setProperty("user", username);
            info.setProperty("password", passwd);
            //创建连接
            conn = DriverManager.getConnection(sourceURL, info);
            System.out.println("Connection succeed!");
        }
        catch(Exception e)
        {
            e.printStackTrace();
            return null;
        }
        return conn;
    };
```

在使用数据库连接完成相应的数据操作后，需要关闭数据库连接。关闭数据库连接，直接调用 close()方法即可，代码如下：

```
Connection conn = null;
conn.close();
```

3.3.3 JDBC 连接 openGauss 执行 SQL 语句示例

1. 执行普通的 SQL 语句

应用程序通过执行 SQL 语句操作数据库中的数据(不用传递参数的语句)，需要首先调用 Connection 的 createStatement()方法创建语句对象，代码如下：

```
Connection conn = null;
Statement stmt = conn.createStatement();
```

然后调用 Statement 的 executeUpdate()方法执行 SQL 语句，代码如下：

```
int rc = stmt.executeUpdate("CREATE TABLE customer_t1(c_customer_sk INTEGER, c_customer_
name VARCHAR(32));");
```

最后关闭语句对象，代码如下：

```
stmt.close();
```

2. 执行预编译 SQL 语句

预编译语句是只编译和优化一次，然后通过设置不同的参数值多次使用。由于已经预先编译好了，因此后续使用会减少执行时间。如果要多次执行一条语句，首先需要调用 Connection 的 prepareStatement()方法创建预编译语句对象，代码如下：

```
PreparedStatement pstmt = con.prepareStatement("UPDATE customer_t1 SET c_customer_name = ?
WHERE c_customer_sk = 1");
```

接着调用 PreparedStatement 的 setShort 设置参数，代码如下：

```
pstmt.setShort(1, (short)2);
```

然后调用 PreparedStatement 的 executeUpdate()方法执行预编译 SQL 语句，代码如下：

```
int rowcount = pstmt.executeUpdate();
```

最后调用 PreparedStatement 的 close()方法关闭预编译语句对象，代码如下：

```
pstmt.close();
```

3. 调用存储过程

openGauss 支持通过 JDBC 直接调用事先创建的存储过程，首先调用 Connection 的 prepareCall()方法创建调用语句对象，代码如下：

```
Connection myConn = null;
CallableStatement cstmt = myConn.prepareCall("{? = CALL TESTPROC(?,?,?)}");
```

接着调用 CallableStatement 的 setInt()方法设置参数，代码如下：

```
cstmt.setInt(2, 50);
cstmt.setInt(1, 20);
cstmt.setInt(3, 90);
```

调用 CallableStatement 的 registerOutParameter()方法注册输出参数，代码如下：

```
cstmt.registerOutParameter(4, Types.INTEGER);        //注册 out 类型的参数,类型为整型
```

然后调用 CallableStatement 的 execute()方法，代码如下：

```
cstmt.execute();
```

调用 CallableStatement 的 getInt()方法获取输出参数，代码如下：

```
int out = cstmt.getInt(4);                          //获取 out 参数
```

最后调用 CallableStatement 的 close()方法关闭调用语句，代码如下：

```
cstmt.close();
```

4. 执行批处理

用一条预处理语句处理多条相似的数据。数据库只创建一次执行计划，节省了语句的编译和优化时间。首先调用 Connection 的 prepareStatement()方法创建预编译语句对象，代码如下：

```
Connection conn = null;
PreparedStatement pstmt = conn.prepareStatement("INSERT INTO customer_t1 VALUES (?)");
```

接着针对每条数据调用 setShort 设置参数，以及调用 addBatch 确认该条数据设置完

毕,代码如下:

```
pstmt.setShort(1, (short)2);
pstmt.addBatch();
```

然后调用 PreparedStatement 的 executeBatch()方法执行批处理,代码如下:

```
int[] rowcount = pstmt.executeBatch();
```

最后调用 PreparedStatement 的 close()方法关闭预编译语句对象,代码如下:

```
pstmt.close();
```

3.3.4 JDBC 连接 openGauss 结果集处理

不同数据类型的结果集(ResultSet)有各自的应用场景,应用程序需要根据实际情况选择相应的结果集类型。在执行 SQL 语句过程中,需要先创建相应的语句对象,而部分创建语句对象的方法提供了设置结果集类型的功能。涉及的 Connection 的方法如下:

```
//创建一个 Statement 对象,该对象将生成具有给定类型和并发性的 ResultSet 对象
createStatement(int resultSetType, int resultSetConcurrency);

//创建一个 PreparedStatement 对象,该对象将生成具有给定类型和并发性的 ResultSet 对象
prepareStatement(String sql, int resultSetType, int resultSetConcurrency);

//创建一个 CallableStatement 对象,该对象将生成具有给定类型和并发性的 ResultSet 对象
prepareCall(String sql, int resultSetType, int resultSetConcurrency);
```

结果集类型见表 3-1。

表 3-1 结果集类型

参 数	描 述
resultSetType	表示结果集的类型有三种: • ResultSet. TYPE_FORWARD_ONLY: ResultSet 只能向前移动,此变量是默认值; • ResultSet. TYPE_SCROLL_SENSITIVE: 修改后重新滚动到修改所在行,可以看到修改后的结果; • ResultSet. TYPE_SCROLL_INSENSITIVE: 对可修改例程所做的编辑不进行显示。 说明: 结果集从数据库中读取数据之后,即使类型是 ResultSet. TYPE_SCROLL_SENSITIVE,也不会看到由其他事务在这之后引起的改变。调用 ResultSet 的 refreshRow()方法,可进入数据库并从其中取得当前光标所指记录的最新数据

续表

参　数	描　述
resultSetConcurrency	表示结果集的并发有两种类型： • ResultSet.CONCUR_READ_ONLY：如果不从结果集中的数据建立一个新的更新语句，就不能对结果集中的数据进行更新； • ResultSet.CONCUR_UPDATEABLE：可改变的结果集。对于可滚动的结果集，可对结果集进行适当的改变

ResultSet对象具有指向其当前数据行的光标。最初，光标被置于第一行之前。next()方法将光标移动到下一行；因为该方法在ResultSet对象没有下一行时返回false，所以可以在while循环中使用它迭代结果集。但对于可滚动的ResultSet，JDBC驱动程序提供了更多的定位方法，使ResultSet指向特定的行。结果定位方法见表3-2。

表3-2　结果定位方法

方　法	描　述	方　法	描　述
next()	把ResultSet向下移动一行	afterLast()	把ResultSet定位到最后一行之后
previous()	把ResultSet向上移动一行	first()	把ResultSet定位到第一行
beforeFirst()	把ResultSet定位到第一行之前	last()	把ResultSet定位到最后一行

对于可滚动的结果集，会调用定位方法来改变光标的位置。JDBC驱动程序提供了获取结果集中光标所处位置的方法。获取光标位置的方法见表3-3。

表3-3　获取光标位置的方法

方　法	描　述	方　法	描　述
isFirst()	光标是否在第一行	isAfterLast()	光标是否在最后一行之后
isLast()	光标是否在最后一行	getRow()	获取当前光标在第几行
isBeforeFirst()	光标是否在第一行之前		

ResultSet对象提供了丰富的方法，以获取结果集中的数据。获取数据常用的方法见表3-4，其他方法请参考JDK官方文档。

表3-4　获取数据常用的方法

方　法	描　述
int getInt(int columnIndex)	按列标获取Int型数据
int getInt(String columnLabel)	按列名获取Int型数据
String getString(int columnIndex)	按列标获取String型数据
String getString(String columnLabel)	按列名获取String型数据
Date getDate(int columnIndex)	按列标获取Date型数据
Date getDate(String columnLabel)	按列名获取Date型数据

下面的示例将演示如何基于openGauss提供的JDBC接口开发应用程序。其中包含的CREATE TABLE语句表示表的创建，INSERT语句表示向表中插入数据，UPDATE语句表示更新数据。更多关于SQL的介绍请参阅后续章节。

```
import java.sql.Connection;
import java.sql.DriverManager;
import java.sql.PreparedStatement;
import java.sql.SQLException;
import java.sql.Statement;
import java.sql.CallableStatement;

public class DBTest {

  //创建数据库连接
  public static Connection GetConnection(String username, String passwd) {
    String driver = "org.testdbql.Driver";
    String sourceURL = "jdbc:testdbql://localhost:8000/testdb";
    Connection conn = null;
    try {
      //加载数据库驱动
      Class.forName(driver).newInstance();
    } catch (Exception e) {
      e.printStackTrace();
      return null;
    }

    try {
      //创建数据库连接
      conn = DriverManager.getConnection(sourceURL, username, passwd);
      System.out.println("Connection succeed!");
    } catch (Exception e) {
      e.printStackTrace();
      return null;
    }
    return conn;
  };
  //执行普通的SQL语句,创建customer_t1表
  public static void CreateTable(Connection conn) {
    Statement stmt = null;
    try {
      stmt = conn.createStatement();

      //执行普通SQL语句
      int rc = stmt
          .executeUpdate("CREATE TABLE customer_t1(c_customer_sk INTEGER, c_customer_name
VARCHAR(32));");
```

```
        stmt.close();
    } catch (SQLException e) {
      if (stmt != null) {
        try {
          stmt.close();
        } catch (SQLException e1) {
          e1.printStackTrace();
        }
      }
      e.printStackTrace();
    }
  }

  //执行预处理语句,批量插入数据
  public static void BatchInsertData(Connection conn) {
    PreparedStatement pst = null;

    try {
      //生成预处理语句
      pst = conn.prepareStatement("INSERT INTO customer_t1 VALUES (?,?)");
      for (int i = 0; i < 3; i++) {
        //添加参数
        pst.setInt(1, i);
        pst.setString(2, "data " + i);
        pst.addBatch();
      }
      //执行批处理
      pst.executeBatch();
      pst.close();
    } catch (SQLException e) {
      if (pst != null) {
        try {
          pst.close();
        } catch (SQLException e1) {
        e1.printStackTrace();
        }
      }
      e.printStackTrace();
    }
  }

  //执行预编译语句,更新数据
  public static void ExecPreparedSQL(Connection conn) {
    PreparedStatement pstmt = null;
    try {
      pstmt = conn
```

```
            .prepareStatement("UPDATE customer_t1 SET c_customer_name = ? WHERE c_customer_sk = 1");
        pstmt.setString(1, "new Data");
        int rowcount = pstmt.executeUpdate();
        pstmt.close();
      } catch (SQLException e) {
        if (pstmt != null) {
          try {
            pstmt.close();
          } catch (SQLException e1) {
            e1.printStackTrace();
          }
        }
        e.printStackTrace();
      }
    }
  //执行存储过程
    public static void ExecCallableSQL(Connection conn) {
      CallableStatement cstmt = null;
      try {
        cstmt = conn.prepareCall("{? = CALL TESTPROC(?,?,?)}");
        cstmt.setInt(2, 50);
        cstmt.setInt(1, 20);
        cstmt.setInt(3, 90);
        cstmt.registerOutParameter(4, Types.INTEGER);  //注册 out 参数,类型为整型
        cstmt.execute();
        int out = cstmt.getInt(4);                     //获取 out 参数
        System.out.println("The CallableStatment TESTPROC returns:" + out);
        cstmt.close();
      } catch (SQLException e) {
        if (cstmt != null) {
          try {
            cstmt.close();
          } catch (SQLException e1) {
            e1.printStackTrace();
          }
        }
        e.printStackTrace();
      }
    }
    /**
     * 主程序,逐步调用各静态方法
     * @param args
    */
    public static void main(String[] args) {
      //创建数据库连接
      Connection conn = GetConnection("tester", "Password1234");
```

```
        //创建表
        CreateTable(conn);
        //批量插入数据
        BatchInsertData(conn);
        //执行预编译语句,更新数据
        ExecPreparedSQL(conn);
        //执行存储过程
        ExecCallableSQL(conn);
        //关闭数据库连接
        try {
          conn.close();
        } catch (SQLException e) {
          e.printStackTrace();
        }
    }
}
```

3.4　openGauss 数据库 ODBC 连接

ODBC(open database connectivity,开放数据库互连)是由微软公司基于 X/OPEN CLI 提出的用于访问数据库的应用程序编程接口。应用程序通过 ODBC 提供的应用程序接口与数据库进行交互,增强了应用程序的可移植性、扩展性和可维护性。通过获取 ODBC 进行 C++调用 openGauss 编程,步骤如下:

(1) 获取 unixODBC 驱动,获取 unixODBC 源码包后进行编译安装(http://sourceforge.net/projects/unixodbc/files/unixODBC/2.3.0/unixODBC-2.3.0.tar.gz/download),命令如下:

```
[omm@db1 ~]# cd /soft
[omm@db1 soft]# tar -zxvf unixODBC-2.3.0.tar.gz
[omm@db1 soft]# vi unixODBC-2.3.0/configure
---------------------------------------------------------#
[root@db1 ~]# cd /soft/unixODBC-2.3.0
[root@db1 unixODBC-2.3.0]#  ./configure --enable-gui=no
#鲲鹏服务器上编译需追加参数: --build=aarch64-unknown-linux-gnu
[root@db1 unixODBC-2.3.0]# make[root@db1 unixODBC-2.3.0]# make install
```

(2) 下载 openGauss 的 ODBC 驱动,解压并替换部分客户端原有的 lib 库(https://opengauss.org/zh/download.html),替换客户端 openGauss 驱动程序,命令如下:

```
[root@db1 ~]# vi /usr/local/etc/odbcinst.ini
---------------------------------------------------------
```

```
[openGauss]
Driver64 = /usr/local/lib/psqlodbcw.so setup = /usr/local/lib/psqlodbcw.so
---------------------------------------------------------------
[root@db1 ~]# vi /usr/local/etc/odbc.ini
--------------------------------------------------------------- [openGaussODBC]
Driver = openGauss
Servername = 192.168.0.225
Database = testdb
Username = jack
Password = gauss@123
Port = 26000
Sslmode = allow
---------------------------------------------------------------
```

(3) 数据库服务器授予客户端权限，命令如下：

```
$ gs_guc reload - N all - I all - h "host all jack 127.0.0.1/32 SHA - 256"
```

(4) 配置环境变量，命令如下：

```
# vi ~/.bashrc
-------------------------------------------------
export LD_LIBRARY_PATH = /usr/local/lib/: $ LD_LIBRARY_PATH
export ODBCSYSINI = /usr/local/etc
export ODBCINI = /usr/local/etc/odbc.ini
-------------------------------------------------
# source ~/.bashrc
```

(5) 使用 isql 进行登录测试，命令如下：

```
[root@db1 soft]# isql - v openGaussODBC
```

具体开发流程与 JDBC 相同，如图 3-7 所示。ODBC 常用功能示例代码如下：

```
// 此示例演示如何通过 ODBC 方式获取 openGauss 中的数据
// DBtest.c (compile with: libodbc.so)
#include <stdlib.h>
#include <stdio.h>
#include <sqlext.h>
#ifdef WIN32
#endif
SQLHENV       V_OD_Env;         // Handle ODBC environment
SQLHSTMT      V_OD_hstmt;       // Handle statement
SQLHDBC       V_OD_hdbc;        // Handle connection
char          typename[100];
SQLINTEGER    value = 100;
SQLINTEGER    V_OD_erg,V_OD_buffer,V_OD_err,V_OD_id;
```

```
int main(int argc,char * argv[])
{
      // 1. 申请环境句柄
      V_OD_erg = SQLAllocHandle(SQL_HANDLE_ENV,SQL_NULL_HANDLE,&V_OD_Env);
      if ((V_OD_erg != SQL_SUCCESS) && (V_OD_erg != SQL_SUCCESS_WITH_INFO))
      {
            printf("Error AllocHandle\n");
            exit(0);
      }
      // 2. 设置环境属性(版本信息)
      SQLSetEnvAttr(V_OD_Env, SQL_ATTR_ODBC_VERSION, (void * )SQL_OV_ODBC3, 0);
      // 3. 申请连接句柄
      V_OD_erg = SQLAllocHandle(SQL_HANDLE_DBC, V_OD_Env, &V_OD_hdbc);
      if ((V_OD_erg != SQL_SUCCESS) && (V_OD_erg != SQL_SUCCESS_WITH_INFO))
      {
            SQLFreeHandle(SQL_HANDLE_ENV, V_OD_Env);
            exit(0);
      }
      // 4. 设置连接属性
      SQLSetConnectAttr(V_OD_hdbc, SQL_ATTR_AUTOCOMMIT, SQL_AUTOCOMMIT_ON, 0);
      // 5. 连接数据源,这里的 userName 与 password 分别表示连接数据库的用户名和用户密码,
      // 请根据实际情况修改
      // 如果 odbc.ini 文件中已经配置了用户名和用户密码,那么这里可以留空("");但是不建议
      // 这么做,因为一旦 odbc.ini 权限管理不善,将导致数据库用户密码泄露
      V_OD_erg = SQLConnect(V_OD_hdbc, (SQLCHAR * ) "gaussdb", SQL_NTS,
                        (SQLCHAR * ) "userName", SQL_NTS,  (SQLCHAR * ) "password", SQL_NTS);
      if ((V_OD_erg != SQL_SUCCESS) && (V_OD_erg != SQL_SUCCESS_WITH_INFO))
      {
          printf("Error SQLConnect %d\n",V_OD_erg);
          SQLFreeHandle(SQL_HANDLE_ENV, V_OD_Env);
          exit(0);
      }
      printf("Connected !\n");
      // 6. 设置语句属性
      SQLSetStmtAttr(V_OD_hstmt,SQL_ATTR_QUERY_TIMEOUT,(SQLPOINTER * )3,0);
      // 7. 申请语句句柄
      SQLAllocHandle(SQL_HANDLE_STMT, V_OD_hdbc, &V_OD_hstmt);
      // 8. 直接执行 SQL 语句
      SQLExecDirect(V_OD_hstmt,"drop table IF EXISTS customer_t1",SQL_NTS);
      SQLExecDirect(V_OD_hstmt,"CREATE TABLE customer_t1(c_customer_sk INTEGER, c_customer_
name VARCHAR(32));",SQL_NTS);
      SQLExecDirect(V_OD_hstmt,"insert into customer_t1 values(25,li)",SQL_NTS);
      // 9. 准备执行
      SQLPrepare(V_OD_hstmt,"insert into customer_t1 values(?)",SQL_NTS);
```

```
    // 10. 绑定参数
    SQLBindParameter(V_OD_hstmt,1,SQL_PARAM_INPUT,SQL_C_SLONG,SQL_INTEGER,0,0,
                     &value,0,NULL);
    // 11. 执行准备好的语句
    SQLExecute(V_OD_hstmt);
    SQLExecDirect(V_OD_hstmt,"select id from testtable",SQL_NTS);
    // 12. 获取结果集某一列的属性
    SQLColAttribute(V_OD_hstmt,1,SQL_DESC_TYPE,typename,100,NULL,NULL);
    printf("SQLColAtrribute %s\n",typename);
    // 13. 绑定结果集
    SQLBindCol(V_OD_hstmt,1,SQL_C_SLONG, (SQLPOINTER)&V_OD_buffer,150,
            (SQLLEN *)&V_OD_err);
    // 14. 通过 SQLFetch 获取结果集中的数据
    V_OD_erg = SQLFetch(V_OD_hstmt);
    // 15. 通过 SQLGetData()获取并返回数据
    while(V_OD_erg != SQL_NO_DATA)
    {
        SQLGetData(V_OD_hstmt,1,SQL_C_SLONG,(SQLPOINTER)&V_OD_id,0,NULL);
        printf("SQLGetData ---- ID = %d\n",V_OD_id);
        V_OD_erg = SQLFetch(V_OD_hstmt);
    };
    printf("Done !\n");
    // 16. 断开数据源连接并释放句柄资源
    SQLFreeHandle(SQL_HANDLE_STMT,V_OD_hstmt);
    SQLDisconnect(V_OD_hdbc);
    SQLFreeHandle(SQL_HANDLE_DBC,V_OD_hdbc);
    SQLFreeHandle(SQL_HANDLE_ENV, V_OD_Env);
    return(0);
}
```

3.5 小结

本章首先介绍了gsql本地连接和远程连接，然后介绍了通过gsql和DBeaver客户端连接数据库，最后介绍了如何在Java源码和C++源码中通过编程语言调用openGauss数据库接口对数据进行管理。

3.6 习题

1. openGauss数据库连接方式分为哪几类？
2. 尝试使用DBeaver连接MySQL和postgreSQL。

3. TPC-H是数据库领域的知名基准测试数据集(http://www.tpc.org/tpch/)。下载TPC-H生成器并结合C++和ODBC驱动完成如下操作：

(1) 新建数据库，将其命名为TPC-H；

(2) 新建TPC-H下的8个表；

(3) 将生成的1GB的TPC-H数据批量导入数据库；

(4) 计算TPC-H数据库的order表中totalprice列的平均值；

(5) 删除8个表；

(6) 删除TPC-H数据库。

第4章

数据库设计

4.1 概念结构设计

当将现实需求抽象成数据库实现的过程时，需要设计相应的概念结构模型，该模型具有如下特点：

(1) 能真实、充分地反映现实世界，包括事物和事物之间的联系，能满足用户对数据的处理要求，是现实世界的一个真实模型。

(2) 易于理解，可以用它和不熟悉计算机的用户交换意见。

(3) 易于更改，当需求变化的时候，可以很容易对该概念模型进行修改。

(4) 通用性强，易于向各种数据库模型转换。

目前，描述上述特点的概念模型最有力的工具就是E-R模型。

4.1.1 实体及实体间的联系

陈品山(Peter Chen)提出的E-R模型是用E-R图描述现实世界的概念模型。它涉及的主要概念包括实体、属性、键、实体型、实体集、联系等，它们的定义如下。

1. 实体(entity)

客观存在并可相互区别的事物称为实体。实体可以是具体的人、事、物，也可以是抽象的概念或联系。例如，一个员工、一个商品、一次订货、老板和员工的关系等都是实体。

2. 属性(attribute)

实体所具有的某一特性称为属性。一个实体可以由若干属性刻画。例如，商品实体可以由商品号、价格、种类、质量等属性组成。

3. 键(key)

唯一表示实体的属性集称为键。例如，商品号是商品实体的键。

4. 实体型(entity type)

具有相同属性的实体必然具有共同的特征和性质。用实体名及其属性名的集合抽象和刻画同类实体，称为实体型。例如，商品(商品号、价格、种类、质量、产地)就是一个实体型。

5. 实体集(entity set)

同一类型实体的集合称为实体集。例如，所有商品就是一个实体集。

6. 联系(relationship)

在现实世界中,事物内部以及事物之间是有联系的,这些联系主要包含实体之间的联系,以及实体内部的联系。实体之间的联系通常是指不同实体型的实体集之间的联系,而实体内部的联系通常是指组成实体的各属性之间的联系。

1) 两个实体型之间的联系

两个实体型之间的联系可以分为以下 3 种。

(1) 一对一联系(1∶1)。

对于两个实体型 A 和 B,如果 A 中的每个实体只和 B 中至多一个实体(可以没有)有联系,同时 B 中的每个实体也只和 A 中至多一个实体(可以没有)有联系,那么称 A 和 B 具有一对一联系,记为 1∶1。例如,一个国家只有一个元首,一个元首也只在一个国家任职,所以国家和元首之间具有一对一联系。

(2) 一对多联系(1∶n)。

对于两个实体型 A 和 B,如果 A 中的每个实体与 B 中的 $n(n\geqslant 0)$ 个实体有联系,但是 B 中的每个实体最多和 A 中的一个实体有联系,那么称实体型 A 和实体型 B 具有一对多联系,记为 1∶n。例如,一个国家有多人,但是每人只能有一个国家的国籍(不考虑多重国籍),所以国家和个人的国籍之间具有一对多联系。

(3) 多对多联系(m∶n)。

对于两个实体型 A 和 B,如果 A 中的每个实体与 B 中的 $n(n\geqslant 0)$ 个实体有联系,反之,B 中的每个实体与 A 中的 $m(m\geqslant 0)$ 个实体有联系,那么称实体型 A 和实体型 B 具有多对多联系,记为 m∶n。例如,一个国家有多人旅游,每人又能去多个国家旅游,所有国家和旅行者之间具有多对多联系。

如图 4-1 所示,可以用图形表示以上 3 类联系。其中,用矩形表示实体型,用菱形表示联系。

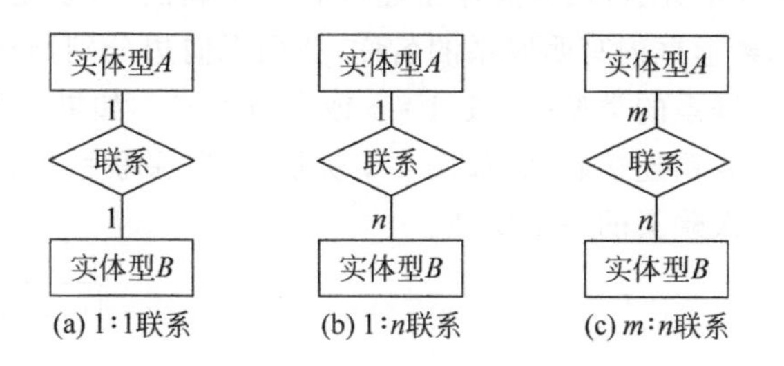

图 4-1　两个实体型之间的 3 类联系

2) 两个以上的实体型之间的联系

两个以上的实体型之间也存在着一对一、一对多和多对多的联系,如图 4-2(a)所示。商场、商品和商家构成了 3 个实体型的联系,其中商品需要商家在商场售卖。因此,一个商场对应多个商家,每个商家又对应多种商品,而每种商品又对应多个商家,因此构成了 1∶m∶n 的联系。此外,如图 4-2(b)所示,顾客、商家和商品之间也构成了多对多的联系。

其中，每个顾客可以在多个商家购买多种商品，而每种商品又能在多个商家被多个顾客购买，最后是每个商家可以接纳多个顾客购买多种商品。

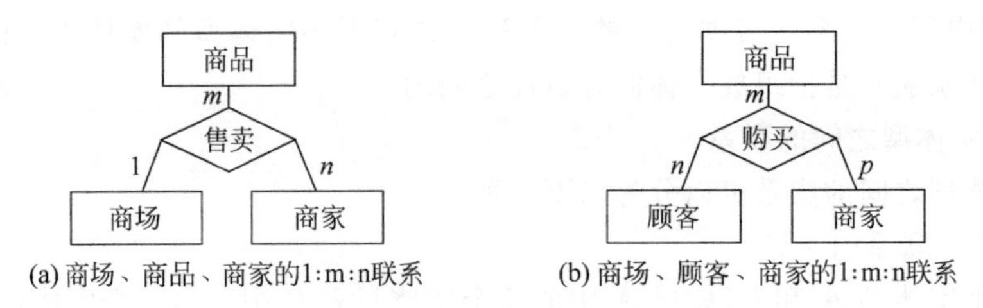

(a) 商场、商品、商家的1:m:n联系　(b) 商场、顾客、商家的1:m:n联系

图 4-2　3 个实体型之间的联系示例

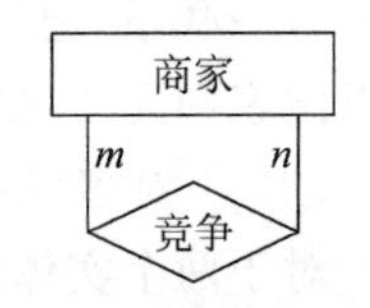

图 4-3　单个实体型内的多对多联系示例

3）单个实体型内各实体之间的联系

单个实体型内的各实体之间也可以存在一对一、一对多和多对多的联系。如图 4-3 所示，商家和商家之间可能存在竞争关系，而且竞争是多对多的形式，因此会形成这样的联系。

通常将联系所连接的实体型的数目称为该联系的度。例如，两个实体型之间联系的度是 2，3 个实体型之间联系的度就是 3，以此类推。同时，度为 N 的联系也被叫作 **N 元联系**。

4.1.2 E-R图基本概念

E-R 图方法表示的概念模型与具体的数据库管理系统所支持的数据模型是各种数据模型的基础，因而 E-R 图比数据模型更一般、更抽象、更接近现实世界。也就是说，E-R 图提供了表示实体型、实体属性及各种联系的方法。具体来说，实体型用矩形表示，实体型的名称写在矩形框中；实体属性用椭圆表示，属性名写在椭圆框中，并且使用无向边将其对应的实体型连接起来，如图 4-4 所示，顾客实体型连接着 4 个属性，分别是姓名、年龄、国籍和性别。联系用菱形表示，菱形框内写明联系的名称，并用无向边分别与有关实体型连接起来，同时在无向边旁边标上联系的类型（1∶1、1∶n 或者 m∶n）。如果联系也有属性，那么需要用无向边将这些属性和联系连接起来，如图 4-5 所示，在购买联系中，顾客在商家购买某种商品的数量可以看成该次购买的一个属性。

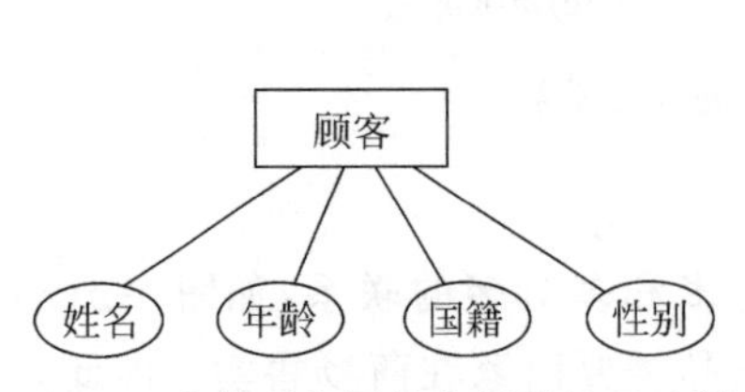

图 4-4　实体型和属性之间的关系示例

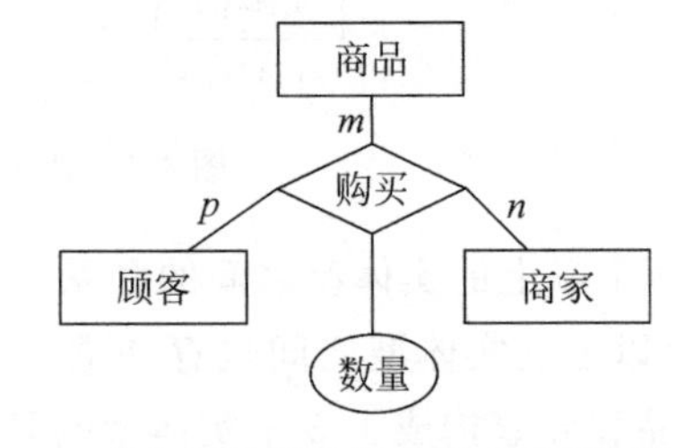

图 4-5　多个实体型之间的联系及其属性示例

4.1.3　E-R图结构设计

当面对需求的时候，该如何设计上述的E-R图？本节将给出答案。一般来说，设计E-R图过程中需要确定实体型以及相应的属性，然后对不同的实体型通过建立联系进行集成，这个过程需要解决相关的冲突。

幸运的是，现实世界自然地将实体及其属性进行了基本划分。因此，可以基于这种自然划分进行调整，而调整的原则是：尽可能地将能作为属性对待的事物划分为属性。其中，满足作为属性对待的事物具有以下两个准则：

(1) 不能具有更细粒度的性质，即不能包含其他属性；

(2) 不能与其他实体产生联系，因为E-R图中的联系指的都是实体之间的联系，因此，为了不与定义冲突，属性不能和其他实体有联系。

如图4-6所示，这里是仓库储存商品的E-R图示例。可以看到，货号、单价、仓库号、面积都是不可再分的，所以只能作为实体货物及仓库的属性，而且属性只有连接到其对应的实体，实体与实体之间才有联系。

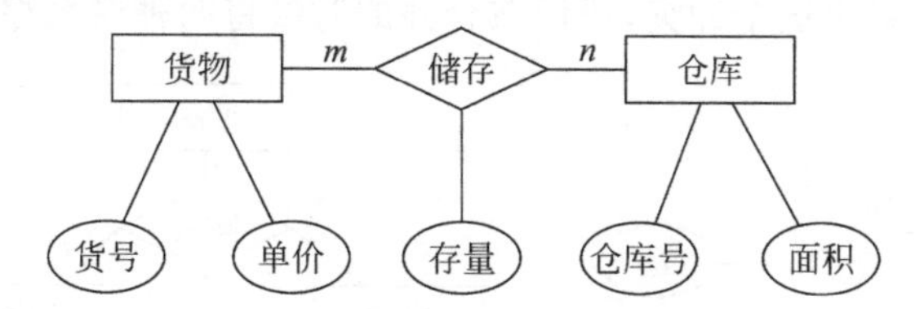

图4-6　仓库储存商品的E-R图示例

在开发大型系统的时候，我们倾向自底向上设计E-R图，即首先设计每个子系统的E-R图，然后再将它们集成起来，得到全局的E-R图。E-R图的集成一般分两步。

(1) 合并：解决多个分E-R图之间的冲突，将分E-R图合并起来生成初步E-R图。顾名思义，不同的子系统一般是由不同的人设计的，所以对应的分E-R图都是不同的人设计的，因此，不同的分E-R图之间大概率是存在冲突的，所以在合并分E-R图时不能简单地将它们连接起来，而是要消除这些冲突。其中，这些冲突主要有三类：属性冲突、命令冲突和结构冲突。

① 属性冲突：又可以包含以下两类。

属性域冲突：也就是属性值的类型、取值范围或者取值集合不同。例如商品价格，有的商家把它定义为整数，有的商家把它定义为小数。又如顾客年龄，有的商场以出生日期的形式表示，而另一些商场用整数表示。

属性取值单位冲突：例如，商品的质量有的以千克为单位，有的以克为单位。

解决属性冲突的方法就是各个子系统相互协调，使用统一的属性定义或者取值。

② 命名冲突：可以包含以下两类。

同名异义，即不同意义的对象在不同的局部应用中具有相同的名字。例如，主席在国家层面代表的是国家领导人，一些商业机构也存在主席的称谓，但是意义完全不同。

异名同义,即具有相同意义的对象在不同的局部应用中有不同的名称。例如,科研项目在财务部门可能称作项目,在科研部门可能称作课题。

解决命名冲突的方法与解决属性冲突的方法是一致的,也需要不同部门协商解决。

③ 结构冲突:可以包含以下 3 类。

同一实体在不同子系统的 E-R 图中所包含的属性个数和属性排列次序不完全相同。出现这种冲突的原因是不同的局部系统关心实体的不同侧面,解决这种冲突的方式是取各个子系统的 E-R 图的属性构建并集,然后用并集属性重新定义相关的实体,并适当调整属性的次序。

实体间的联系在不同的 E-R 图中为不同的类型。例如,实体 A 和 B 在一个子系统中是一对一的联系,但是在另一个子系统中是多对多的联系;或者在一个子系统中,A 只和 B 发生联系,但是在另一个子系统中,A 和 B、C 都发生联系。解决此类冲突的方式是根据应用的语义对实体联系的类型进行调整。如图 4-7 所示,顾客购买的商家进货的商品系统可以划分为两个子系统:顾客购买商品子系统和商家进货子系统。在商家进货子系统中,商品只和商家之间存在进货联系,而在顾客购买商品子系统中,商品和商家以及顾客产生了购买联系。因此,为了解决这个冲突,我们在合并的时候将两种联系综合起来。

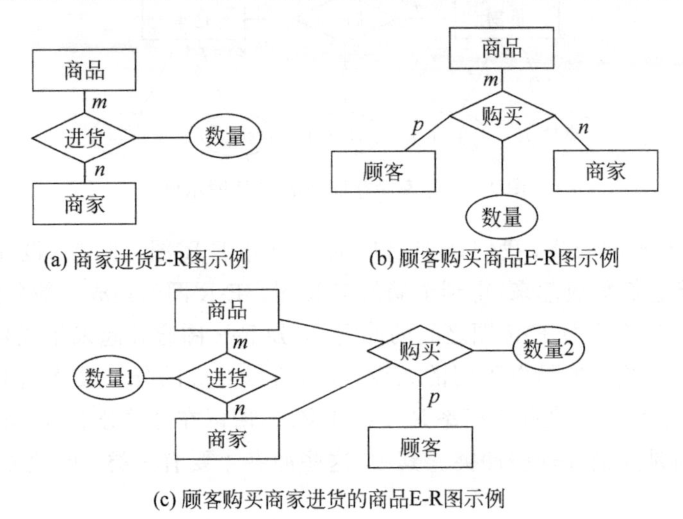

图 4-7　解决结构冲突示例图

同一对象在不同应用中具有不同的抽象。例如,商品在某个局部系统中被当作实体,而在另一个局部系统中被当作属性。解决这种冲突的方法通常是把属性转换为实体,或者把实体变换为属性,使得同一对象对应同一个抽象。需要注意的是,在转换过程中需要遵循实体与属性的划分原则,即在能转换为属性的时候尽可能转换为属性。

(2) 修改和重构:消除不必要的冗余,生成基本 E-R 图。通过上述合并操作得到的初步 E-R 图可能存在一些冗余的数据或者冗余的实体联系。所谓冗余的数据,指的是这些数据可以由别的数据推导出来,冗余的实体联系指的是能由其他联系推导出的联系。冗余的数据和冗余的联系容易给数据库的维护带来麻烦，因此需要消除，以提高数据库的可用性。此外，通常称消除了冗余之后的E-R图为基本E-R图。目前，消除冗余的主要方法是采用分析方法，即根据各个数据项之间逻辑关系的说明消除冗余。如图4-8所示，顾客购买商品的总金额可以根据商品的单价以及购买的数量计算得到，所以总金额是一个冗余的数据，可以删去。但并不是所有的冗余数据或冗余联系都必须加以消除，有时是为了提高效率，不得不以冗余信息作为代价。因此，在数据库概念设计过程中，需要设计人员判定哪些冗余信息需要消除，哪些冗余信息需要保存，这就需要根据用户的需求决定。例如，图4-8中的总金额可能在计算的过程中需要获取商品单价再计算，这样，对于大量查询是比较费时的，所以，在总金额查询需求大的场景下可以保存该冗余属性。

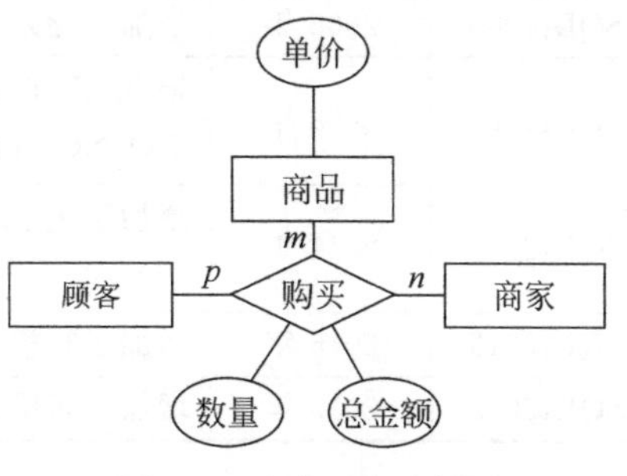

图4-8　消除冗余示例图

4.2 SQL基础实验

SQL是关系数据库的标准语言，也是一个功能强大的、通用的关系数据库语言，它的功能包括查询数据，在表中插入、更新和删除行，创建、替换、更改和删除对象，控制对数据库及其对象的访问，以及保证数据库的一致性和完整性等功能。本节将详细介绍如何在openGauss数据库中使用SQL进行基本操作。

4.2.1 SQL简介

SQL是在1974年由Boyce和Chamberlin提出的，最初叫Sequel，并在IBM公司研制的关系数据库管理系统原型System R上实现。SQL由于简单易学，功能强大，因此很快得到业界的认可。1986年10月，美国国家标准局(ANSL)的数据库委员会批准SQL作为关系数据库语言的美国标准，同年公布了SQL标准文本(简称SQL-86)。1987年，国际标准化组织也通过这一标准。表4-1展示了SQL标准的进展过程。可以发现，SQL标准的内容越来越丰富，越来越复杂。openGauss默认支持SQL2、SQL3和SQL4的主要特性。

表4-1　SQL标准的进展过程

标　　准	发布日期	注　　释
SQL-86	1986年	ANSI首次标准化
SQL-89	1989年	小修改，增加了integrity constraint
SQL-92	1992年	大修改，成为现代SQL的基础
SQL:1999	1999年	增加了正则表达式匹配、递归查询(传递闭包)、数据库触发器、过程式与控制流语句、非标量类型(arrays)、面向对象特性。在Java中嵌入SQL(SQL/OLB)及其逆(SQL/JRT)

续表

标　　准	发布日期	注　　释
SQL:2003	2003 年	增加了 XML 相关特性(SQL/XML)、window functions、标准化 sequences、自动产生值的列；增加了对 SQL:1999 的新特性重新描述其内涵
SQL:2006	2006 年	增加了导入导出 XML 数据与 SQL 数据库
SQL:2008	2008 年	增加了在 cursor 之外的 ORDER BY 语句、INSTEAD OF 触发器、TRUNCATE 语句，以及 FETCH 子句
SQL:2011	2011 年	增加了时态数据(PERIOD FOR)，增强了 window functions 与 FETCH 子句
SQL:2016	2016 年	增加了行模式匹配、多态表函数、JSON
SQL:2019	2019 年	增加了多维数组(MDarray 类型和运算符)

一般来说，SQL 主要有如下特点。

(1) 面向集合的操作方式：非关系型的数据模型采用的是面向记录的操作方式，操作对象是一条记录。而 SQL 采用的是集合操作方式，不仅操作对象，查找结果也可以是元组的集合，而且一次插入、删除、更新操作的对象也可以是元组的集合。

(2) 非过程化：非关系型的数据模型可以看成面向过程的语言，即用过程化语言完成某项请求，需要指定存储路径。而 SQL 不需要指明存储路径，只告诉系统做什么即可，这样可以大大提高可用性。

(3) 高度统一性：SQL 集数据查询、数据操作、数据定义和数据控制功能为一体，能够在系统运行中支持用户随时随地动态修改数据库的模式，使得系统具有很好的可扩展性。而且，SQL 连接关系表示实体以及实体之间的联系，使得数据结构具有单一性并具有相同的操作符，从而克服了非关系模型由于信息表示方式的多样性带来的操作复杂性。

(4) 支持多种使用方式：SQL 也能看成嵌入式语言，即可以嵌入高级语言(C++、Java)等程序中。在不同的使用方式下，SQL 语法结构是一致的，具有很大的便利性。

最后，支持 SQL 的数据库都会支持关系数据库的不同模式结构，包括视图(view)、基本表(base table)和存储文件(stored file)，图 4-9 展示了它们的关系。基本表是本身独立存在的表，一个或多个基本表对应一个存储文件，一个表可以有多个索引，索引存在于存储文件中。视图和基本表都是关系，用户可以用 SQL 表对它们进行创建、查询、更新等操作。存储文件对用户是透明的，即用户不需要知道存储的方式。接下来介绍 SQL 语句在 openGauss 数据库中的各种功能及其相应的语法。

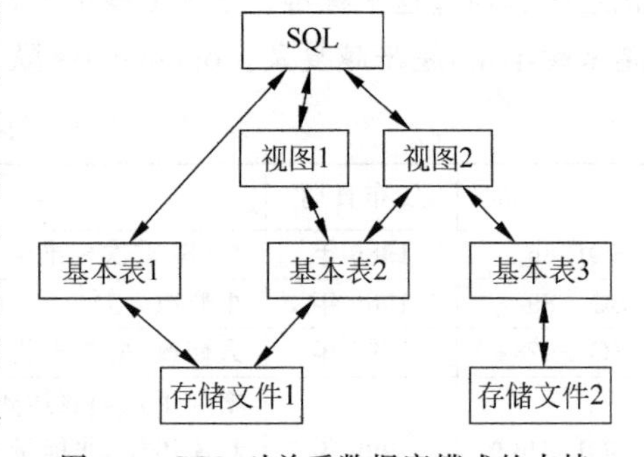

图 4-9　SQL 对关系数据库模式的支持

4.2.2 数据准备

下面以 TPC 制定的事务性数据库评测基准数据集 TPC-C 为例讲解在 openGauss 数据库中如何进行相关操作。具体的数据导入导出将在第 7 章讲解，本节主要讲解 TPC-C 数据集的组成等内容。

如图 4-10 所示，用 E-R 图表示所有的实体以及实体间的关系。其中，实体有仓库、地区、客户、订单分录、新订单、商品，实体间的关系有仓库和地区之间的对应关系、地区与客户之间的包含关系、客户和历史记录之间的包含关系、客户和订单分录之间的订单关系，仓库、商品和订单分录之间的库存关系。其中，每个仓库对应 10 个地区，每个仓库保存了 10 万件商品，每个仓库有超过 30 万个订单分录，每个地区包含 3000 个客户，每个客户至少有一条历史记录，每个客户的订单里都包含 5～15 条订单分录，每个客户至多有一个新订单。最后，TPC-C 数据集对应到关系数据库中表的实体和实体间的关系有 9 个：仓库(Warehouse)、地区(District)、客户(Customer)、历史(History)记录、新订单(New_order)、订单(Order)、订单分录(Order_line)、商品(Item)、库存(Stock)，见表 4-2～表 4-10。下面整理了这 9 个表及其属性的定义。

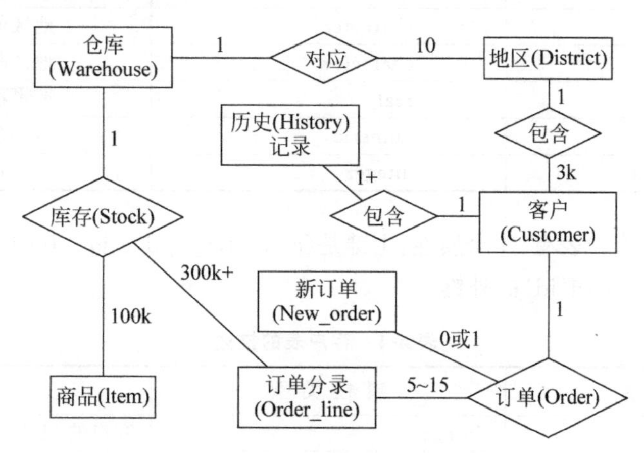

图 4-10 TPC-C 数据集对应的 E-R 图

如表 4-2 所示，仓库表有 9 个属性，其中主键是 w_id。

表 4-2 仓库表的描述

属性名称	属性类型	注释
w_id	integer	仓库的 id
w_name	character varying	仓库的名字
w_street_1	character varying	仓库一级地址
w_street_2	character varying	仓库二级地址
w_city	character varying	仓库所在城市
w_state	character	仓库所在州

续表

属性名称	属性类型	注　释
w_zip	character	仓库所在地的邮编
w_tax	real	销售税
w_ytd	numeric	本年余额

如表 4-3 所示，地区表有 11 个属性，其中主键是(d_w_id,d_id)，其中字段 d_w_id 是链接到仓库表 w_id 字段的外键。

表 4-3　地区表的描述

属性名称	属性类型	注　释
d_id	integer	地区的 id
d_w_id	integer	对应的仓库的 id
d_name	character varying	地区名字
d_street_1	character varying	地区一级地址
d_street_2	character varying	地区二级地址
d_city	character varying	地区的城市
d_state	character	地区的州
d_zip	character	地区邮编
d_tax	real	销售税
d_ytd	numeric	本年余额
d_next_o_id	integer	下一张订单号

如表 4-4 所示，客户表有 21 个属性，主键是(c_w_id,c_d_id,c_id)，其中(c_w_id,c_d_id)是链接到地区表(d_w_id,d_id)的外键。

表 4-4　客户表的描述

属性名称	属性类型	注　释
c_id	integer	客户的 id
c_d_id	integer	客户对应的地区的 id
c_w_id	integer	客户对应的仓库的 id
c_first	character varying	名字
c_middle	character	中间名字
c_last	character varying	姓氏
c_street_1	character varying	一级地址
c_street_2	character varying	二级地址
c_city	character varying	城市
c_state	character	州
c_zip	character	邮编
c_phone	character	电话
c_since	timestamp without time zone	出生日期

续表

属性名称	属性类型	注　释
c_credit	character	信用("GC"=good,"BC"=bad)
c_credit_lim	numeric	透支限额
c_discount	real	折扣
c_balance	numeric	欠款余额
c_ytd_payment	numeric	累计付款余额
c_payment_cnt	real	累计付款次数
c_delivery_cnt	real	累计发货次数
c_data	character varying	备注

如表 4-5 所示,历史记录表有 8 个属性,没有主键,有两个外键,分别是(h_c_id,h_c_d_id,h_c_w_id)和(h_d_id,h_w_id),它们分别对应客户表的主键和地区表的主键。

表 4-5　历史记录表的描述

属性名称	属性类型	注　释
h_c_id	integer	客户 id
h_c_d_id	integer	客户地区 id
h_c_w_id	integer	客户仓库 id
h_d_id	integer	地区 id
h_w_id	integer	地区仓库 id
h_date	timestamp without time zone	历史订单的时间
h_amount	real	价格
h_data	character varying	备注

如表 4-6 所示,订单表有 8 个属性,主键是(o_w_id,o_d_id,o_id),有一个外键(o_w_id,o_d_id,o_c_id),对应客户表的主键。

表 4-6　订单表的描述

属性名称	属性类型	注　释
o_id	integer	订单 id
o_d_id	integer	地区 id
o_w_id	integer	仓库 id
o_c_id	integer	顾客 id
o_entry_id	timestamp without time zone	制单时间
o_carrier_d	integer	货运代号
o_ol_cnt	integer	分录数
o_all_local	real	是否全部本地供货

如表 4-7 所示,新订单表有 3 个属性,主键是(no_w_id,no_d_id,no_o_id),该主键也是外键,对应订单表的主键。

表 4-7 新订单表的描述

属性名称	属性类型	注　释
no_o_id	integer	订单 id
no_d_id	integer	地区 id
no_w_id	integer	仓库 id

如表 4-8 所示，订单分录表有 10 个属性，主键是(ol_w_id，ol_d_id，ol_o_id，ol_number)，有两个外键(ol_w_id，ol_d_id，ol_o_id)和(ol_supply_w_id，ol_i_id)，分别对应订单表和存货表的主键。

表 4-8 订单分录表的描述

属性名称	属性类型	注　释
ol_o_id	integer	订单 id
ol_d_id	integer	地区 id
ol_w_id	integer	仓库 id
ol_number	integer	分录代码
ol_i_id	integer	商品代码
ol_supply_w_id	integer	供货仓库代码
ol_delivery_d	timestamp without time zone	发货时间
ol_quantity	real	数量
ol_amount	real	价格
ol_dist_info	character varying	备注

如表 4-9 所示，商品表有 5 个属性，其中主键是 i_id。

表 4-9 商品表的描述

属性名称	属性类型	注　释
i_id	integer	商品 id
i_im_id	integer	商品图像代码
i_name	character varying	商品名字
i_price	real	商品价格
i_data	character varying	商品描述

如表 4-10 所示，库存表有 17 个属性，其中主键是(s_w_id，s_i_id)，有两个外键 s_w_id 和 s_i_id 分别对应仓库表和商品表的主键。

表 4-10 库存表的描述

属性名称	属性类型	注　释
s_i_id	integer	商品 id
s_w_id	integer	仓库 id
s_quantity	real	库存数量

续表

属性名称	属性类型	注　释
s_dist_01	character varying	
s_dist_02	character varying	
s_dist_03	character varying	
s_dist_04	character varying	
s_dist_05	character varying	
s_dist_06	character varying	
s_dist_07	character varying	
s_dist_08	character varying	
s_dist_09	character varying	
s_dist_10	character varying	
s_ytd	numeric	累计供货数量
s_order_cnt	real	累计订单数量
s_remote_cnt	real	累计其他仓库供货数量
s_data	character varying	备注

4.2.3　数据定义

数据的定义包括 openGauss 中基本数据类型的定义、数据库的定义以及表的定义。

1. 数据类型

openGauss 中的数据类型主要有数值类型、货币类型、布尔类型、字符类型、二进制类型、日期/时间类型、几何类型、网络地址类型、位类型、支持文本检索的类型、UUID 类型、JSON 类型、对象标识类型、XML 类型以及特殊类型。

1）数值类型

表 4-11 列举了 openGauss 数据库中定义的数值类型。

表 4-11　openGauss 数据库中定义的数值类型

名　称	描　述	存储空间	范　围
TINYINT	微整数，别名为 INT1	1 字节	0～255
SMALLINT	小范围的整数，别名为 INT2	2 字节	－32 768～＋32 767
INTEGER	常用的整数，别名为 INT4	4 字节	－2 147 483 648～＋2 147 483 647
BINARY_INTEGER	常用的整数 INTEGER 的别名	4 字节	－2 147 483 648～＋2 147 483 647
BIGINT	大范围的整数，别名为 INT8	8 字节	－9 223 372 036 854 775 808～＋9 223 372 036 854 775 807

续表

名　称	描　述	存储空间	范　围
NUMERIC[(p[,s])], DECIMAL[(p[,s])]	精度 p 的取值范围为[1,1000],标度 s 的取值范围为[0,p] 说明: p 为总位数,s 为小数位数	用户声明精度。每四位(十进制位)占用 2 字节,然后在整个数据上加上 8 字节的额外开销	未指定精度的情况下,小数点前最大 131 072 位,小数点后最大 16 383 位
NUMBER[(p[,s])]	NUMERIC 类型的别名	用户声明精度。四位代表 2 字节,整个数据还有 8 字节的额外占用	未指定精度的情况下,小数点后最多有 16 383 位,小数点前最多有 131 072 位
SMALLSERIAL	二字节序列整型	2 字节	1～32 767
SERIAL	四字节序列整型	4 字节	1～2 147 483 647
BIGSERIAL	八字节序列整型	8 字节	1～9 223 372 036 854 775 807
REAL,FLOAT4	单精度浮点数,不精准	4 字节	6 位十进制数字精度
DOUBLE PRECISION,FLOAT8	双精度浮点数,不精准	8 字节	1E－307～1E＋308,15 位十进制数字精度
FLOAT[((p))]	浮点数,不精准。精度 p 的取值范围为[1,53] 说明: p 为精度,表示总位数	4 字节或 8 字节	根据精度 p 的不同选择 REAL 或 DOUBLE PRECISION 作为内部表示。如不指定精度,内部用 DOUBLE PRECISION 表示
BINARY_DOUBLE	是 DOUBLE PRECISION 的别名	8 字节	1E－307～1E＋308,15 位十进制数字精度
DEC[(p[,s])]	精度 p 的取值范围为[1,1000],标度 s 的取值范围为[0,p]。 说明: p 为总位数,s 为小数位位数	用户声明精度。每 2 字节占用 4 位,额外 8 字节作为整体数据开销	如果未指定精度,小数点前最大有 131072 位,小数点后最多有 16383 位
INTEGER[(p[,s])]	精度 p 的取值范围为[1,1000],标度 s 的取值范围为[0,p]	用户声明精度。每个十进制的 4 位数占用 2 字节,还有额外 8 字节	未指定精度的情况下,小数点前最大能到 131 072 位,小数点后最大能到 16 383 位

说明: (1) TINYINT、SMALLINT、INTEGER 和 BIGINT 类型存储了各种范围的数字,也就是整数。试图存储超出范围以外的数值将会导致错误。

(2) 常用的类型是 INTEGER,因为它提供了在范围、存储空间、性能之间的最佳平衡。一般只在取值范围不超过 SMALLINT 的情况下,才会使用 SMALLINT 类型。而只在 INTEGER 范围不够时才使用 BIGINT,因为前者相对快得多。

(3) 与整数类型相比,任意精度类型需要更大的存储空间,其存储效率、运算效率及压缩比效果都要差一些。在进行数值类型定义时,优先选择整数类型。当且仅当数值超出整数可表示最大范围时，再选用任意精度类型。

(4) 使用 NUMERIC/DECIMAL 定义列时，建议指定该列的精度 p 以及标度 s。

(5) SMALLSERIAL、SERIAL 和 BIGSERIAL 类型不是真正的类型，只是为在表中设置唯一标识做的概念上的便利。因此，创建一个整数字段，并且把它的默认值安排为从一个序列发生器读取。可以应用一个 NOT NULL 约束，以确保 NULL 不会被插入。在大多数情况下，用户可能还希望附加一个 UNIQUE 或 PRIMARY KEY 约束，避免意外地插入重复的数值，但这不是自动的。最后，将序列发生器从属于那个字段，这样，当该字段或表被删除时也一并删除它。目前只支持在创建表时指定 SERIAL 列，不可以在已有的表中增加 SERIAL 列。另外，临时表也不支持创建 SERIAL 列，因为 SERIAL 不是真正的类型，也不可以将表中存在的列类型转化为 SERIAL。

2) 货币类型

表 4-12 描述了货币类型。

表 4-12 货币类型

名　称	描　述	存储空间/字节	范　围
MONEY	货币金额	8	－92 233 720 368 547 758.08～＋92 233 720 368 547 758.07

说明：货币类型用于存储带有固定小数精度的货币金额。表 4-12 中显示的范围假设有两位小数，则可以以任意格式输入，包括整型、浮点型或者典型的货币格式(如“$1000.00”)。根据区域字符集，输出一般是最后一种形式。NUMERIC，INT 和 BIGINT 类型的值可以转换为 MONEY 类型。如果从 REAL 和 DOUBLE PRECISION 类型转换到 MONEY 类型，可以先转换为 NUMERIC 类型，再转换为 MONEY 类型，例如：

```
SELECT '12.34'::float8::numeric::money;
```

这种用法是不推荐使用的。浮点数不应该用来处理货币类型，因为小数点的位数可能会导致错误。MONEY 类型的值可以转换为 NUMERIC 类型，而不丢失精度，转换为其他类型可能丢失精度，并且必须通过以下两步完成：

```
SELECT '52093.89'::money::numeric::float8;
```

当一个 MONEY 类型的值除以另一个 MONEY 类型的值时，结果是 DOUBLE PRECISION 类型(也就是说，是一个纯数字，而不是 MONEY 类型)，在运算过程中货币单位相互抵消。

3) 布尔类型

表 4-13 描述了布尔类型。

表 4-13 布尔类型

名　称	描　述	存储空间/字节	范　围
BOOLEAN	布尔类型	1	true：真；false：假 null：未知(unknown)

说明：

(1) "真"值的有效文本值是 TRUE、't'、'true'、'y'、'yes'、'1'、'TRUE'、true、整数范围内 $1\sim2^{63}-1$、整数范围内 $-1\sim-2^{63}$。

(2) "假"值的有效文本值是 FALSE、'f'、'false'、'n'、'no'、'0'、'FALSE'、false、0。使用 TRUE 和 FALSE 是比较规范的用法(也是 SQL 兼容的用法)。

4) 字符类型

表 4-14 描述了字符类型。

表 4-14 字符类型

名　称	描　述	存储空间
CHAR(n) CHARACTER(n) NCHAR(n)	定长字符串,不足补空格。n 是指字节长度,如不带精度 n,默认精度为 1	最大为 10MB
VARCHAR(n) CHARACTER VARYING(n)	变长字符串。n 是指字节长度	最大为 10MB
VARCHAR2(n)	变长字符串,是 VARCHAR(n)类型的别名。n 是指字节长度	最大为 10MB
NVARCHAR2(n)	变长字符串。n 是指字符长度	最大为 10MB
TEXT	变长字符串	最大为 1GB－1,但还需要考虑到列描述头信息的大小,以及列所在元组的大小限制(也小于 1GB－1),因此 TEXT 类型最大大小可能小于 1GB
CLOB	文本大对象,是 TEXT 类型的别名	长度同 TEXT 类型
name	用于对象名的内部类型	64 字节
"char"	单字节内部类型	1 字节

说明：(1) 除每列的大小限制外,每个元组的总大小也不可超过 1GB－1 字节,主要受列的控制头信息、元组的控制头信息,以及元组中是否存在 NULL 字段等影响。

(2) openGauss 里还有另外两种定长字符类型在表中显示。name 类型只用在内部系统表中,作为存储标识符,不建议普通用户使用。该类型长度当前定为 64 字节(63 个可用字符加结束符)。类型"char"只用了 1 字节的存储空间。它在系统内部主要用于系统表,主要作为简单化的枚举类型使用。

5) 二进制类型

表 4-15 描述了二进制类型。

表 4-15 二进制类型

名 称	描 述	存储空间
BLOB	二进制大对象 说明：列存不支持 BLOB 类型	最大为 1GB－8203 字节(即 1 073 733 621 字节)
RAW	变长的十六进制类型 说明：列存不支持 RAW 类型	4 字节加上实际的十六进制字符串，最大为 1GB－8203 字节(即 1 073 733 621 字节)
BYTEA	变长的二进制字符串	4 字节加上实际的二进制字符串，最大为 1GB－8203 字节(即 1 073 733 621 字节)

说明：除每列的大小限制外，每个元组的总大小也不可超过 1GB－8203 字节(即 1 073 733 621 字节)。

6) 日期/时间类型

表 4-16 描述了日期/时间类型。

表 4-16 日期/时间类型

名 称	描 述	存储空间
DATE	日期和时间	4 字节(实际存储空间大小为 8 字节)
TIME [(p)] [WITHOUT TIME ZONE]	只用于一日内时间 p 表示小数点后的精度，取值范围为 0～6	8 字节
TIME [(p)] [WITH TIME ZONE]	只用于一日内时间，带时区 p 表示小数点后的精度，取值范围为 0～6	12 字节
TIMESTAMP[(p)] [WITHOUT TIME ZONE]	日期和时间 p 表示小数点后的精度，取值范围为 0～6	8 字节
TIMESTAMP[(p)] [WITH TIME ZONE]	日期和时间，带时区 TIMESTAMP 的别名为 TIMESTAMPTZ。 p 表示小数点后的精度，取值范围为 0～6	8 字节
SMALLDATETIME	日期和时间，不带时区 精确到分钟，秒位大于或等于 30 秒进一位	8 字节
INTERVAL DAY(l) TO SECOND (p)	时间间隔，X 天 X 小时 X 分 X 秒 l：天数的精度，取值范围为 0～6。兼容性考虑，目前未实现具体功能 p：秒数的精度，取值范围为 0～6。小数末尾的零不显示	16 字节
INTERVAL [FIELDS] [(p)]	时间间隔。 fields：可以是 YEAR，MONTH，DAY，HOUR，MINUTE，SECOND，DAY TO HOUR，DAY TO MINUTE，DAY TO SECOND，HOUR TO MINUTE，HOUR TO SECOND，MINUTE TO SECOND。 p：秒数的精度，取值范围为 0～6，且 fields 为 SECOND，DAY TO SECOND，HOUR TO SECOND 或 MINUTE TO SECOND 时，参数 p 才有效。小数末尾的零不显示	12 字节

续表

名　　称	描　　述	存储空间
RELTIME	相对时间间隔。格式为： X years X mons X days XX:XX:XX。 采用儒略历计时，规定一年为365.25天，一个月为30天，计算输入值对应的相对时间间隔，输出采用POSTGRES格式	4字节
DATE	日期和时间	4字节(实际存储空间大小为8字节)

7）几何类型

表4-17描述了几何类型。

表4-17　几何类型

名　　称	存储空间/字节	说　　明	表现形式
POINT	16	平面中的点	(x,y)
LSEG	32	(有限)线段	((x1,y1),(x2,y2))
BOX	32	矩形	((x1,y1),(x2,y2))
PATH	16+16*n*	闭合路径(与多边形类似)	((x1,y1),…)
PATH	16+16*n*	开放路径	[(x1,y1),…]
POLYGON	40+16*n*	多边形(与闭合路径相似)	((x1,y1),…)
CIRCLE	24	圆	＜(x,y),r＞(圆心和半径)

8）网络地址类型

表4-18描述了各种网络地址类型。

表4-18　网络地址类型

名　　称	存储空间/字节	说　　明
CIDR	7或19	IPv4或IPv6网络
INET	7或19	IPv4或IPv6主机和网络
MACADDR	6	MAC地址

说明：在对INET或CIDR数据类型进行排序时，IPv4地址总是排在IPv6地址前面，包括那些封装或者是映射在IPv6地址里的IPv4地址，如::10.2.3.4或::ffff:10.4.3.2。

(1) CIDR(classless inter-domain routing，无类别域间路由)类型，保存一个IPv4或IPv6网络地址。声明网络格式为address/y，address表示IPv4或者IPv6地址，y表示子网掩码的二进制位数。如果省略y，则掩码部分使用已有类别的网络编号系统进行计算，但要求输入的数据已经包括确定掩码所需的所有字节。

(2) INET类型在一个数据区域内保存主机的IPv4或IPv6地址，以及一个可选子网。主机地址中网络地址的位数表示子网("子网掩码")。如果子网掩码是32并且地址是IPv4，则这个值不表示任何子网，只表示一台主机。在IPv6，地址长度是128位，因此128位表示唯一的主机地址。该类型的输入格式是address/y，address表示IPv4或者IPv6地址，y是子网掩码的二进制位数。如果省略/y，则子网掩码对IPv4是32，对IPv6是128，所以该值表示只有一台主机。如果该值表示只有一台主机，/y将不会显示。INET和CIDR类型的基本区别是INET接受子网掩码，而CIDR不接受。

(3) MACADDR类型存储MAC地址，也就是以太网卡硬件地址(尽管MAC地址还用于其他用途)。可以接受下列格式：

```
'08:00:2b:01:02:03'
'08-00-2b-01-02-03'
'08002b:010203'
'08002b-010203'
'0800.2b01.0203'
'08002b010203'
```

9) 位类型

位类型是一组1和0的位字符串。它们可以用于存储位掩码。openGauss支持两种位类型：bit(n)和bit varying(n)，这里的n是一个正整数。bit类型的数据必须准确匹配长度n，如果存储短或者长的数据，则会报错。bit varying类型的数据是最长为n的变长类型，超过n的类型会被拒绝。一个没有长度的bit等效于bit(1)，没有长度的bit varying表示没有长度限制。

说明：

(1) 如果用户明确地把一个位字符串转换成bit(n)，则此位字符串右边的内容将被截断或者在右边补齐零，直到刚好n位，而不会抛出任何错误。

(2) 如果用户明确地把一个位字符串转换成bit varying(n)，如果它超过了n位，则它的右边将被截断。

10) 支持文本检索的类型

openGauss提供了两种数据类型用于支持全文检索。tsvector类型表示文本搜索优化的文件格式，tsquery类型表示文本查询。

(1) tsvector类型表示一个检索单元，通常是一个数据库表中一行的文本字段或者这些字段的组合。tsvector类型的值是一个标准词位的有序列表。标准词位就是把同一个词的变形体都标准化为相同的，在输入的同时会自动排序和消除重复。to_tsvector()函数通常用于解析和标准化文档字符串。tsvector的值是唯一分词的分类列表。把一句话的词格式化为不同的词条，在进行分词处理时，tsvector会自动去掉分词中重复的词条，按照一定的顺序录入。

(2) tsquery类型表示一个检索条件,用于存储检索的词汇,并且使用布尔操作符 &(AND),|(OR)和!(NOT)来组合它们,括号用来强调操作符的分组。to_tsquery()函数及 plainto_tsquery()函数会在将单词转换为 tsquery 类型前进行规范化处理。在没有括号的情况下,!(非)结合得最紧密,而 &(和)结合得比|(或)紧密。tsquery 中的词汇可以用一个或多个权字母标记,这些权字母限制这次词汇只能与带有匹配权的 tsvector 词汇进行匹配。

11) UUID类型

UUID(universally unique identifier,通用唯一识别码)数据类型是用来存储 RFC 4122、ISO/IEF 9834-8:2005 以及相关标准定义的通用唯一标识符。这个标识符是一个由算法产生的 128 位标识符,确保它是不可能使用相同算法在已知的模块中产生的相同标识符。

因此,对分布式系统而言,这种标识符比序列能更好地保证唯一性,因为序列只能在单一数据库中保证唯一。

UUID是一个小写十六进制数字的序列,由分字符分成几组,一组 8 位数字+三组 4 位数字+一组 12 位数字,总共 32 个数字代表 128 位。标准的 UUID 示例如下:

```
a0eebc99 - 9c0b - 4ef8 - bb6d - 6bb9bd380a11
```

openGauss 同样支持以其他方式输入:大写字母和数字、由花括号包围的标准格式、省略部分或所有连字符、在任意一组四位数字之后加一个连字符。示例如下:

```
A0EEBC99 - 9C0B - 4EF8 - BB6D - 6BB9BD380A11
{a0eebc99 - 9c0b - 4ef8 - bb6d - 6bb9bd380a11}
a0eebc999c0b4ef8bb6d6bb9bd380a11
a0ee - bc99 - 9c0b - 4ef8 - bb6d - 6bb9 - bd38 - 0a11
```

12) JSON类型

JSON 数据类型可以用来存储 JSON(JavaScript object notation,JavaScript 物件表示法)数据。虽然数据可以存储为文本,但是 JSON 数据类型更有利于检查每个存储的数值是可用的 JSON 值。

13) 对象标识类型

openGauss 在内部使用 OID(对象标识符)作为各种系统表的主键。系统不会给用户创建的表增加一个 OID 系统字段。OID 类型代表一个对象标识符。目前,OID 类型用一个 4 字节的无符号整数实现,因此不建议在创建的表中使用 OID 字段作主键。表 4-19 描述了各种对象标识类型。

表 4-19 对象标识类型

名 称	引 用	描 述	示 例
OID	—	数字化的对象标识符	564182
CID	—	命令标识符。它是系统字段 cmin 和 cmax 的数据类型。命令标识符是 32 位的量	—
XID	—	事务标识符。它是系统字段 xmin 和 xmax 的数据类型。事务标识符也是 32 位的量	—
TID	—	行标识符。它是系统表字段 ctid 的数据类型。行 ID 是一对数值(块号,块内的行索引),它标识该行在其所在表内的物理位置	—
REGCONFIG	pg_ts_config	文本搜索配置	english
REGDICTIONARY	pg_ts_dict	文本搜索字典	simple
REGOPER	pg_operator	操作符名	—
REGOPERATOR	pg_operator	带参数类型的操作符	*(integer,integer)或 -(NONE,integer)
REGPROC	pg_proc	函数名称	sum
REGPROCEDURE	pg_proc	带参数类型的函数	sum(int4)
REGCLASS	pg_class	关系名	pg_type
REGTYPE	pg_type	数据类型名	integer

14) XML 类型

openGauss 支持 XML(extensible markup language,可扩展标记语言)类型,使用示例如下:

```
CREATE TABLE xmltest (id int, data xml );
INSERT INTO xmltest VALUES (1, 'one');
INSERT INTO xmltest VALUES (2, 'two');
SELECT * FROM xmltest ORDER BY 1;
id | data ——+———————— 1 | one 2 | two (2 rows)
SELECT xmlconcat('', NULL, '<?xml version = "1.1" standalone = "no"?>');
```

15) 特殊类型

openGauss 数据类型中包含一系列特殊用途的类型,这些类型按照类别被称为特殊类型。特殊类型不能作为字段的数据类型,但是可用于声明函数的参数或者结果类型。当一个函数在不仅是简单地接受并返回某种 SQL 数据类型的情况下特殊类型是很有用的。表 4-20 描述了各种特殊类型。

表 4-20 特殊类型

名 称	描 述
any	表示函数接受任何输入数据类型
anyelement	表示函数接受任何数据类型
anyarray	表示函数接受任意数组数据类型
anynonarray	表示函数接受任意非数组数据类型
anyenum	表示函数接受任意枚举数据类型
anyrange	表示函数接受任意范围数据类型
cstring	表示函数接受或者返回一个空结尾的 C 字符串
internal	表示函数接受或者返回一种服务器内部的数据类型
language_handler	声明一个过程语言调用句柄返回 language_handler
fdw_handler	声明一个外部数据封装器返回 fdw_handler
record	标识函数返回一个未声明的行类型
trigger	声明一个触发器函数返回 trigger
void	表示函数不返回数值
opaque	一个已经过时的类型,以前用于所有上面这些用途

2. 定义数据库

数据库是组织、存储和管理数据的仓库,而数据库定义主要包括:创建数据库、修改数据库属性,以及删除数据库。

1) 创建数据库

(1) 创建数据库的 SQL 命令如下:

```
CREATE DATABASE database_name
    [ [ WITH ] { [ OWNER [ = ] user_name ] |
                 [ TEMPLATE [ = ] template ] |
                 [ ENCODING [ = ] encoding ] |
                 [ LC_COLLATE [ = ] lc_collate ] |
                 [ LC_CTYPE [ = ] lc_ctype ] |
                 [ DBCOMPATIBILITY [ = ] compatibilty_type ] |
                 [ TABLESPACE [ = ] tablespace_name ] |
                 [ CONNECTION LIMIT [ = ] connlimit ]}[...] ];
```

(2) 注意事项。

只有拥有 CREATEDB 权限的用户才可以创建数据库,系统管理员默认拥有此权限。用户不能在事务块中执行创建数据库语句。在创建数据库过程中,若出现类似“could not initialize database directory”(不能初始化数据库目录)的错误提示,可能是由于文件系统上数据目录的权限不足或磁盘满等原因引起。

2) 修改数据库属性

(1) 语法格式如下。

① 修改最大连接数。

```
ALTER DATABASE database_name
    [ [ WITH ] CONNECTION LIMIT connlimit ];
```

② 修改数据库名称。

```
ALTER DATABASE database_name
    RENAME TO new_name;
```

③ 修改数据库所属者。

```
ALTER DATABASE database_name
    OWNER TO new_owner;
```

④ 修改数据库默认表空间。

```
ALTER DATABASE database_name
    SET TABLESPACE new_tablespace;
```

⑤ 修改数据库指定会话参数值。

```
ALTER DATABASE database_name
SET configuration_parameter { { TO | = } { value | DEFAULT } | FROM CURRENT };
```

⑥ 数据库配置参数重置。

```
ALTER DATABASE database_name RESET
    { configuration_parameter | ALL };
```

⑦ 修改数据库对象隔离属性。

```
ALTER DATABASE database_name [ WITH ] { ENABLE | DISABLE } PRIVATE OBJECT;
```

(2) 注意事项。

只有拥有数据库所有者权限的用户才能执行 ALTER DATABASE 命令,系统管理员默认拥有此权限。如果是非系统管理员,针对所要修改属性的不同,对其还有以下权限约束:

修改数据库名称,必须拥有 CREATEDB 权限。

修改数据库所有者,当前用户必须是该 DATABASE 的所有者,必须拥有 CREATEDB 权限,且该用户是新所有者角色的成员。

修改数据库默认表空间,该用户必须是该 DATABASE 的所有者或系统管理员,必须拥有新表空间的CREATE权限。这个语句会从物理上将一个数据库原来缺省表空间上的表和索引移至新的表空间。注意,不在缺省表空间的表和索引不受此影响。

修改某个按数据库设置的相关参数,只有数据库所有者或者系统管理员可以改变这些设置。

修改某个数据库对象隔离属性,只有数据库所有者或者系统管理员可以执行此操作。

不能重命名当前使用的数据库,如果需要重新命名,须连接至其他数据库上。

3) 删除数据库

(1) 语法格式如下:

```
DROP DATABASE [ IF EXISTS ] database_name;
```

(2) 注意事项。

只有数据库所有者有权限执行DROP DATABASE命令,系统管理员默认拥有此权限。

不能对系统默认安装的三个数据库(POSTGRES、TEMPLATE0和TEMPLATE1)执行删除操作,系统已做了保护。如果想查看当前服务中有哪几个数据库,可以用gsql的\l命令。

如果有用户正在与要删除的数据库连接,则删除操作失败。

不能在事务块中执行DROP DATABASE命令。

如果执行DROP DATABASE命令失败,事务回滚,则需要再执行一次DROP DATABASE IF EXISTS命令。

4) 示例

下面以TPC C数据库的创建和删除为例,实际演示相关命令。

```
testDB=# create tablespace tpcc_local relative loation 'rablespace/tablespace_tpcc';
testDB=# create database db_tpcc with tablespace = tpcc_local;
testDB=# alter database db_tpcc rename to db_tpcc_1;
testDB=# drop database db_tpcc_1;
```

第一条命令是创建数据库的表空间,第二条命令是创建名为db_tpcc的数据库,第三条命令是修改数据库的名字为db_tpcc_1,最后一条命令是删除数据库。

3. 定义表

表是数据库中的一种特殊数据结构,用于存储数据对象及对象之间的关系。

1) 创建表

(1) 语法格式如下:

```
CREATE [ [ GLOBAL | LOCAL ] { TEMPORARY | TEMP } | UNLOGGED ] TABLE [ IF NOT EXISTS ] table_name
    ({ column_name data_type [ compress_mode ] [ COLLATE collation ] [ column_constraint [ ... ] ]
        | table_constraint
```

```
        | LIKE source_table [ like_option [...] ] }
        [, ... ])
    [ WITH ( {storage_parameter = value} [, ... ] ) ]
    [ ON COMMIT { PRESERVE ROWS | DELETE ROWS | DROP } ]
    [ COMPRESS | NOCOMPRESS ]
[ TABLESPACE tablespace_name ];
```

① 其中列约束 column_constraint 为：

```
[ CONSTRAINT constraint_name ]
{ NOT NULL |
  NULL |
  CHECK ( expression ) |
  DEFAULT default_expr |
  UNIQUE index_parameters |
  PRIMARY KEY index_parameters }
[ DEFERRABLE | NOT DEFERRABLE | INITIALLY DEFERRED | INITIALLY IMMEDIATE ]
```

② 其中列的压缩可选项 compress_mode 为：

```
{ DELTA | PREFIX | DICTIONARY | NUMSTR | NOCOMPRESS }
```

③ 其中表约束 table_constraint 为：

```
[ CONSTRAINT constraint_name ]
{ CHECK ( expression ) |
  UNIQUE ( column_name [, ... ] ) index_parameters |
  PRIMARY KEY ( column_name [, ... ] ) index_parameters |
  PARTIAL CLUSTER KEY ( column_name [, ... ] ) }
[ DEFERRABLE | NOT DEFERRABLE | INITIALLY DEFERRED | INITIALLY IMMEDIATE ]
```

④ 其中 like 选项 like_option 为：

```
{ INCLUDING | EXCLUDING } { DEFAULTS | CONSTRAINTS | INDEXES | STORAGE | COMMENTS | PARTITION |
RELOPTIONS | ALL }
```

⑤ 其中索引参数 index_parameters 为：

```
[ WITH ( {storage_parameter = value} [, ... ] ) ]
[ USING INDEX TABLESPACE tablespace_name ]
```

(2) 注意事项。

列存表不支持数组。

创建列存表的数量建议不超过 1000 个。

表中的主键约束和唯一约束必须包含分布列。

如果在建表过程中数据库系统发生故障，系统恢复后可能无法自动清除之前已创建的、大小为0的磁盘文件。此种情况出现的概率小，不影响数据库系统正常运行。

列存表的表级约束只支持 PARTIAL CLUSTER KEY，不支持主外键等表级约束。

列存表的字段约束只支持 NULL、NOT NULL 和 DEFAULT 常量值。

列存表支持 delta 表，受参数 enable_delta_store 控制是否开启，受参数 deltarow_threshold 控制进入 delta 表的阈值。

使用 JDBC 时，支持通过 PrepareStatement 对 DEFAUTL 值进行参数化设置。

2）修改表属性

（1）语法格式如下：

① 修改表。

```
ALTER TABLE [ IF EXISTS ] { table_name [ * ] | ONLY table_name | ONLY ( table_name ) }
    action [, ... ];
```

其中具体的表操作 action 可以是以下子句之一：

```
column_clause
    | ADD table_constraint [ NOT VALID ]
    | ADD table_constraint_using_index
    | VALIDATE CONSTRAINT constraint_name
    | DROP CONSTRAINT [ IF EXISTS ]  constraint_name [ RESTRICT | CASCADE ]
    | CLUSTER ON index_name
    | SET WITHOUT CLUSTER
    | SET ( {storage_parameter = value} [, ... ] )
    | RESET ( storage_parameter [, ... ] )
    | OWNER TO new_owner
    | SET TABLESPACE new_tablespace
    | SET {COMPRESS|NOCOMPRESS}
    | TO { GROUP groupname | NODE ( nodename [, ... ] ) }
    | ADD NODE ( nodename [, ... ] )
    | DELETE NODE ( nodename [, ... ] )
    | DISABLE TRIGGER [ trigger_name | ALL | USER ]
    | ENABLE TRIGGER [ trigger_name | ALL | USER ]
    | ENABLE REPLICA TRIGGER trigger_name
    | ENABLE ALWAYS TRIGGER trigger_name
    | DISABLE ROW LEVEL SECURITY
    | ENABLE ROW LEVEL SECURITY
    | FORCE ROW LEVEL SECURITY
    | NO FORCE ROW LEVEL SECURITY
```

② 重命名表。对表名称的修改不会影响所存储的数据。

```
ALTER TABLE [ IF EXISTS ] table_name RENAME TO new_table_name;
```

③ 重命名表中指定的列。

```
ALTER TABLE [ IF EXISTS ] { table_name [ * ] | ONLY table_name | ONLY ( table_name )}
    RENAME [ COLUMN ] column_name TO new_column_name;
```

④ 重命名表的约束。

```
ALTER TABLE [ IF EXISTS ] { table_name [ * ] | ONLY table_name | ONLY ( table_name ) }
RENAME CONSTRAINT constraint_name TO new_constraint_name;
```

⑤ 设置表的所属模式。

```
ALTER TABLE [ IF EXISTS ] table_name
    SET SCHEMA new_schema;
```

⑥ 添加多个列。

```
ALTER TABLE [ IF EXISTS ] table_name
    ADD ( { column_name data_type [ compress_mode ] [ COLLATE collation ]   [ column_constraint
[ ... ] ]} [, ...] );
```

⑦ 更新多个列。

```
ALTER TABLE [ IF EXISTS ] table_name
    MODIFY ( { column_name data_type | column_name [ CONSTRAINT constraint_name ] NOT NULL [
ENABLE ] | column_name [ CONSTRAINT constraint_name ] NULL } [, ...] );
```

(2) 注意事项。

只有表的所有者有权限执行 ALTER TABLE 命令,系统管理员默认拥有此权限。

不能修改分区表的 tablespace,但可以修改分区的 tablespace。

不支持修改存储参数 ORIENTATION。

SET SCHEMA 操作不支持修改为系统内部模式,当前仅支持用户模式之间的修改。

列存表只支持 PARTIAL CLUSTER KEY 表级约束,不支持主外键等表级约束。

列存表只支持添加字段 ADD COLUMN、修改字段的数据类型 ALTER TYPE、设置单个字段的收集目标 SET STATISTICS、支持更改表名称、支持更改表空间、支持删除字段 DROP COLUMN。要求添加的字段和修改的字段类型是列存支持的数据类型。ALTER TYPE 的 USING 选项只支持常量表达式和涉及本字段的表达式,暂不支持涉及其他字段的表达式。

列存表支持的字段约束包括 NULL、NOT NULL 和 DEFAULT 常量值；对字段约束的修改，当前只支持对 DEFAULT 值的修改（SET DEFAULT）和删除（DROP DEFAULT），暂不支持对非空约束 NULL/NOT NULL 的修改。

不支持增加自增列，或者增加 DEFAULT 值中包含 nextval()表达式的列。

不支持对外表、临时表开启行访问控制开关。

通过约束名删除 PRIMARY KEY 约束时，不会删除 NOT NULL 约束，如果需要，请手动删除 NOT NULL 约束。

使用 JDBC 时，支持通过 PrepareStatement 对 DEFAUTL 值进行参数化设置。

3）删除表

（1）语法格式如下：

```
DROP TABLE [ IF EXISTS ]
    { [schema. ]table_name } [, ...] [ CASCADE | RESTRICT ];
```

（2）注意事项。

DROP TABLE 会强制删除指定的表，删除表后，依赖该表的索引会被删除，而使用到该表的函数和存储过程将无法执行。删除分区表，会同时删除分区表中的所有分区。

4）示例

下面以仓库表为例，讲解如何进行数据库表的相关操作。第一个命令是创建该表并指定主键为“w_id”；第二条命令是修改该表，即给该表加上一列“w_goods_category”；第三条命令是删除该表。

```
--创建表 warehouse
db_tpcc = # create table warehouse (
db_tpcc( # w_id integer,
db_tpcc( # w_name varchar(10),
db_tpcc( # w_street_1 varchar(20),
db_tpcc( # w_streat_2 varchar(20),
db_tpcc( # w_city varchar(20),
db_tpcc( # w_state char(2),
db_tpcc( # w_zip char(9),
db_tpcc( # w_tax real,
db_tpcc( # w_ytd numeric(24,12),
db_tpcc( # constraint pk_warehouse primary key (w_id));
db_tpcc( # NOTICE:  CREATE TABLE / PRIMARY KEY will create implicit index "pk_warehouse" for
table "warehouse"
CREATE TABLE
--为表 warehouse 增加一个字段
db_tpcc = # alter table warehouse add w_goods_category varchar(30);
ALTER TABLE
--删除表 warehouse
db_tpcc = # drop table warehouse;
DROP TABLE
```

4.2.4 数据查询

(1) 语法格式如下：

```
[ WITH [ RECURSIVE ] with_query [, ...] ]
SELECT [/* + plan_HINT */] [ ALL | DISTINCT [ ON ( expression [, ...] ) ] ]
{ * | {expression [ [ AS ] output_name ]} [, ...] }
[ FROM from_item [, ...] ]
[ WHERE condition ]
[ GROUP BY grouping_element [, ...] ]
[ HAVING condition [, ...] ]
[ WINDOW {window_name AS ( window_definition )} [, ...] ]
[ { UNION | INTERSECT | EXCEPT | MINUS } [ ALL | DISTINCT ] select ]
[ ORDER BY {expression [ [ ASC | DESC | USING operator ] | nlssort_expression_clause ] [ NULLS {
FIRST | LAST } ]} [, ...] ]
[ LIMIT { [offset,] count | ALL } ]
[ OFFSET start [ ROW | ROWS ] ]
[ FETCH { FIRST | NEXT } [ count ] { ROW | ROWS } ONLY ]
[ {FOR { UPDATE | SHARE } [ OF table_name [, ...] ] [ NOWAIT ]} [...] ];
```

其中子查询 with_query 为：

```
with_query_name [ ( column_name [, ...] ) ]
    AS ( {select | values | insert | update | delete} )
```

其中指定查询源 from_item 为：

```
{[ ONLY ] table_name [ * ] [ partition_clause ] [ [ AS ] alias [ ( column_alias [, ...] ) ] ]
[ TABLESAMPLE sampling_method ( argument [, ...] ) [ REPEATABLE ( seed ) ] ]
|( select ) [ AS ] alias [ ( column_alias [, ...] ) ]
|with_query_name [ [ AS ] alias [ ( column_alias [, ...] ) ] ]
|function_name ( [ argument [, ...] ] ) [ AS ] alias [ ( column_alias [, ...] | column_definition
[, ...] ) ]
|function_name ( [ argument [, ...] ] ) AS (  column_definition [, ...] )
|from_item [ NATURAL ] join_type from_item [ ON join_condition | USING ( join_column [, ...] ) ]}
```

其中 group 子句为：

```
( )
| expression
| ( expression [, ...] )
| ROLLUP ( { expression | ( expression [, ...] ) } [, ...] )
| CUBE ( { expression | ( expression [, ...] ) } [, ...] )
| GROUPING SETS ( grouping_element [, ...] )
```

其中指定分区 partition_clause 为：

```
PARTITION { ( partition_name ) |
        FOR (  partition_value [, ...] ) }
```

其中设置排序方式 nlssort_expression_clause 为：

```
NLSSORT ( column_name, 'NLS_SORT = { SCHINESE_PINYIN_M | generic_m_ci } ')
```

简化版查询语法，功能相当于 select * from table_name：

```
TABLE { ONLY {(table_name)| table_name} | table_name [ * ]};
```

(2) 注意事项。

必须对每个在 SELECT 命令中使用的字段有 SELECT 权限。使用 FOR UPDATE 或 FOR SHARE 还要求有 UPDATE 权限。

(3) 示例。

下面的命令显示了在表 Warehouse 中查询 id 为 1 的仓库的 tax。

```
tpcc = # SELECT w_tax FROM warehouse WHERE w_id = 1;
```

执行结果如下：

```
w_tax
-------
 .0156
(1 row)
```

4.2.5 数据更新

数据更新指的是通过 SQL 相关命令更新数据库表中的数据，包括插入数据、修改数据和删除数据操作。

1. 插入数据

插入数据是向数据库表中添加一条或多条记录。

(1) 语法格式如下：

```
[ WITH [ RECURSIVE ] with_query [, ...] ]
INSERT INTO table_name [ ( column_name [, ...] ) ]
    { DEFAULT VALUES
    | VALUES {( { expression | DEFAULT } [, ...] ) }[, ...]
    | query }
    [ ON DUPLICATE KEY UPDATE {{ column_name = { expression | DEFAULT } } [, ...] | NOTHING} ]
    [ RETURNING { * | {output_expression [ [ AS ] output_name ] }[, ...]} ];
```

(2) 注意事项。

只有拥有表 INSERT 权限的用户,才可以向表中插入数据。

如果使用 RETURNING 子句,用户必须有该表的 SELECT 权限。

如果使用 ON DUPLICATE KEY UPDATE,用户必须有该表的 SELECT、UPDATE 权限,唯一约束(主键或唯一索引)的 SELECT 权限。

如果使用 query 子句插入来自查询里的数据行,用户还需要拥有在查询里使用的表的 SELECT 权限。

当连接到 TD 兼容的数据库,td_compatible_truncation 参数设置为 on 时,将启用超长字符串自动截断功能。在后续的 insert 语句中(不包含外表的场景下),在目标表中 char 和 varchar 类型的列上插入超长字符串时,系统会自动按照目标表中相应列定义的最大长度对超长字符串进行截断。

2. 修改数据

修改数据是修改数据库表中的一条或多条记录。

(1) 语法格式如下:

```
UPDATE [ ONLY ] table_name [ * ] [ [ AS ] alias ]
SET {column_name = { expression | DEFAULT }
    |( column_name [, ...] ) = {( { expression | DEFAULT } [, ...] ) |sub_query }}[, ...]
    [ FROM from_list] [ WHERE condition ]
    [ RETURNING { *
                | {output_expression [ [ AS ] output_name ]} [, ...] }];

where sub_query can be:
SELECT [ ALL | DISTINCT [ ON ( expression [, ...] ) ] ]
{ * | {expression [ [ AS ] output_name ]} [, ...] }
[ FROM from_item [, ...] ]
[ WHERE condition ]
[ GROUP BY grouping_element [, ...] ]
[ HAVING condition [, ...] ]
```

(2) 注意事项。

要修改表,用户必须对该表有 UPDATE 权限。

对 expression 或 condition 条件中涉及的任何表要有 SELECT 权限。

对于列存表,暂时不支持 RETURNING 子句。

列存表不支持结果不确定的更新(non-deterministic update)。试图对列存表用多行数据更新一行时会报错。

列存表的更新操作,旧记录空间不会回收,需要执行 VACUUM FULL table_name 进行清理。

对于列存复制表,暂不支持 UPDATE 操作。

3. 删除数据

openGauss 提供了两种删除表数据的语句：删除表中指定条件的数据，请参考 DELETE 语法；删除表中的所有数据，请参考 TRUNCATE 语法。TRUNCATE 快速地从表中删除所有行，它和在每个表上进行无条件的 DELETE 有同样的效果，不过，因为它不做表扫描，因而速度会快得多，这种操作在大表上最有用。

1) DELETE 语法

DELETE 从指定的表里删除满足 WHERE 子句的行。如果 WHERE 子句不存在，将删除表中的所有行，结果只保留表结构。

(1) 语法格式如下：

```
[ WITH [ RECURSIVE ] with_query [, …] ]
DELETE FROM [ ONLY ] table_name [ * ] [ [ AS ] alias ]
    [ USING using_list ]
    [ WHERE condition | WHERE CURRENT OF cursor_name ]
    [ RETURNING { * | { output_expr [ [ AS ] output_name ] } [, …] } ];
```

(2) 注意事项。

要删除表中的数据，用户必须有 DELETE 权限，同样也必须有 USING 子句引用的表，以及 condition 上读取的表的 SELECT 权限。对于列存表，暂时不支持 RETURNING 子句。

2) TRUNCATE 语法

其功能是清理表数据。TRUNCATE 可以快速地从表中删除所有行。它和在目标表上进行无条件的 DELETE 有同样的效果，但由于 TRUNCATE 不做表扫描，因而速度会快得多，在大表上操作效果更明显。

(1) 语法格式如下：

① 清理表数据。

```
TRUNCATE [ TABLE ] [ ONLY ] {table_name [ * ]} [, … ]
[ CONTINUE IDENTITY ] [ CASCADE | RESTRICT ];
```

② 清理表分区的数据。

```
ALTER TABLE [ IF EXISTS  ] { [ ONLY  ] table_name
                           | table_name *
                           | ONLY ( table_name )  }
TRUNCATE PARTITION { partition_name
                   | FOR (  partition_value  [, …] )  } ;
```

(2) 注意事项。

TRUNCATE TABLE 在功能上与不带 WHERE 子句的 DELETE 语句相同：二者均删除表中的全部行。

TRUNCATE TABLE 比 DELETE 速度快且使用系统和事务日志资源少：DELETE 语句每次删除一行，并在事务日志中为所删除的每行记录一项。

TRUNCATE TABLE 通过释放存储表数据所用数据页来删除数据，并且只在事务日志中记录页的释放。

TRUNCATE、DELETE、DROP 三者的差异如下：TRUNCATE TABLE，删除内容，释放空间，但不删除定义；DELETE TABLE，删除内容，不删除定义，不释放空间；DROP TABLE，删除内容和定义，释放空间。

4. 示例

本小节将列出向表中插入、更新和删除数据的代码示例。

(1) 向 new_order 表中插入一条记录，代码如下：

```
tpcc = # INSERT INTO new_order (no_o_id, no_d_id, no_w_id) VALUES (2102, 1, 1);
```

其执行结果如下：

```
INSERT 0 1
```

(2) 向 new_order 表中插入多条记录，代码如下：

```
tpcc = # INSERT INTO new_order VALUES (2101,1 ,1),(2102, 1,1);
```

其执行结果如下：

```
INSERT 0 2
```

(3) 更新 new_order 表中的一条记录，代码如下：

```
tpcc = # UPDATE new_order SET no_d_id  =  2 where no_o_id = 2101 and no_d_id = 1 and no_w_id = 1;
```

其执行结果如下：

```
UPDATE 1
```

(4) 删除 new_order 表中的一条数据，代码如下：

```
tpcc = # delete from new_order where no_o_id = 2102 and no_d_id = 1 and no_w_id = 1;
DELETE 1
```

其执行结果如下：

```
DELETE 1
```

(5) 删除new_order表中的所有数据,代码如下:

```
tpcc = # TRUNCATE TABLE new_order;
```

其执行结果如下:

```
TRUNCATE Table
```

4.3 索引

索引可以提高数据的访问速度,但同时也增加了插入、更新和删除操作的处理时间。所以,是否为表增加索引,索引建立在哪些字段上,是创建索引前必须考虑的问题。需要分析应用程序的业务处理、数据使用、经常被用作查询的条件或者被要求排序的字段来确定是否建立索引。

索引建立在数据库表中的某些列上。因此,在创建索引时,应该仔细考虑在哪些列上创建索引。

(1) 在经常需要搜索查询的列上创建索引,可以加快搜索速度。

(2) 在作为主键的列上创建索引,强制该列的唯一性和组织表中数据的排列结构。

(3) 在经常需要根据范围进行搜索的列上创建索引,因为索引已经排序,其指定的范围是连续的。

(4) 在经常需要排序的列上创建索引,因为索引已经排序,这样查询可以利用索引的排序加快排序查询时间。

(5) 在经常使用WHERE子句的列上创建索引,加快条件的判断速度。

(6) 为经常出现在关键字ORDER BY、GROUP BY、DISTINCT后面的字段建立索引。

值得注意的是,索引创建成功后,系统会自动判断何时引用索引。当系统认为使用索引比顺序扫描更快时,就会使用索引。而且,索引必须和表保持同步,以保证能够准确地找到新数据,这样就增加了数据操作的负荷。因此,请定期删除无用的索引。

4.3.1 创建索引

创建索引是使用索引的前提。根据数据存储形式的不同(单机和分布式),创建索引可以分为在表上创建和在分区表上创建。

1. 语法格式

(1) 在表上创建索引。

```
CREATE [ UNIQUE ] INDEX [ CONCURRENTLY ] [ [schema_name.]index_name ] ON table_name [ USING method ]
    ({ { column_name | ( expression ) } [ COLLATE collation ] [ opclass ] [ ASC | DESC ] [ NULLS {
FIRST | LAST } ] }[, ...] )
```

```
    [ WITH ( {storage_parameter = value} [, ... ] ) ]
    [ TABLESPACE tablespace_name ]
    [ WHERE predicate ];
```

(2) 在分区表上创建索引。

```
CREATE [ UNIQUE ] INDEX [ [schema_name. ]index_name ] ON table_name [ USING method ]
    ( {{ column_name | ( expression ) } [ COLLATE collation ] [ opclass ] [ ASC | DESC ] [ NULLS
LAST ] }[, ...] )
    [ LOCAL [ ( { PARTITION index_partition_name [ TABLESPACE index_partition_tablespace ] }
[, ...] ) ] | GLOBAL ]
    [ WITH ( { storage_parameter = value } [, ...] ) ]
    [ TABLESPACE tablespace_name ];
```

2. 参数说明

(1) UNIQUE：创建唯一性索引，每次添加数据时检测表中是否有重复值。如果插入或更新的值会引起重复的记录，将导致一个错误。目前只有行存表 B-tree 索引支持唯一索引。

(2) CONCURRENTLY：以不阻塞 DML 的方式创建索引(加 ShareUpdateExclusiveLock 锁)。创建索引时，一般会阻塞其他语句对该索引所依赖表的访问。指定此关键字，可以实现创建过程中不阻塞 DML。

① 此选项只能指定一个索引的名称。

② 普通 CREATE INDEX 命令可以在事务内执行，但是 CREATE INDEX CONCURRENTLY 不可以在事务内执行。

③ 列存表、分区表和临时表不支持采用 CONCURRENTLY 方式创建索引。

(3) schema_name：模式的名称。取值范围：已存在模式名。

(4) index_name：要创建的索引名，索引的模式与表相同。取值范围：字符串，要符合标识符的命名规范。

(5) table_name：需要为其创建索引的表的名称，可以用模式修饰。取值范围：已存在的表名。

(6) USING method：指定创建索引的方法。

取值范围如下：

① btree：B-tree 索引使用一种类似于 B+树的结构存储数据的键值，通过这种结构能够快速查找索引。btree 适合支持比较查询以及查询范围。

② gin：GIN 索引是倒排索引，可以处理包含多个键的值(如数组)。

③ gist：Gist 索引适用于几何和地理等多维数据类型和集合数据类型。目前支持的数据类型有 box、point、poly、circle、tsvector、tsquery、range。

④ Psort：Psort 索引。针对列存表进行局部排序索引。

行存表支持的索引类型：btree(行存表默认值)、gin、gist。列存表支持的索引类型：Psort(列存表默认值)、btree、gin。

(7) column_name：表中需要创建索引的列的名称(字段名)。如果索引方式支持多字段索引，则可以声明多个字段。最多声明 32 个字段。

(8) expression：创建一个基于该表的一个或多个字段的表达式索引，通常必须写在圆括弧中。如果表达式有函数调用的形式，圆括弧可以省略。表达式索引可用于获取对基本数据的某种变形的快速访问。比如，一个在 upper(col)上的函数索引将允许 WHERE upper(col) = 'JIM'子句使用。在创建表达式索引时，如果表达式中包含 IS NULL 子句，则这种索引是无效的，此时建议用户尝试创建一个部分索引。

(9) COLLATE collation：COLLATE 子句指定列的排序规则(该列必须是可排列的数据类型)。如果没有指定，则使用默认的排序规则。

(10) opclass：操作符类的名称。可以为索引的每列指定一个操作符类。操作符类标识了索引那一列使用的操作符。例如，一个 B-tree 索引在一个 4 字节整数上可以使用 int4_ops；这个操作符类包括四字节整数的比较函数。实际上，对于列上的数据类型，默认的操作符类是足够用的。操作符类主要用于一些有多种排序的数据。例如，用户想按照绝对值或者实数部分排序一个复数，这时可以定义两种操作符类，然后根据需要选择合适的类建立索引。

(11) ASC：指定按升序排序 (默认)。

(12) DESC：指定按降序排序。

(13) NULLS FIRST：指定空值在排序中排在非空值之前，当指定 DESC 排序时，这是默认选项。

(14) NULLS LAST：指定空值在排序中排在非空值之后，未指定 DESC 排序时，本选项为默认选项。

(15) LOCAL：指定创建的分区索引为 LOCAL 索引。

(16) GLOBAL：指定创建的分区索引为 GLOBAL 索引，当不指定 LOCAL、GLOBAL 关键字时，默认创建 GLOBAL 索引。

(17) WITH ({storage_parameter = value} [,…])：指定索引方法的存储参数。

(18) TABLESPACE tablespace_name：指定索引的表空间，如果没有声明，则使用默认的表空间。取值范围：已存在的表空间名。

(19) WHERE predicate：创建一个部分索引。部分索引是一个只包含表的一部分记录的索引，通常是该表中比其他部分数据更有用的部分。例如，有一个表，表中包含已记账和未记账的订单，未记账的订单只占表的一小部分，而且这部分是最常用的部分，此时可以通过只在未记账部分创建一个索引改善性能。另外一个可能的用途是使用带有 UNIQUE 的 WHERE 强制一个表的某个子集的唯一性。取值范围：predicate 表达式只能引用表的字段，它可以使用所有字段，而不仅是被索引的字段。目前，子查询和聚集表达式不能出现在 WHERE 子句中。

(20) PARTITION index_partition_name：索引分区的名称。取值范围：字符串，要符合标识符的命名规范。

(21) TABLESPACE index_partition_tablespace：索引分区的表空间。取值范围：如果没有声明，将使用分区表索引的表空间 index_tablespace。

3. 注意事项

索引自身也占用存储空间、消耗计算资源，创建过多的索引将对数据库性能造成负面影响(尤其影响数据导入的性能，建议在数据导入后再创建索引)。因此，仅在必要时创建索引。

索引定义里的所有函数和操作符都必须是 immutable 类型，即它们的结果必须只能依赖于它们的输入参数，而不受任何外部影响(如另外一个表的内容或者当前时间)。这个限制可以确保该索引的行为是定义良好的。要在一个索引上或 WHERE 中使用用户定义函数，请把它标记为 immutable 类型函数。

分区表索引分为 LOCAL 索引与 GLOBAL 索引。LOCAL 索引与某个具体分区绑定，而 GLOBAL 索引则对应整个分区表。

列存表支持的 PSORT 和 B-tree 索引都不支持创建表达式索引、部分索引和唯一索引。

列存表支持的 GIN 索引支持创建表达式索引，但表达式不能包含空分词、空列和多列，不支持创建部分索引和唯一索引。

4.3.2　修改索引属性

当数据库中的数据发生变化或者业务需求发生变化时，可以通过修改索引的方式让其适应变化。其中，修改索引的方式包括重命名表索引的名称、修改表索引的所属空间、修改表索引的存储参数、重置表索引的存储参数、设置表索引或索引分区不可用、重建表索引或索引分区、重命名索引分区、修改索引分区的所属表空间等。

1. 语法格式

(1) 重命名表索引的名称。

```
ALTER INDEX [ IF EXISTS ] index_name
    RENAME TO new_name;
```

(2) 修改表索引的所属空间。

```
ALTER INDEX [ IF EXISTS ] index_name
    SET TABLESPACE tablespace_name;
```

(3) 修改表索引的存储参数。

```
ALTER INDEX [ IF EXISTS ] index_name
    SET ( {storage_parameter = value} [, ... ] );
```

(4) 重置表索引的存储参数。

```
ALTER INDEX [ IF EXISTS ] index_name
    RESET ( storage_parameter [, ... ] ) ;
```

(5) 设置表索引或索引分区不可用。

```
ALTER INDEX [ IF EXISTS ] index_name
    [ MODIFY PARTITION index_partition_name ] UNUSABLE;
```

(6) 重建表索引或索引分区。

```
ALTER INDEX index_name
    REBUILD [ PARTITION index_partition_name ];
```

(7) 重命名索引分区。

```
ALTER INDEX [ IF EXISTS ] index_name
    RENAME PARTITION index_partition_name TO new_index_partition_name;
```

(8) 修改索引分区的所属表空间。

```
ALTER INDEX [ IF EXISTS ] index_name
    MOVE PARTITION index_partition_name TABLESPACE new_tablespace;
```

2. 参数说明

(1) index_name：要修改的索引名。

(2) new_name：新的索引名。取值范围：字符串，且符合标识符命名规范。

(3) tablespace_name：表空间的名称。取值范围：已存在的表空间。

(4) storage_parameter：索引方法特定的参数名。

(5) value：索引方法特定的存储参数的新值。根据参数的不同，这可能是一个数字或单词。

(6) new_index_partition_name：新索引分区名。

(7) index_partition_name：索引分区名。

(8) new_tablespace：新表空间。

3. 注意事项

只有索引的所有者有权限执行此命令，系统管理员默认拥有此权限。

4.3.3 删除索引

删除索引比较简单，但是正在实际执行时需要注意安全性的检查。

1. 语法格式

```
DROP INDEX [ CONCURRENTLY ] [ IF EXISTS ]
    index_name [, ...] [ CASCADE | RESTRICT ];
```

2. 参数说明

(1) CONCURRENTLY：以不阻塞 DML 的方式删除索引(加 ShareUpdateExclusiveLock 锁)。删除索引时,一般会阻塞其他语句对该索引所依赖表的访问。增加这个关键字,可实现删除过程中不阻塞 DML。此选项只能指定一个索引的名称,并且 CASCADE 选项不支持。普通 DROP INDEX 命令可以在事务内执行,但是 DROP INDEX CONCURRENTLY 不可以在事务内执行。列存表不支持 CONCURRENTLY 方式删除索引。

(2) IF EXISTS：如果指定的索引不存在,则发出一个 notice,而不是抛出一个错误。

(3) index_name：要删除的索引名。取值范围：已存在的索引。

(4) CASCADE | RESTRICT：CASCADE：表示允许级联删除依赖于该索引的对象。RESTRICT(默认值)：表示有依赖于此索引的对象存在,该索引无法被删除。

3. 注意事项

只有索引的所有者有权限执行 DROP INDEX 命令,系统管理员默认拥有此权限。

4.3.4　重建索引

重建索引指的是为表中的数据重新建立索引。通常,重建索引的原因有如下几种：①索引崩溃,并且不再包含有效的数据；②索引变得“臃肿”,包含大量的空页或接近空页；③为索引更改了存储参数(例如填充因子),并且希望这个更改完全生效；④使用 CONCURREENRLY 选项创建索引失败,留下了一个“非法”索引。

1. 语法格式

(1) 重建普通索引。

```
REINDEX { INDEX | [INTERNAL] TABLE | DATABASE | SYSTEM } name [ FORCE ];
```

(2) 重建索引分区。

```
REINDEX  { INDEX|  [INTERNAL] TABLE} name
    PARTITION partition_name [ FORCE  ];
```

2. 参数说明

(1) INDEX：重新建立指定的索引。

(2) INTERNAL TABLE：重建列存表或 Hadoop 内表的 Desc 表的索引,如果表有从属的 TOAST 表,则这个表也会重建索引。

(3) TABLE：重新建立指定表的所有索引，如果表有从属的 TOAST 表，则这个表也会重建索引。

(4) DATABASE：重建当前数据库里的所有索引。

(5) SYSTEM：在当前数据库上重建所有系统表上的索引。该命令不会重建用户表上的索引。

(6) name：需要重建索引的索引、表、数据库的名称。表和索引可以有模式修饰。

(7) FORCE：无效选项，会被忽略。

(8) partition_name：需要重建索引的分区名称或者索引分区的名称。

3. 注意事项

REINDEX DATABASE 和 SYSTEM 这种形式的重建索引不能在事务块中执行。

4.3.5 索引操作相关示例

本节将利用示例讲解创建、重命名、重建和删除索引的操作。

(1) 为表 orders 创建索引名为 i_orders 的命令代码如下：

```
tpcc = # CREATE INDEX i_orders ON orders (o_w_id, o_d_id, o_c_id);
CREATE INDEX
```

其执行结果如下：

```
CREATE INDEX
```

(2) 将命令(1)创建的索引重新命名为 new_i_orders 的命令代码如下：

```
tpcc = # ALTER INDEX i_orders RENAME TO new_i_orders;
```

其执行结果如下：

```
ALTER INDEX
```

(3) 重建命令(2)重命名的索引的命令代码如下：

```
tpcc = # REINDEX INDEX new_i_orders;
```

其执行结果如下：

```
REINDEX
```

(4) 删除上条命令重建的索引的命令代码如下：

```
tpcc = # DROP INDEX new_i_orders;
```

其执行结果如下。

```
DROP INDEX
```

4.4 视图

视图指的是从一个或几个基本表中导出的续表，可用于控制用户对数据的访问。视图与基本表不同，是一个虚拟的表。数据库中仅存放视图的定义，而不存放视图对应的数据，这些数据仍存放在原来的基本表中。若基本表中的数据发生变化，从视图中查询出的数据也随之改变。从这个意义上讲，视图就像一个窗口，透过它可以看到数据库中用户感兴趣的数据及变化。下面详细介绍视图的创建、修改及删除操作。

4.4.1 创建视图

创建视图比较简单，注意相关参数的配置即可。

1. 语法格式

```
CREATE [ OR REPLACE ] [ TEMP | TEMPORARY ] VIEW view_name [ ( column_name [, ...] ) ]
    [ WITH ( {view_option_name [ = view_option_value]} [, ... ] ) ]
    AS query;
```

2. 参数说明

(1) OR REPLACE：如果视图已存在，则重新定义。

(2) TEMP | TEMPORARY：创建临时视图。

(3) view_name：要创建的视图名称，可以用模式修饰。取值范围：字符串，符合标识符命名规范。

(4) column_name：可选的名称列表，用作视图的字段名。如果没有给出名称列表，则字段名取自查询中的字段名。取值范围：字符串，符合标识符命名规范。

(5) view_option_name [= view_option_value]：该子句为视图指定一个可选的参数。目前 view_option_name 支持的参数仅有 security_barrier，当 VIEW 试图提供行级安全时，应使用该参数。取值范围：Boolean 类型，TRUE、FALSE。

(6) query：为视图提供行和列的 SELECT 或 VALUES 语句。

4.4.2 修改视图

修改视图的内容包括设置视图列的默认值、取消视图列的默认值、修改视图的所有者、重命名视图、设置视图的所属模式、设置视图的选项，以及重置视图的选项。

1. 语法格式

(1) 设置视图列的默认值。

```
ALTER VIEW [ IF EXISTS ] view_name
    ALTER [ COLUMN ] column_name SET DEFAULT expression;
```

(2) 取消视图列的默认值。

```
ALTER VIEW [ IF EXISTS ] view_name
    ALTER [ COLUMN ] column_name DROP DEFAULT;
```

(3) 修改视图的所有者。

```
ALTER VIEW [ IF EXISTS ] view_name
    OWNER TO new_owner;
```

(4) 重命名视图。

```
ALTER VIEW [ IF EXISTS ] view_name
    RENAME TO new_name;
```

(5) 设置视图的所属模式。

```
ALTER VIEW [ IF EXISTS ] view_name
    SET SCHEMA new_schema;
```

(6) 设置视图的选项。

```
ALTER VIEW [ IF EXISTS ] view_name
    SET ( { view_option_name [ = view_option_value ] } [, ... ] );
```

(7) 重置视图的选项。

```
ALTER VIEW [ IF EXISTS ] view_name
    RESET ( view_option_name [, ... ] );
```

2. 参数说明

(1) IF EXISTS：使用这个选项，如果视图不存在时不会产生错误，也会有一个提示信息。

(2) view_name：视图名称，可以用模式修饰。取值范围：字符串，符合标识符命名规范。

(3) column_name：可选的名称列表，视图的字段名。如果没有给出名称列表，字段名取自查询中的字段名。取值范围：字符串，符合标识符命名规范。

(4) SET/DROP DEFAULT：设置或删除一个列的默认值，该参数暂无实际意义。

(5) new_owner：视图新所有者的用户名称。

(6) new_name：视图的新名称。

(7) new_schema：视图的新模式。

(8) view_option_name [= view_option_value]：该参数的含义与创建视图中相关参数的含义一致。

3. 注意事项

用户必须是视图的所有者才可以使用 ALTER VIEW。

要改变视图的模式，用户必须有新模式的 CREATE 权限。

要改变视图的所有者，用户必须是新所属角色的直接或者间接的成员，并且此角色必须有视图模式的 CREATE 权限。

管理员用户可以更改任何视图的所属关系。

4.4.3 删除视图

删除视图的操作比较简单，注意检查相关操作的参数配置和安全性。

1. 语法格式

```
DROP VIEW [ IF EXISTS ] view_name [, ...] [ CASCADE | RESTRICT ];
```

2. 参数说明

(1) IF EXISTS：如果指定的视图不存在，则发出一个警告，而不是抛出一个错误。

(2) view_name：要删除的视图名称。取值范围：已存在的视图。

(3) CASCADE | RESTRICT：CASCADE，级联删除依赖此视图的对象（如其他视图）。RESTRICT，如果有依赖对象存在，则拒绝删除此视图，此选项为默认值。

3. 注意事项

只有视图的所有者有权限执行 DROP VIEW 的命令，系统管理员默认拥有此权限。

4.4.4 视图操作相关示例

本节将利用示例讲解创建、更改和删除视图的操作。

(1) 创建视图的命令代码如下：

```
tpcc = # CREATE VIEW myView AS SELECT * FROM new_order where no_o_id = 2101;
```

其执行结果如下：

```
CREATE VIEW
```

(2) 更改视图名称的命令代码如下：

```
tpcc = # ALTER VIEW myView RENAME TO myView2;
```

其执行结果如下：

```
ALTER VIEW
```

(3) 删除视图的命令代码如下：

```
tpcc = # DROP VIEW myView2;
```

其执行结果如下：

```
DROP VIEW
```

4.5 openGauss 函数

openGauss 为内建的数据类型提供了很多函数和操作符。丰富的函数使得用户可以使用 SQL 做更多的计算。

4.5.1 数字操作符及函数

数据库内对数学运算的支持极大增加了数据库的使用场景。本节将介绍数字操作符及函数的语法和使用范例。

1. 操作符及函数集合

如表 4-21～表 4-24 所示，openGauss 针对数值类型计算提供了数字函数及操作符。

表 4-21　数字操作符

操　作　符	描　　述	例　　子	结　　果
+	加	1+2	3
-	减	2-1	1
*	乘	2*3	6
/	除(整数除法将截断结果)	4/2	2
%	模(求余)	5%2	1
^	幂(指数运算)	2.0^3.0	8.0
|/	平方根	|/25.0	5.0
||/	立方根	||/27.0	3.0
!	阶乘	5!	120

续表

<table>
<tr><th>操　作　符</th><th>描　　述</th><th>例　　子</th><th>结　　果</th></tr>
<tr><td>!!</td><td>阶乘(前缀操作符)</td><td>!! 5</td><td>120</td></tr>
<tr><td>@</td><td>绝对值</td><td>@－5.0</td><td>5.0</td></tr>
<tr><td>&</td><td>二进制 AND</td><td>91&15</td><td>11</td></tr>
<tr><td>|</td><td>二进制 OR</td><td>32|3</td><td>35</td></tr>
<tr><td>#</td><td>二进制 XOR</td><td>17#5</td><td>20</td></tr>
<tr><td>~</td><td>二进制 NOT</td><td>~1</td><td>－2</td></tr>
<tr><td><<</td><td>二进制左移</td><td>1<<4</td><td>16</td></tr>
<tr><td>>></td><td>二进制右移</td><td>8>>2</td><td>2</td></tr>
</table>

位操作符只能用于整数类型，而其他操作符可以用于全部数值类型。位操作符还可用于位串类型 bit 和 bit varying。

表 4-22　数字函数

函　　数	返回类型	描　　述	例　　子	结　　果
abs(double precision 或 numeric)	double precision 或 numeric	绝对值	abs(－17.4)	17.4
cbrt(double precision)	double precision	立方根	cbrt(27.0)	3
ceil (double precision 或 numeric)	double precision 或 numeric	不小于参数的最小整数	ceil(－42.8)	－42
ceiling(double precision 或 numeric)	double precision 或 numeric	不小于参数的最小整数(ceil 的别名)	ceiling(－95.3)	－95
degrees(double precision)	double precision	把弧度转换为角度	degrees(0.5)	28.6478897565412
div(y numeric, x numeric)	numeric	integer quotient of y/x	div(9,4)	2
exp (double precision 或 numeric)	double precision 或 numeric	自然指数	exp(1.0)	2.71828182845905
floor(double precision 或 numeric)	double precision 或 numeric	不大于参数的最大整数	floor(－42.8)	－43
ln(double precision 或 numeric)	double precision 或 numeric	自然对数	ln(2.0)	0.693147180559945
log (double precision 或 numeric)	double precision 或 numeric	以 10 为底的对数	log(100.0)	2
log(b numeric, x numeric)	numeric	以 b 为底的对数	log(2.0,64.0)	6.0000000000
mod(y,x)	与参数类型相同	y/x 的余数(模)	mod(9,4)	1
pi()	double precision	"π" 常量	pi()	3.14159265358979
power(a double precision,b double precision)	double precision	a 的 b 次幂	power(9.0,3.0)	243

续表

函　　数	返回类型	描　　述	例　　子	结　　果
power (a numeric, b numeric)	numeric	a 的 b 次幂	power(9.0,3.0)	243
radians (double precision)	double precision	把角度转换为弧度	radians(45.0)	0.785398163397448
round(double precision 或 numeric)	double precision 或 numeric	圆整为最接近的整数	round(42.4)	42
round (v numeric, s int)	numeric	圆整为 s 位小数	round(42.4382,2)	42.44
sign(double precision 或 numeric)	double precision 或 numeric	参数的符号(－1,0,＋1)	sign(－8.4)	－1
sqrt(double precision 或 numeric)	double precision 或 numeric	平方根	sqrt(2.0)	1.4142135623731
trunc(double precision 或 numeric)	double precision 或 numeric	截断(向零靠近)	trunc(42.8)	42
trunc (v numeric, s int)	numeric	截断为 s 位小数	trunc(42.4382,2)	42.43
width _ bucket (op numeric, b1 numeric, b2 numeric, count int)	int	找到指定元素所在的等宽桶的序号	width_bucket(5.35, 0.024,10.06,5)	3

表 4-23 中的 random()返回的值的特征依赖于系统实现。

表 4-23　随机数字生成函数

函　　数	返 回 类 型	描　　述
random()	double precision	0.0～1.0 的随机数
setseed(double precision)	void	为随后的 random()调用设置种子(－1.0～1.0,包含－1.0 和 1.0)

表 4-24　三角函数

函　　数	描　　述	例　　子	结　　果
acos(x)	反余弦	0.5	1.0471975511966
asin(x)	反正弦	0.5	0.523598775598299
atan(x)	反正切	0.6	0.540419500270584
atan2(y,x)	y/x 的反正切	6,5	0.876058050598193
cos(x)	余弦	4	－0.653643620863612
cot(x)	余切	4	0.863691154450617
sin(x)	正弦	5	－0.958924274663138
tan(x)	正切	6	－0.291006191384749

表 4-24 中所有三角函数都使用类型为 double precision 的参数和返回类型。三角函数参数用弧度表达。反函数的返回值也用弧度表达。

2. SQL 脚本示例

(1) 加法操作指令:

```
tpcc = # SELECT 2 + 3 AS RESULT;
```

加法操作结果:

```
result
--------
      5
(1 row)
```

(2) 乘法操作指令:

```
tpcc = # SELECT 2 * 3 AS RESULT;
```

乘法操作结果:

```
result
--------
      6
(1 row)
```

(3) 三次方根指令:

```
tpcc = # SELECT ||/27.0 AS RESULT;
```

三次方根结果:

```
result
--------
      3
(1 row)
```

(4) 对数指令:

```
tpcc = # SELECT log(2.0, 64.0);
```

对数结果:

```
       log
---------------------
```

```
6.0000000000000000
(1 row)
```

（5）取模指令：

```
tpcc = # SELECT mod(9, 4);
```

取模结果：

```
mod
-----
   1
(1 row)
```

（6）取整操作：

```
tpcc = # SELECT round(42.4);
```

取整结果：

```
round
-------
    42
(1 row)
```

（7）余弦三角函数指令：

```
tpcc = # SELECT cos( - 3.1415927);
```

余弦三角函数结果：

```
         cos
--------------------
  - .999999999999999
(1 row)
```

（8）余切三角函数指令：

```
余切三角函数
tpcc = # SELECT cot(1);
```

余切三角函数结果：

```
        cot
--------------------
 .642092615934331
(1 row)
```

(9) 角度转换指令：

```
tpcc = # SELECT degrees(0.5);
```

角度转换结果：

```
     degrees
--------------------
 28.6478897565412
(1 row)
```

4.5.2　字符串操作符和函数

本节描述针对字符串元素的操作符和函数。openGauss 提供的字符处理函数和操作符主要用于字符串与字符串、字符串与非字符串的连接，以及字符串的模式匹配操作。这些函数如果没有特殊说明，能够处理的字符串包括 character、character varying、text 类型的值，还有一些函数能够处理位串类型。SQL 定义的有些函数使用关键词(而非逗号)分隔函数参数。

1. 操作符及函数集合

表 4-25 展示了字符串函数和操作符的语法。

表 4-25　字符串函数和操作符的语法

函　　数	返回类型	描　　述	例　　子	结　　果
string || string	text	字符串连接	'open' || 'Gauss'	openGauss
string || non-string 或 non-string || string	text	字符串连接	'Value：' || 42	Value：42
bit_length(string)	int	字符串的位	bit_length('jose')	32
char_length(string) 或 character_length(string)	int	字符个数	char_length('jose')	4
lower(string)	text	转换为小写	lower('TOM')	tom
octet_length(string)	int	字节数	octet_length('jose')	4
overlay(string placing string from int [for int])	text	字符串替换	overlay('Txxxas' placing 'hom' from 2 for 4)	Thomas
position(substring in string)	int	指定子串位置	position('om' in 'Thomas')	3

续表

函　　数	返回类型	描　　述	例　　子	结　　果
substring(string [from int] [for int])	text	截取子串	substring('Thomas' from 2 for 3)	hom
substring (string from pattern)	text	正则匹配子串	substring('Thomas' from '... $ ')	mas
substring (string from pattern for escape)	text	SQL正则表达式匹配子串	substring('Thomas' from '%#"o_a#"_' for '#')	oma
trim ([leading | trailing | both] [characters] from string)	text	从字符串的开头/结尾/两边删除characters字符	trim(both 'x' from 'xTomxx')	Tom
upper(string)	text	转换为大写	upper('tom')	TOM
ascii(string)	int	参数中第一个字符的ASCII编码值	ascii('x')	120
btrim(string text [,characters text])	text	从string开头和结尾删除characters字符	btrim('xyxtrimyyx','xy')	trim
chr(int)	text	给定编码的字符	chr(65)	A
concat(str "any" [,str "any" [,...]])	text	连接所有参数的字符串	concat('abcde',2,NULL,22)	abcde222
concat_ws(sep text,str "any" [,str "any" [,...]])	text	连接所有参数,但是第一个参数是分隔符	concat_ws(',','abcde',2,NULL,22)	abcde222
convert (string bytea, src_encoding name,dest_encoding name)	bytea	字符串编码转换	convert('text_in_utf8','UTF8','LATIN1')	text_in_utf8
convert_from(string bytea,src_encoding name)	text	字符串解码	convert_from('text_in_utf8','UTF8')	text_in_utf8
convert_to(string text,dest_encoding name)	bytea	字符串编码	convert_to('some text','UTF8')	some text
decode (string text, format text)	bytea	二进制数据解码	decode('MTIzAAE=','base64')	\x3132330001
encode (data bytea, format text)	text	二进制数据编码	encode(E'123\\000\\001','base64')	MTIzAAE=
format (formatstr text [, formatarg "any" [,...]])	text	字符串格式化	format('Hello %s,%1 $ s','World')	Hello World,World
initcap(string)	text	把每个单词的第一个字母转换为大写	initcap('hi THOMAS')	Hi Thomas
left(str text,n int)	text	返回字符串的前n个字符	left('abcde',2)	ab
length(string)	int	字符的数目	length('jose')	4

续表

函　　数	返回类型	描　　述	例　　子	结　　果
length(string bytea, encoding name)	int	指定 encoding 编码格式的字符数	length('jose','UTF8')	4
lpad(string text, length int [,fill text])	text	通过填充字符 fill 把 string 填充为 length 长度	lpad('hi',5,'xyx')	xyxhi
ltrim(string text [,characters text])	text	从字符串 string 的开头删除 characters 中的字符	ltrim('zzzytrim','xyz')	trim
md5(string)	text	计算字符串 string 的 MD5 哈希,以十六进制返回结果	md5('abc')	900150983cd24fb0d6963f7d28e17f72
pg_client_encoding()	name	当前客户端编码名称	pg_client_encoding()	SQL_ASCII
quote_ident(string text)	text	返回适用于 SQL 语句的标识符形式(使用适当的引号界定)	quote_ident('Foo bar')	"Foo bar"
quote_literal(string text)	text	返回适用于在 SQL 语句里当作文本使用的形式(使用适当的引号界定)	quote_literal(E'O\'Reilly')	'O''Reilly'
quote_literal (value anyelement)	text	将给定的值强制转换为 text,加上引号作为文本	quote_literal(42.5)	'42.5'
quote_nullable(string text)	text	返回适用于在 SQL 语句里当作字符串使用的形式(使用适当的引号界定)	quote_nullable(NULL)	NULL
quote _ nullable (value anyelement)	text	将给定的参数值转换为 text,加上引号作为文本	quote_nullable(42.5)	'42.5'
regexp_matches(string text,pattern text [,flags text])	setof text[]	POSIX 正则字符串匹配	regexp_matches ('foobarbequebaz','(bar)(beque)')	{bar,beque}
regexp_replace(string text, pattern text, replacement text [,flags text])	text	POSIX 正则字符串替换	regexp_replace('Thomas', '.[mN]a.','M')	ThM
regexp_split_to_array(string text, pattern text [, flags text])	text[]	POSIX 正则字符串分隔	regexp_split_to_array ('hello world',E'\\s+')	{hello,world}

续表

函　　数	返回类型	描　　述	例　　子	结　　果
regexp_split_to_table(string text, pattern text [, flags text])	setof text	POSIX 正则表达式字符串分隔	regexp_split_to_table('hello world',E'\\s+')	hello world (2 rows)
repeat(string text, number int)	text	将 string 重复 number 次	repeat('Pg',4)	PgPgPgPg
replace(string text, from text, to text)	text	字符串替换	replace('abcdefabcdef','cd','XX')	abXXefabXXef
reverse(str)	text	字符串逆序	reverse('abcde')	edcba
right(str text, n int)	text	返回字符串中的后 n 个字符	right('abcde',2)	de
rpad(string text, length int [,fill text])	text	使用填充字符 fill 把 string 填充到 length 长度	rpad('hi',5,'xy')	hixyx
rtrim(string text [,characters text])	text	从字符串 string 的结尾删除 characters 中的字符	rtrim('trimxxxx','x')	trim
split_part(string text, delimiter text, field int)	text	根据 delimiter 分隔 string 返回生成的第 field 个子字符串(1 为基)	split_part('abc~@~def~@~ghi','~@~',2)	def
strpos(string, substring)	int	指定的子字符串的位置	strpos('high','ig')	2
substr(string, from [,count])	text	抽取子字符串	substr('alphabet',3,2)	ph
to_ascii(string text [,encoding text])	text	把 string 从其他编码转换为 ASCII	to_ascii('Karel')	Karel
to_hex(number int or bigint)	text	把 number 转换成十六进制表现形式	to_hex(2147483647)	7fffffff
translate(string text, from text, to text)	text	把在 string 中包含的任何匹配 from 中字符的字符转换为对应的在 to 中的字符	translate('12345','143','ax')	a2x5

concat()、concat_ws()和 format()函数是可变的，所以用 VARIADIC 关键字标记传递的数值以连接或者格式化为一个数组是可能的。数组的元素对函数来说是单独的普通参数。如果可变数组的元素是 NULL，那么 concat()和 concat_ws() 返回 NULL，但是 format()把 NULL 作为零元素数组对待。

2. SQL 脚本示例

(1) 字符串长度指令。

```
tpcc = # SELECT bit_length('world');
```

字符串长度结果：

```
bit_length
------------
          40
(1 row)
```

(2) 字符串裁剪指令。

```
tpcc = # SELECT btrim('string','ing');
```

字符串裁剪结果：

```
btrim
-------
 str
(1 row)
```

(3) 字符串替换指令。

```
tpcc = # SELECT overlay('hello' placing 'world' from 2 for 3 );
```

字符串替换结果：

```
overlay
----------
 hworldo
(1 row)
```

4.5.3 日期和时间函数

openGauss 提供的日期和时间函数以及操作符主要用于对日期的格式操作。用户在使用时间和日期操作符时，对应的操作数请使用明确的类型前缀修饰，以确保数据库在解析操作数的时候能够与用户预期一致，不会产生用户非预期的结果。

1. 操作符及函数集合

表 4-26 展示了日期和时间操作符。表 4-27 展示了日期和时间函数。

表 4-26 日期和时间操作符

操作符	例 子	结 果
+	date '2001-09-28' + integer '7'	date '2001-10-05'
	date '2001-09-28' + interval '1 hour'	timestamp '2001-09-28 01:00:00'
	date '2001-09-28' + time '03:00'	timestamp '2001-09-28 03:00:00'
	interval '1 day' + interval '1 hour'	interval '1 day 01:00:00'
	timestamp '2001-09-28 01:00' + interval '23 hours'	timestamp '2001-09-29 00:00:00'
	time '01:00' + interval '3 hours'	time '04:00:00'
—	-interval '23 hours'	interval '-23:00:00'
	date '2001-10-01' - date '2001-09-28'	integer '3' (days)
	date '2001-10-01' - integer '7'	date '2001-09-24'
	date '2001-09-28' - interval '1 hour'	timestamp '2001-09-27 23:00:00'
	time '05:00' - time '03:00'	interval '02:00:00'
	time '05:00' - interval '2 hours'	time '03:00:00'
*	900 * interval '1 second'	interval '00:15:00'
/	interval '1 hour' / double precision '1.5'	interval '00:40:00'

表 4-27 日期和时间函数

函 数	返回类型	描 述
age(timestamp,timestamp)	interval	将两个参数相减,并以年、月、日作为返回值。若相减值为负,则函数返回亦为负
age(timestamp)	interval	当前时间和参数相减
clock_timestamp()	timestamp with time zone	实时时钟的当前时间戳
current_date	date	当前日期
current_time	time with time zone	当前时间
current_timestamp	timestamp with time zone	当前日期及时间
date_part(text,timestamp)	double	获取日期/时间值中子域的值
date_part(text,interval)	double	获取日期/时间值中子域的值
date_trunc(text,timestamp)	timestamp	截取到参数 text 指定的精度
trunc (timestamp)	timestamp	默认按天截取
extract(field from timestamp)	double	获取小时的值
extract(field from interval)	double	获取月份的值。如果大于 12,则取与 12 的模
isfinite(date)	Boolean	测试是否为有效日期
isfinite(timestamp)	Boolean	测试判断是否为有效时间
isfinite(interval)	Boolean	测试是否为有效区间
justify_days(interval)	interval	将时间间隔以月(30 天为一月)为单位
justify_hours(interval)	interval	将时间间隔以天(24 小时为一天)为单位
justify_interval(interval)	interval	结合 justify_days 和 justify_hours 调整 interval
localtime	time	当前时间
localtimestamp	timestamp	当前日期及时间
now()	timestamp with time zone	当前日期及时间

续表

函　　数	返回类型	描　　述
numtodsinterval(num, interval_unit)	interval	将数字转换为 interval 类型
statement_timestamp()	timestamp with time zone	当前日期及时间
timeofday()	text	当前日期及时间
transaction_timestamp()	timestamp with time zone	当前日期及时间

所有下述函数和操作符接收的 time 或 timestamp 输入实际上都来自两种可能：一种是接收 time with time zone 或 timestamp with time zone；另外一种是接收 time without time zone 或 timestamp without time zone。出于简化考虑，这些变种没有独立显示出来。还有，+和 * 操作符都是可交换的操作符对(如 date+integer 和 integer+date)；我们只显示了这样的交换操作符对中的一个。

2. SQL 脚本示例

(1) 日期增加指令。

```
tpcc = # SELECT date '2001 - 09 - 28' + integer '7' AS RESULT;
```

日期增加结果：

```
        result
-----------------------
 2001 - 10 - 05 00:00:00
(1 row)
```

(2) 日期精度裁切指令。

```
tpcc = # SELECT date_trunc('hour', timestamp '2001 - 02 - 16 20:38:40');
```

日期精度裁切结果：

```
      date_trunc
-----------------------
 2001 - 02 - 16 20:00:00
(1 row)
```

(3) 小时抽取指令。

```
tpcc = # SELECT extract(hour from timestamp '2001 - 02 - 16 20:38:40');
```

小时抽取结果：

```
date_part
------------
        20
(1 row)
```

4.5.4 条件判断函数

openGauss 提供了更多的条件判断函数，进一步提高了 SQL 查询的灵活性。

1. 操作符及函数集合

表 4-28 展示了 openGauss 中特有的条件判断函数。

表 4-28 条件判断函数

函　数	描　述
coalesce(expr1,expr2,…,exprn)	返回参数列表中第一个非 NULL 的参数值
decode(base_expr,compare1,value1,compare2,value2,…,default)	把 base_expr 与后面的每个 compare(n) 进行比较，如果匹配，则返回相应的 value(n)。如果没有发生匹配，则返回 default
nullif(expr1,expr2)	当且仅当 expr1 和 expr2 相等时，nullif 才返回 NULL，否则返回 expr1
nvl(expr1 ,expr2)	如果 expr1 为 NULL，则返回 expr2；如果 expr1 不是 NULL，则返回 expr1
greatest(expr1 [,…])	获取并返回参数列表中值最大的表达式的值
least(expr1 [,…])	获取并返回参数列表中值最小的表达式的值
EMPTY_BLOB()	使用 EMPTY_BLOB 在 INSERT 或 UPDATE 语句中初始化一个 BLOB 变量，取值为 NULL

2. SQL 脚本示例

(1) 取最大指令。

```
tpcc = # SELECT greatest(1 * 2, 2 - 3, 4 - 1);
```

取最大结果：

```
greatest
----------
        3
(1 row)
```

(2) 取最小指令。

```
tpcc = # SELECT least('HAPPY', 'HARRIOT', 'HAROLD');
```

取最小结果：

```
least
--------
 HAPPY
(1 row)
```

(3) 条件选择指令。

```
tpcc = # SELECT decode('A', 'A', 1, 'B', 2.0);
```

条件选择结果：

```
case
------
    1
(1 row)
```

4.5.5 系统信息函数

用户可以通过系统信息函数查询数据库信息、内核版本、连接信息、访问权限等信息。

1. 操作符及函数集合

表 4-29 展示了会话信息函数。表 4-30 展示了访问权限查询函数。表 4-31 展示了模式可见性查询函数。

表 4-29　会话信息函数

函　数	返回类型	描　述
current_catalog	name	当前数据库的名称（在标准 SQL 中称 catalog）
current_database()	name	当前数据库的名称
current_query()	text	由客户端提交的当前执行语句（可能包含多个声明）
current_schema[()]	name	当前模式的名称
current_schemas(boolean)	name[]	搜索路径中的模式名称
current_user	name	当前执行环境下的用户名
definer_current_user	name	当前执行环境下的用户名
pg_current_sessionid()	text	当前执行环境下的会话 ID
pg_current_sessid	text	当前执行环境下的会话 ID
pg_current_userid	text	当前用户 ID
tablespace_oid_name()	text	根据表空间 oid，查找表空间名称

续表

函　数	返回类型	描　述
inet_client_addr()	inet	连接的远端地址 inet_client_addr 返回当前客户端的 IP 地址
inet_client_port()	int	连接的远端端口 inet_client_port 返回当前客户端的端口号
inet_server_addr()	inet	连接的本地地址 inet_server_addr 返回服务器接收当前连接用的 IP 地址
inet_server_port()	int	连接的本地端口 inet_server_port 返回接收当前连接的端口号
pg_backend_pid()	int	当前会话连接的服务进程的进程 ID
pg_conf_load_time()	timestamp with time zone	配置加载时间。pg_conf_load_time 返回最后加载服务器配置文件的时间戳
pg_my_temp_schema()	oid	会话的临时模式的 OID,若不存在,则为 0
pg_is_other_temp_schema(oid)	Boolean	是否为另一个会话的临时模式
pg_listening_channels()	setoff text	会话正在侦听的信道名称
pg_postmaster_start_time()	timestamp with time zone	服务器启动时间
sessionid2pid()	int8	从 sessionid 中得到 pid 信息
pg_trigger_depth()	int	触发器的嵌套层次
pgxc_version()	text	Postgres-XC 版本信息
session_user	name	会话用户名
user	name	等价于 current_user
get_shard_oids_byname	oid	输入 node 的名字,返回 node 的 oid
getpgusername()	name	获取数据库用户名
getdatabaseencoding()	name	获取数据库编码方式
version()	text	版本信息。version()返回一个描述服务器版本信息的字符串
get_hostname()	text	返回当前节点的 hostname
get_nodename()	text	返回当前节点的名字
get_schema_oid(cstring)	oid	返回查询 schema 的 oid
pgxc_parse_clog(out xid int8,out nodename text,out status text)	set of record	返回当前集群中所有事务的状态
pgxc_prepared_xact()	set of text	返回集群中处于 prepared 阶段的事务 GID 列表
pgxc_xacts_iscommitted()	set of record	返回集群中指定事务 xid 的事务的状态。t 代表 committed,f 代表 aborted,null 代表 others
pgxc_total_memory_detail()	set of pv_total_memory_detail	显示集群内存的使用情况

表 4-30　访问权限查询函数

函　　数	返回类型	描　　述
has_any_column_privilege(user,table,privilege)	Boolean	指定用户是否有访问表中任何列的权限
has_any_column_privilege(table,privilege)	Boolean	当前用户是否有访问表中任何列的权限
has_column_privilege(user, table, column, privilege)	Boolean	指定用户是否有访问列的权限
has_column_privilege(table,column,privilege)	Boolean	当前用户是否有访问列的权限
has_database_privilege(user,database,privilege)	Boolean	指定用户是否有访问数据库的权限
has_database_privilege(database,privilege)	Boolean	当前用户是否有访问数据库的权限
has_directory_privilege(user, database, privilege)	Boolean	指定用户是否有访问 directory 的权限
has_directory_privilege(database,privilege)	Boolean	当前用户是否有访问 directory 的权限
has_foreign_data_wrapper_privilege(user,fdw, privilege)	Boolean	指定用户是否有访问外部数据封装器的权限
has_foreign_data_wrapper_privilege(fdw, privilege)	Boolean	当前用户是否有访问外部数据封装器的权限
has_function_privilege(user,function,privilege)	Boolean	指定用户是否有访问函数的权限
has_function_privilege(function,privilege)	Boolean	当前用户是否有访问函数的权限
has_language_privilege(user, language, privilege)	Boolean	指定用户是否有访问语言的权限
has_language_privilege(language,privilege)	Boolean	当前用户是否有访问语言的权限
has_nodegroup_privilege(user, nodegroup, privilege)	Boolean	检查用户是否有集群节点访问权限
has_nodegroup_privilege(nodegroup,privilege)	Boolean	检查用户是否有集群节点访问权限
has_schema_privilege(user,schema,privilege)	Boolean	指定用户是否有访问模式的权限
has_schema_privilege(schema,privilege)	Boolean	当前用户是否有访问模式的权限
has_server_privilege(user,server,privilege)	Boolean	指定用户是否有访问外部服务的权限
has_server_privilege(server,privilege)	Boolean	当前用户是否有访问外部服务的权限
has_table_privilege(user,table,privilege)	Boolean	指定用户是否有访问表的权限
has_table_privilege(table,privilege)	Boolean	当前用户是否有访问表的权限
has_tablespace_privilege(user, tablespace, privilege)	Boolean	指定用户是否有访问表空间的权限
has_tablespace_privilege(tablespace,privilege)	Boolean	当前用户是否有访问表空间的权限
pg_has_role(user,role,privilege)	Boolean	指定用户是否有角色的权限
pg_has_role(role,privilege)	Boolean	当前用户是否有角色的权限

表 4-31　模式可见性查询函数

函　　数	返回类型	描　　述
pg_collation_is_visible(collation_oid)	Boolean	该排序是否在搜索路径中可见
pg_conversion_is_visible(conversion_oid)	Boolean	该转换是否在搜索路径中可见
pg_function_is_visible(function_oid)	Boolean	该函数是否在搜索路径中可见

续表

函　　数	返回类型	描　　述
pg_opclass_is_visible(opclass_oid)	Boolean	该操作符类是否在搜索路径中可见
pg_operator_is_visible(operator_oid)	Boolean	该操作符是否在搜索路径中可见
pg_opfamily_is_visible(opclass_oid)	Boolean	该操作符族是否在搜索路径中可见
pg_table_is_visible(table_oid)	Boolean	该表是否在搜索路径中可见
pg_ts_config_is_visible(config_oid)	Boolean	该文本检索配置是否在搜索路径中可见
pg_ts_dict_is_visible(dict_oid)	Boolean	该文本检索词典是否在搜索路径中可见
pg_ts_parser_is_visible(parser_oid)	Boolean	该文本搜索解析是否在搜索路径中可见
pg_ts_template_is_visible(template_oid)	Boolean	该文本检索模板是否在搜索路径中可见
pg_type_is_visible(type_oid)	Boolean	该类型(或域)是否在搜索路径中可见
has_language_privilege(user,language,privilege)	Boolean	指定用户是否有访问语言的权限
has_language_privilege(language,privilege)	Boolean	当前用户是否有访问语言的权限
has_nodegroup_privilege(user,nodegroup,privilege)	Boolean	检查用户是否有集群节点访问权限
has_nodegroup_privilege(nodegroup,privilege)	Boolean	检查用户是否有集群节点访问权限
has_schema_privilege(user,schema,privilege)	Boolean	指定用户是否有访问模式的权限
has_schema_privilege(schema,privilege)	Boolean	当前用户是否有访问模式的权限
has_server_privilege(user,server,privilege)	Boolean	指定用户是否有访问外部服务的权限
has_server_privilege(server,privilege)	Boolean	当前用户是否有访问外部服务的权限
has_table_privilege(user,table,privilege)	Boolean	指定用户是否有访问表的权限
has_table_privilege(table,privilege)	Boolean	当前用户是否有访问表的权限
has_tablespace_privilege(user,tablespace,privilege)	Boolean	指定用户是否有访问表空间的权限
has_tablespace_privilege(tablespace,privilege)	Boolean	当前用户是否有访问表空间的权限
pg_has_role(user,role,privilege)	Boolean	指定用户是否有角色的权限
pg_has_role(role,privilege)	Boolean	当前用户是否有角色的权限

2. SQL 脚本示例

(1) 数据库名查询指令。

```
tpcc=# SELECT current_catalog;
```

数据名查询结果：

```
current_database
-------------------
 tpcc
(1 row)
```

(2) 当前用户查询指令。

```
tpcc=# SELECT current_user;
```

当前用户查询结果：

```
current_user
--------------
 omm
(1 row)
```

(3) 查看用户对表的读取权限指令。

```
tpcc=# SELECT has_table_privilege('customer', 'select');
```

查看用户对表的读取权限结果：

```
has_table_privilege
---------------------
 t
(1 row)
```

(4) 查看用户表生成权限指令。

```
tpcc=# SELECT has_database_privilege('tpcc', 'create');
```

查看用户表生成权限结果：

```
has_database_privilege
------------------------
 t
(1 row)
```

每个函数用于检查数据库对象类型的可见性。对于函数和操作符，如果在前面的搜索路径中没有相同的对象名称和参数的数据类型，则此对象是可见的。对于操作符类，则要同时考虑名称和相关索引的访问方法。所有这些函数都需要使用OID标识需要检查的对象。如果用户想通过名称测试对象，则使用OID别名类型(regclass、regtype、regprocedure、regoperator、regconfig或regdictionary)将会很方便。如果一个表所在的模式在搜索路径中，并且在前面的搜索路径中没有同名的表，则这个表是可见的。它等效于表可以不带明确模式修饰进行引用，例如要列出所有可见表的名称。

(5) 可见性表查看指令。

```
tpcc=# SELECT relname FROM pg_class WHERE pg_table_is_visible(oid);
```

可见性表查看结果：

```
                relname
-------------------------------------------
 pg_statistic
```

```
pg_type
 warehouse
 district
 history
 new_order
 orders
 pg_ts_dict
 order_line
 pg_ts_parser
 item
 stock
```

4.5.6 加密、解密函数

这部分函数提供字符串加密、解密的功能。安全函数见表 4-32。

表 4-32 安全函数

函 数	返回类型	描 述
gs_encrypt_aes128 (encryptstr,keystr)	text	以 keystr 为密钥对 encryptstr 字符串进行加密,返回加密后的字符串。keystr 的长度范围为 1～16B。支持的加密数据类型:目前数据库支持的数值类型,字符类型,二进制类型中的 RAW,日期/时间类型中的 DATE、TIMESTAMP、SMALLDATETIME
gs_decrypt_aes128 (decryptstr,keystr)	text	以 keystr 为密钥对 decrypt 字符串进行解密,返回解密后的字符串。解密使用的 keystr 必须保证与加密时使用的 keystr 一致,才能正常解密。keystr 不得为空

4.5.7 其他函数

openGauss 提供了丰富的几何计算函数。

1. 操作符以及函数集合

表 4-33 展示了几何操作符。表 4-34 展示了几何函数。

表 4-33 几何操作符

操 作 符	描 述
+	平移
-	平移
*	伸展/旋转
/	收缩/旋转
#	两个图形交面
@-@	图形的长度或者周长
@@	图形的中心

续表

<table>
<tr><th>操 作 符</th><th>描 述</th></tr>
<tr><td><-></td><td>两个图形之间的距离</td></tr>
<tr><td>&&</td><td>两个图形是否重叠(有一个共同点就为真)</td></tr>
<tr><td><<</td><td>图形是否全部在另一个图形的左边(没有相同的横坐标)</td></tr>
<tr><td>>></td><td>图形是否全部在另一个图形的右边(没有相同的横坐标)</td></tr>
<tr><td>&<</td><td>图形的最右边是否不超过另一个图形的最右边</td></tr>
<tr><td>&></td><td>图形的最左边是否不超过另一个图形的最左边</td></tr>
<tr><td><<|</td><td>图形是否全部在另一个图形的下边(没有相同的纵坐标)</td></tr>
<tr><td>|>></td><td>图形是否全部在另一个图形的上边(没有相同的纵坐标)</td></tr>
<tr><td>&<|</td><td>图形的最上边是否不超过另一个图形的最上边</td></tr>
<tr><td>|&></td><td>图形的最下边是否不超过另一个图形的最下边</td></tr>
<tr><td><^</td><td>图形是否低于另一个图形(允许两个图形有接触)</td></tr>
<tr><td>>^</td><td>图形是否高于另一个图形(允许两个图形有接触)</td></tr>
<tr><td>? #</td><td>两个图形是否相交</td></tr>
<tr><td>? -</td><td>图形是否处于水平位置</td></tr>
<tr><td>? |</td><td>图形是否处于竖直位置</td></tr>
<tr><td>? -|</td><td>两条线是否垂直</td></tr>
<tr><td>? ||</td><td>两条线是否平行</td></tr>
<tr><td>@></td><td>图形是否包含另一个图形</td></tr>
<tr><td><@</td><td>图形是否被包含于另一个图形</td></tr>
<tr><td>～=</td><td>两个图形是否相同</td></tr>
</table>

表 4-34 几何函数

函 数	返 回 类 型	描 述
area(object)	double precision	计算图形的面积
center(object)	point	计算图形的中心
diameter(circle)	double precision	计算圆的直径
height(box)	double precision	矩形的竖直高度
isclosed(path)	Boolean	图形是否为闭合路径
isopen(path)	Boolean	图形是否为开放路径
length(object)	double precision	计算图形的长度
npoints(path)	int	计算路径的顶点数
npoints(polygon)	int	计算多边形的顶点数
pclose(path)	path	把路径转换为闭合路径
popen(path)	path	把路径转换为开放路径
radius(circle)	double precision	计算圆的半径
width(box)	double precision	计算矩形的水平尺寸

2. SQL 脚本示例

(1) 图形平移指令 1。

```
tpcc = # SELECT box '((0,0),(1,1))' + point '(2.0,0)' AS RESULT;
```

图形平移结果1：

```
  result
--------------
 (3,1),(2,0)
(1 row)
```

(2) 图形平移指令2。

```
tpcc=# SELECT box '((0,0),(1,1))' - point '(2.0,0)' AS RESULT;
```

图形平移结果2：

```
  result
-----------------
 (-1,1),(-2,0)
(1 row)
```

(3) 图形求交面指令。

```
tpcc=# SELECT box '((1,-1),(-1,1))' # box '((1,1),(-2,-2))' AS RESULT;
```

图形求交面结果：

```
  result
-----------------
 (1,1),(-1,-1)
(1 row)
```

(4) 图形求周长指令。

```
tpcc=# SELECT @-@ path '((0,0),(1,0))' AS RESULT;
```

图形求周长结果：

```
result
--------
     2
(1 row)
```

(5) 图形求面积指令。

```
tpcc=# SELECT area(box '((0,0),(1,1))') AS RESULT;
```

图形求面积结果：

```
result
--------
      1
(1 row)
```

(6) 图形求直径指令。

```
tpcc = # SELECT diameter(circle '((0,0),2.0)') AS RESULT;
```

图形求直径结果：

```
result
--------
      4
(1 row)
```

(7) 闭合图形判断指令。

```
tpcc = # SELECT isclosed(path '((0,0),(1,0),(2,0))') AS RESULT;
```

闭合图形判断结果：

```
result
--------
 t
(1 row)
```

4.6 触发器

触发器是对应用动作的响应机制，当应用对一个对象发起DML操作时，就会产生一个触发事件(Event)。如果该对象上拥有该事件对应的触发器，就会检查触发器的触发条件(Condition)是否满足，如果满足触发条件，就会执行触发动作(Action)。

4.6.1 创建触发器

1. 注意事项

(1) 当前仅支持在普通行存表上创建触发器，不支持在列存表、临时表、unlogged表等上创建触发器。

(2) 如果为同一事件定义了多个相同类型的触发器，则按触发器的名称字母顺序触发它们。

(3) 触发器常用于多表间数据关联同步场景，对 SQL 执行性能影响较大，不建议在大数据量同步及对性能要求高的场景中使用。

2. 语法格式

(1) 创建触发器。

```
CREATE [ CONSTRAINT ] TRIGGER trigger_name { BEFORE | AFTER | INSTEAD OF } { event [ OR ... ] }
    ON table_name
    [ FROM referenced_table_name ]
    { NOT DEFERRABLE | [ DEFERRABLE ] { INITIALLY IMMEDIATE | INITIALLY DEFERRED } }
    [ FOR [ EACH ] { ROW | STATEMENT } ]
    [ WHEN ( condition ) ]
EXECUTE PROCEDURE function_name ( arguments );
```

其中 event 包含以下几种：

```
INSERT
    UPDATE [ OF column_name [, ... ] ]
    DELETE
    TRUNCATE
```

(2) 创建触发器函数。

```
CREATE [ OR REPLACE ] FUNCTION function_name
    ( [ { argname [ argmode ] argtype [ { DEFAULT | : = | = } expression ]} [, ...] ] )
    [ RETURNS rettype [ DETERMINISTIC ] | RETURNS TABLE ( { column_name column_type } [, ...] ) ]
    LANGUAGE lang_name
    [
       {IMMUTABLE | STABLE | VOLATILE }
        | {SHIPPABLE | NOT SHIPPABLE}
        | WINDOW
        | [ NOT ] LEAKPROOF
        | {CALLED ON NULL INPUT | RETURNS NULL ON NULL INPUT | STRICT }
        | {[ EXTERNAL ] SECURITY INVOKER | [ EXTERNAL ] SECURITY DEFINER | AUTHID DEFINER |
AUTHID CURRENT_USER}
        | {fenced | not fenced}
        | {PACKAGE}

        | COST execution_cost
        | ROWS result_rows
        | SET configuration_parameter { {TO | = } value | FROM CURRENT }}
    ][...]
    {
        AS 'definition'
    }
```

触发器要求用户定义的函数，必须声明为不带参数并且返回类型为触发器，在触发器触发时执行。执行触发器时要提供给函数可选的、以逗号分隔的参数列表。参数是文字字符串常量，简单的名称和数字常量也可以写在这里，但它们都将被转换为字符串。请检查触发器函数的实现语言的描述，以了解如何在函数内访问这些参数。

3. 用法示例

```
tpcc=# create or replace function trig_example() returns trigger as $$ declare begin raise
notice '%', TG_NAME; return new; end; $$ language plpgsql;
CREATE FUNCTION
tpcc=# create trigger trig_example before insert on customer for each statement execute
procedure trig_example();
CREATE TRIGGER
```

4.6.2 查看触发器

如表4-35所示，PG_TRIGGER系统表用于存储触发器信息。

表4-35 PG_TRIGGER

名　称	类　型	描　述
oid	oid	行标识符(隐藏属性，必须明确选择)
tgrelid	oid	触发器所在表的OID
tgname	name	触发器名
tgfoid	oid	要被触发器调用的函数
tgtype	smallint	触发器类型
tgenabled	char	O=触发器在origin和local模式下触发 D=触发器被禁用 R=触发器在replica模式下触发 A=触发器始终触发
tgisinternal	boolean	内部触发器标识，如果为true，则表示内部触发器
tgconstrrelid	oid	完整性约束引用的表
tgconstrindid	oid	完整性约束的索引
tgconstraint	oid	约束触发器在pg_constraint中的OID
tgdeferrable	boolean	约束触发器是否为DEFERRABLE类型
tginitdeferred	boolean	约束触发器是否为INITIALLY DEFERRED类型
tgnargs	smallint	触发器函数的入参个数
tgattr	int2vector	当触发器指定列时的列号，若未指定，则为空数组
tgargs	bytea	传递给触发器的参数
tgqual	pg_node_tree	表示触发器的WHEN条件，如果没有，则为null
tgowner	oid	触发器的所有者

查看表细节也可以看到创建的触发器，如图4-11所示。

```
tpcc=#  \d customer
              Table "public.customer"
     Column      |            Type             | Modifiers
-----------------+-----------------------------+-----------
 c_id            | integer                     |
 c_d_id          | integer                     |
 c_w_id          | integer                     |
 c_first         | character varying(16)       |
 c_middle        | character(2)                |
 c_last          | character varying(16)       |
 c_street_1      | character varying(20)       |
 c_street_2      | character varying(20)       |
 c_city          | character varying(20)       |
 c_state         | character(2)                |
 c_zip           | character(9)                |
 c_phone         | character(16)               |
 c_since         | timestamp without time zone |
 c_credit        | character(2)                |
 c_credit_lim    | numeric(24,12)              |
 c_discount      | real                        |
 c_balance       | numeric(24,12)              |
 c_ytd_payment   | numeric(24,12)              |
 c_payment_cnt   | real                        |
 c_delivery_cnt  | real                        |
 c_data          | character varying(500)      |
Triggers:
    tg1 BEFORE INSERT ON customer FOR EACH STATEMENT EXECUTE PROCEDURE debug()
    tpcc_tg BEFORE INSERT ON customer FOR EACH STATEMENT EXECUTE PROCEDURE debug()
```

图 4-11 查看创建的触发器

4.6.3 触发器的使用

对于已经创建完成的触发器，执行响应的数据库操作就会直接触发。

```
---- 插入触发器的使用
tpcc = # INSERT INTO customer (c_id, c_d_id, c_w_id) VALUES (10000, 10000, 20000);
NOTICE:  trig_example
INSERT 0 1
---- 更新触发器的使用
tpcc = # create or replace function update_example() returns trigger as $ $ declare begin
raise notice '%', 'update'; return new; end; $ $ language plpgsql;
CREATE FUNCTION
tpcc = # create trigger update_example before update on customer for each statement execute
procedure update_example();
CREATE TRIGGER
tpcc = # UPDATE customer SET c_balance = 10.3 WHERE c_id = 10000;
NOTICE:  update
UPDATE 2
```

4.6.4 删除和修改触发器

1. 注意事项

只有触发器的所有者可以执行 DROP/ALTER TRIGGER 操作，系统管理员默认拥有此权限。

2. 语法格式

```
DROP TRIGGER [ IF EXISTS ] trigger_name ON table_name [ CASCADE | RESTRICT ];
ALTER TRIGGER trigger_name ON table_name RENAME TO new_name;
```

3. 用法示例

```
---- 修改触发器
tpcc = # ALTER TRIGGER update_example ON customer RENAME TO update_example_renamed;
ALTER TRIGGER
---- 禁用触发器
tpcc = # ALTER TABLE customer DISABLE TRIGGER update_example_renamed;
ALTER TABLE
tpcc = # UPDATE customer SET c_balance = 5.1 WHERE c_id = 10000;
UPDATE 2
---- 禁用当前表上所有的触发器
tpcc = # ALTER TABLE customer DISABLE TRIGGER ALL;
ALTER TABLE
---- 删除触发器
tpcc = # DROP TRIGGER update_example_renamed ON customer;
DROP TRIGGER
tpcc = # DROP TRIGGER trig_example ON customer;
DROP TRIGGER
```

4.7 存储过程

商业规则和业务逻辑可以通过程序存储在 openGauss 中，这个程序就是存储过程。存储过程是 SQL 和 PL/SQL 的组合。存储过程使执行商业规则的代码可以从应用程序中移动到数据库，从而代码存储一次能够被多个程序使用。

4.7.1 创建存储过程

1. 注意事项

（1）如果创建存储过程时参数或返回值带有精度，则不进行精度检测。

（2）创建存储过程时，建议存储过程定义中对表对象的操作都显示指定模式，否则可能导致存储过程执行异常。

（3）在创建存储过程时，存储过程内部通过 SET 语句设置 current_schema 和 search_path 无效。执行函数后的 search_path 和 current_schema 与执行函数前的 search_path 和 current_schema 保持一致。

（4）如果存储过程参数中带有出参，使用 SELECT 调用存储过程必须缺省出参，使用

CALL调用存储过程时必须指定出参，对于重载的package()函数，out参数可以缺省，具体信息参见CALL的示例。

(5) 存储过程指定package属性时支持重载。

(6) 创建procedure时，不能在avg()函数的外面嵌套其他的agg()函数，或者其他的系统函数。

2. 语法格式

```
CREATE [ OR REPLACE ] PROCEDURE procedure_name
    [ ( {[ argmode ] [ argname ] argtype [ { DEFAULT | := | = } expression ]}[,...]) ]
    [
       { IMMUTABLE | STABLE | VOLATILE }
       | { SHIPPABLE | NOT SHIPPABLE }
       | {PACKAGE}
       | [ NOT ] LEAKPROOF
       | { CALLED ON NULL INPUT | RETURNS NULL ON NULL INPUT | STRICT }
       | {[ EXTERNAL ] SECURITY INVOKER | [ EXTERNAL ] SECURITY DEFINER | AUTHID DEFINER |
AUTHID CURRENT_USER}
       | COST execution_cost
       | SET configuration_parameter { TO value| = value | FROM CURRENT }
    ][ ... ]
 { IS | AS }
plsql_body
/
```

3. 用法示例

```
tpcc=# CREATE PROCEDURE insert_procedure(a integer, b integer) AS BEGIN INSERT INTO customer
VALUES (a, b, 2000); END
tpcc$# /
CREATE PROCEDURE
```

4.7.2 调用存储过程

1. 语法格式

```
SELECT procedure_name [(传参)]
```

2. 用法示例

```
tpcc=# SELECT insert_procedure(1000, 1000);
 insert_procedure
------------------
(1 row)
```

4.7.3 查看存储过程

1. 语法格式

(1) 查看所有的存储过程。

```
SELECT * FROM pg_proc;
```

(2) 查看特定存储过程创建语句。

```
SELECT procname, prosrc FROM pg_proc WHERE proname = 'function_name';
```

2. 用法示例

查询所有存储过程的部分查询结果：

```
                proname                 | proowner
----------------------------------------+----------
 abbrev                                 |       10
 abbrev                                 |       10
 abs                                    |       10
 abs                                    |       10
 abs                                    |       10
 abs                                    |       10
 abs                                    |       10
 abs                                    |       10
 abstime                                |       10
 abstime                                |       10
 abstimeeq                              |       10
 abstimege                              |       10
 abstimegt                              |       10
 abstimein                              |       10
 abstimele                              |       10
 abstimelt                              |       10
 abstimene                              |       10
 abstimeout                             |       10
 abstimerecv                            |       10
 abstimesend                            |       10
 aclcontains                            |       10
 acldefault                             |       10
 aclexplode                             |       10
 aclinsert                              |       10
```

4.7.4 删除存储过程

1. 语法格式

```
DROP PROCEDURE [ IF EXISTS ] procedure_name;
```

2. 用法示例

```
tpcc = # DROP PROCEDURE insert_data;
DROP PROCEDURE
```

4.8 小结

本章主要介绍了数据库有关组件的实验原理和方法，包括数据模式、SQL 语法、数据表索引、数据视图使用、数据函数使用和定义、存储过程，以及触发器的使用和定义。

4.1 节介绍了数据库设计的基础——概念结构设计，要求数据库结构设计具备真实充分地反应现实世界、易于理解、易于更改、通用性强四个特点。4.2 节接着介绍了针对数据库 SQL 的基础实验，包括数据表的建立、数据导入以及各种数据类型的定义。4.3 节介绍了数据库索引相关的操作，包括创建索引、修改索引属性，以及重建索引。4.4 节介绍了数据库视图的使用方法，包括创建视图、修改视图、删除视图。4.5 节主要介绍了 openGauss 中提供的丰富的函数。4.6 节介绍了触发器的使用场景和用法。4.7 节介绍了存储过程的意义和使用方法。

4.9 习题

1. 举例说明数据库 E-R 模型中的实体是什么含义。
2. 使用 SQL 函数计算日期'2020-12-31'100 天之后的日期。
3. 具体说明触发器的使用场景。
4. 定义一个存储过程，实现 3 个数字中取最大值的操作。

第5章

openGauss 查询优化

随着数据和用户体量的快速增长,传统的数据库面临多方面难以解决的性能优化问题,比如如何按需配置数据库参数、如何准确估计查询基数、如何选择物理执行计划、如何自动诊断造成性能瓶颈的查询语句等。针对以上问题,本章首先介绍查询优化的整体流程(5.1节);然后分别从查询命令和人工智能算法两个方面提供性能优化能力:一方面,openGauss 提供 SQL 执行信息的查询接口(如解释命令(EXPLAIN)、分析命令(ANALYZE))和 SQL 物理优化接口(如 HINT),方便数据库用户手动分析和优化查询语句(5.2~5.4节);另一方面,openGauss 内置了一些智能调优算法,利用人工智能算法(如卷积网络、循环神经网络)高维拟合和自学习等能力,支撑特定场景下的性能优化,如自动参数优化、查询性能预测、索引推荐(5.5~5.7节)等。

5.1 查询优化

由于一条 SQL 语句可能对应多种等价的执行计划,而且计划的执行效率受到数据库多方面组件(如优化器参数、并发负载)的影响,openGauss 主要从两个方面提供查询优化能力。一方面,openGauss 通过提供执行信息的接口(如解释命令、分析命令、提示命令),方便用户和数据库运维人员查看物理计划、估计的执行效率和真实的执行效率,并对物理连接顺序、连接类型进行指定;另一方面,openGauss 利用人工智能技术优化数据库的性能,从而获得更好的执行表现,包括自动参数优化、查询性能预测和索引推荐。如表5-1所示,首先,openGauss 根据数据库历史负载和当前状态推荐合适的参数(5.5节);其次,opengGauss 在数据库运行中,通过预测未来负载的执行时间,决定是否执行查询诊断和修复等功能(5.6节);最后,针对执行效率较低的查询或整个负载,openGauss 可以利用强化学习等算法自动推荐合适的索引(见5.7节)。

表5-1 查询优化功能

查询优化方式	功　能	功能描述
查询优化接口	解释命令	打印出执行计划和估计的执行开销
	分析命令	打印出执行计划和实际的执行时间
	提示命令	指定物理执行逻辑,包括算子类型、连接顺序等
智能查询优化	参数调优	利用多种统计和强化学习算法自动调整参数配置
	性能预测	利用深度图嵌入等算法估计查询的执行时间
	索引推荐	利用爬山法、强化学习等算法推荐索引

5.2 查询解释命令

查询解释命令(EXPLAIN)是提供查询优化信息的第一环。对于复杂、执行效率低的SQL语句,数据库使用者通常会利用查询解释命令打印出的执行计划分析SQL语句。openGauss在传统PostgreSQL查询解释命令的语法基础上做了进一步扩充。本节将从功能描述、语法格式、参数说明和具体案例四个方面详细介绍查询解释命令的使用。

5.2.1 功能描述

EXPLAIN用于显示查询语句的执行计划。执行计划将显示查询语句所引用的表会采用什么样的扫描方式,如简单的顺序扫描、索引扫描等。如果引用了多个表,执行计划还会显示用到的连接算法。执行计划最关键的部分是语句的预计执行开销,这是计划生成器估算执行该语句将花费多长时间。若指定分析(ANALYZE)选项,则该语句会被执行,然后根据实际的运行结果显示统计数据,包括每个计划节点内的时间总开销(毫秒为单位)和实际返回的总行数。这对判断计划生成器的估计是否接近现实非常有用。

5.2.2 语法格式

EXPLAIN字段的基本语法用于显示查询语句的执行计划,支持多种选项,对选项顺序无要求,格式如下:

```
EXPLAIN [ ( option [, ...] ) ] statement;
```

其中选项option字段可以通过指定参数查看物理执行计划、执行开销、调试状态等多种信息,语法如下:

```
ANALYZE [ boolean ] |
ANALYSE [ boolean ] |
VERBOSE [ boolean ] |
COSTS [ boolean ] |
CPU [ boolean ] |
DETAIL [ boolean ] |
NODES [ boolean ] |
NUM_NODES [ boolean ] |
BUFFERS [ boolean ] |
TIMING [ boolean ] |
PLAN [ boolean ] |
FORMAT { TEXT | XML | JSON | YAML }
```

其中,当需要显示SQL语句的执行计划时,要按顺序给出选项:

```
EXPLAIN { [ { ANALYZE | ANALYSE } ] [ VERBOSE ] | PERFORMANCE } statement;
```

在指定 ANALYZE 选项时，语句会被执行。如果用户想使用解释语句分析插入(INSERT)、更新(UPDATE)、删除(DELETE)、创建新表(CREATE TABLE AS)或执行(EXECUTE)语句，而不想改动数据(执行这些语句会影响数据)，请采用下面这种方法：

```
START TRANSACTION;
EXPLAIN ANALYZE ...;
ROLLBACK;
```

5.2.3 参数说明

5.2.2 节举例介绍了 ANALYZE、VERBOSE 等参数在 openGauss 中的应用。表 5-2 给出 openGauss 数据库中解释命令支持的所有参数。

表 5-2 openGauss 数据库中解释命令支持的所有参数

参 数 名	含 义
STATEMENT	指定要分析的查询语句
ANALYZE boolean | ANALYSE boolean	显示实际运行时间和其他统计数据
VERBOSE boolean	显示有关计划的额外信息
COSTS boolean	包括每个规划节点的估计总成本，以及估计的行数和每行的宽度
CPU boolean	打印 CPU 的使用情况的信息
DETAIL boolean	打印数据库节点上的信息
NODES boolean	打印查询执行的节点信息
NUM_NODES boolean	打印执行中的节点的个数信息
BUFFERS boolean	包括缓冲区的使用情况的信息
TIMING boolean	包括实际的启动时间和花费在输出节点上的时间信息
PLAN	是否将执行计划存储在 plan_table 中。当该选项开启时，会将执行计划存储在 PLAN_TABLE 中，不打印到当前屏幕，因此该选项为 on 时，不能与其他选项同时使用
FORMAT	指定输出格式：TEXT(默认值)、XML、JSON 和 YAML

5.2.4 示例

本节给出一个 openGauss 中使用 EXPLAIN 解释查询语句的示例。

(1) 创建一个表 tpcds.customer_address_p1：

```
opengauss = # CREATE TABLE tpcds.customer_address_p1 AS TABLE tpcds.customer_address;
```

（2）修改 explain_perf_mode 为 normal：

```
opengauss=# SET explain_perf_mode=normal;
```

（3）显示简单查询的执行计划：

```
opengauss=# EXPLAIN SELECT * FROM tpcds.customer_address_p1;
QUERY PLAN
--------------------------------------------------
Data Node Scan (cost=0.00..0.00 rows=0 width=0)
Node/s: All dbnodes
(2 rows)
```

（4）以 JSON 格式输出的执行计划（explain_perf_mode 为 normal 时）：

```
opengauss=# EXPLAIN(FORMAT JSON) SELECT * FROM tpcds.customer_address_p1;
QUERY PLAN
---------------------------------------------------------------------
 [                                      +
   {                                    +
     "Plan": {                          +
       "Node Type": "Data Node Scan",   +
       "Startup Cost": 0.00,            +
       "Total Cost": 0.00,              +
       "Plan Rows": 0,                  +
       "Plan Width": 0,                 +
       "Node/s": "All dbnodes"          +
     }                                  +
   }                                    +
 ]
(1 row)
```

（5）如果有一个索引，使用一个带索引条件（WHERE）的查询时，可能会显示一个不同的计划：

```
opengauss=# EXPLAIN SELECT * FROM tpcds.customer_address_p1 WHERE ca_address_sk=10000;
QUERY PLAN
---------------------------------------------------------------------
Data Node Scan (cost=0.00..0.00 rows=0 width=0)
Node/s: dn_6005_6006
(2 rows)
```

（6）以 YAML 格式输出的执行计划（explain_perf_mode 为 normal 时）：

```
opengauss=# EXPLAIN(FORMAT YAML) SELECT * FROM tpcds.customer_address_p1 WHERE ca_address_
sk=10000;
```

```
QUERY PLAN
----------------------------------
 - Plan:                          +
     Node Type: "Data Node Scan"  +
     Startup Cost: 0.00           +
     Total Cost: 0.00             +
     Plan Rows: 0                 +
     Plan Width: 0                +
     Node/s: "dn_6005_6006"
(1 row)
```

(7) 禁止开销估计的执行计划：

```
opengauss=# EXPLAIN(COSTS FALSE)SELECT * FROM tpcds.customer_address_p1 WHERE ca_address_
sk=10000;
QUERY PLAN
--------------------------------------------------------------------------
 Data Node Scan
   Node/s: dn_6005_6006
(2 rows)
```

(8) 带有聚集函数查询的执行计划：

```
opengauss=# EXPLAIN SELECT SUM(ca_address_sk) FROM tpcds.customer_address_p1 WHERE ca_
address_sk<10000;
QUERY PLAN
--------------------------------------------------------------------------
 Aggregate  (cost=18.19..14.32 rows=1 width=4)
   ->  Streaming (type: GATHER)  (cost=18.19..14.32 rows=3 width=4)
         Node/s: All dbnodes
         ->  Aggregate  (cost=14.19..14.20 rows=3 width=4)
               ->  Seq Scan on customer_address_p1  (cost=0.00..14.18 rows=10 width=4)
                     Filter: (ca_address_sk < 10000)
(6 rows)
```

(9) 删除表 tpcds.customer_address_p1：

```
opengauss=# DROP TABLE tpcds.customer_address_p1;
```

5.3 查询分析命令

查询分析命令(ANALYZE)本质上是一个查询性能分析工具，可以详细显示出查询语句执行过程中，比如计划在哪儿花费了多少时间。它会做出查询计划，并且会实际执行查询计划,以测量查询计划中各个关键点的实际指标,例如耗时、条数,最后详细打印出来,方便用户分析执行表现和慢查询的原因。本节分别从功能描述、语法格式和具体案例3个方面详细介绍查询分析命令的使用。

5.3.1 功能描述

ANALYZE收集与数据库中普通表内容相关的统计信息,统计结果存储在系统表PG_STATISTIC下。执行计划生成器会使用这些统计数据,以确定最有效的执行计划。如果没有指定参数,ANALYZE会分析当前数据库中的每个表和分区表。同时也可以通过指定表名、列名和分区名参数把分析限定在特定的表、列或分区表中。ANALYZE|ANALYSE VERIFY用于检测数据库中普通表(行存储、列存储)的数据文件是否损坏。

5.3.2 语法格式

ANALYZE方便用户分步解析一条查询语句在执行过程中的表信息、分区表信息、列信息等统计数据。

(1) 如果用户需要收集表的统计信息,则执行如下命令:

```
{ ANALYZE | ANALYSE } [ VERBOSE ]
[ table_name [ ( column_name [, ...] ) ] ];
```

(2) 如果用户需要收集分区表的统计信息,则执行如下命令:

```
{ ANALYZE | ANALYSE } [ VERBOSE ]
    [ table_name [ ( column_name [, ...] ) ] ]
    PARTITION ( patrition_name ) ;
```

普通分区表目前支持针对某个分区的统计信息的语法,但功能上不支持针对某个分区的统计信息收集。

(3) 如果用户需要收集多列统计信息,则执行如下命令:

```
{ANALYZE | ANALYSE} [ VERBOSE ]
    table_name (( column_1_name, column_2_name [, ...] ));
```

收集多列统计信息时,请设置GUC参数default_statistics_target为负数,以使用百分比采样方式。此外,每组多列统计信息最多支持32列,而且目前openGauss不支持收集多列统计信息的表。

(4) 当用户需要检测当前库的数据文件时,执行如下命令:

```
{ANALYZE | ANALYSE} VERIFY {FAST|COMPLETE};
```

执行检测数据文件的命令时,需要注意以下几点:

① 支持对全库进行操作，由于涉及的表较多，建议以重定向保存结果，命令如下：

```
gsql -d database -p port -f "verify.sql"> verify_warning.txt 2>&1
```

② 对外提示(NOTICE)只核对外可见的表，内部表的检测会包含在它所依赖的外部表中，不对外显示和呈现。

③ 命令的可容错级别的处理。由于调试版本的断言(Assert)可能导致core无法继续执行命令，建议在发布模式(Release Mode)下操作。全库操作时，若关键系统表出现损坏，则直接报错，不再继续执行。

④ ANALYZE参数非临时表不能在一个匿名块、事务块、函数或存储过程内被执行。支持存储过程中分析临时表，不支持统计信息回滚操作。ANALYZE VERIFY操作处理的大多为异常场景检测，需要使用发布版本。ANALYZE VERIFY场景不触发远程读，因此远程读参数不生效。关键系统表出现错误被系统检测出页面损坏时，将直接报错，不再继续检测。

(5) 当需要检测表和索引的数据文件时，执行以下命令：

```
{ANALYZE | ANALYSE} VERIFY {FAST|COMPLETE} table_name|index_name [CASCADE];
```

支持对普通表的操作和对索引表的操作，但不支持对索引表索引使用瀑布操作(CASCADE Operation)，原因是瀑布模式用于处理主表的所有索引表，当单独对索引表进行检测时，无须使用瀑布模式(CASCADE Mode)。

此外，对主表进行检测会同步检测主表的内部表，例如toast表、cudesc表等。当提示索引表损坏时，建议使用重新索引(Reindex)命令进行重建索引操作。

(6) 如果需要检测分区表的数据文件，则执行以下命令：

```
{ANALYZE | ANALYSE} VERIFY {FAST|COMPLETE} table_name PARTITION {(patrition_name)}[CASCADE];
```

该语法支持对表的单独分区进行检测操作，但不支持对索引表index使用CASCADE操作。

5.3.3 示例

本节给出一个openGauss中使用ANALYZE解释查询语句的示例。

(1) 创建表：

```
opengauss = # CREATE TABLE customer_info
(
WR_RETURNED_DATE_SK        INTEGER                    ,
WR_RETURNED_TIME_SK        INTEGER                    ,
WR_ITEM_SK                 INTEGER          NOT NULL,
WR_REFUNDED_CUSTOMER_SK    INTEGER);
```

(2) 创建分区表：

```
opengauss = # CREATE TABLE customer_par
(
WR_RETURNED_DATE_SK         INTEGER                         ,
WR_RETURNED_TIME_SK         INTEGER                         ,
WR_ITEM_SK                  INTEGER              NOT NULL,
WR_REFUNDED_CUSTOMER_SK     INTEGER
)
PARTITION BY RANGE(WR_RETURNED_DATE_SK)
(
PARTITION P1 VALUES LESS THAN(2452275),
PARTITION P2 VALUES LESS THAN(2452640),
PARTITION P3 VALUES LESS THAN(2453000),
PARTITION P4 VALUES LESS THAN(MAXVALUE)
)
ENABLE ROW MOVEMENT;
```

(3) 使用 ANALYZE 语句更新统计信息：

```
opengauss = # ANALYZE customer_info;
opengauss = # ANALYZE customer_par;
```

(4) 使用 ANALYZE VERBOSE 语句更新统计信息，并输出表的相关信息：

```
opengauss = # ANALYZE VERBOSE customer_info;
INFO:   analyzing "cstore.pg_delta_3394584009"(cn_5002 pid = 53078)
INFO:   analyzing "public.customer_info"(cn_5002 pid = 53078)
INFO:   analyzing "public.customer_info" inheritance tree(cn_5002 pid = 53078)
ANALYZE
```

若环境有故障，需查看数据库主节点的 log。

(5) 删除表，恢复原始实验环境：

```
opengauss = # DROP TABLE customer_info;
opengauss = # DROP TABLE customer_par;
```

5.4 优化提示命令

优化提示命令(HINT)可以帮助用户对查询语句的执行计划进行“提示”，比如改变部分表的执行顺序、连接方式等。

5.4.1　功能描述

HINT 为用户提供了直接影响执行计划生成的手段。SQL HINT 影响执行计划的生成、SQL 查询性能的提升。用户可以通过指定连接顺序连接流处理、表扫描等方法，或者指定结果行数等多个手段进行执行计划的调优，以提升查询的性能。

5.4.2　连接顺序提示

连接顺序提示用于指明连接的顺序，包括不指定内外表顺序和指定内外表顺序。

（1）仅指定连接顺序，不指定内外表顺序：

```
leading(join_table_list)
```

（2）同时指定 join 顺序和内外表顺序，内外表顺序仅在最外层生效：

```
leading((join_table_list))
```

其中，join_table_list 为表示表连接顺序的提示字符串，可以包含当前层的任意个表（别名），或对于子查询提升的场景，也可以包含子查询的提示别名，同时任意表可以使用括号指定优先级，表之间使用空格分隔。注意：表只能用单个字符串表示，不能带 schema；表如果存在别名，需要优先使用别名表示该表。

此外，join table list 中指定的表需要满足以下要求，否则会报语义错误。

（1）表必须在当前层或提升的子查询中存在。

（2）表在当前层或提升的子查询中必须是唯一的。如果不唯一，需要使用不同的别名进行区分。

（3）同一个表只能在 list 里出现一次。

（4）如果表存在别名，则 list 中的表需要使用别名。例如，leading(t1 t2 t3 t4 t5)表示 t1，t2，t3，t4，t5 先 join，5 个表的 join 顺序及内外表不限。leading((t1 t2 t3 t4 t5))表示：t1 和 t2 先 join，t2 做内表；再和 t3 join，t3 做内表；再和 t4 join，t4 做内表；再和 t5 join，t5 做内表。leading(t1 (t2 t3 t4) t5)表示：t2，t3，t4 先 join，内外表不限；再和 t1，t5 join，内外表不限。leading((t1 (t2 t3 t4) t5))表示：t2，t3，t4 先 join，内外表不限；在最外层，t1 再和 t2，t3，t4 的 join 表 join，t1 为外表，再和 t5 join，t5 为内表。leading((t1 (t2 t3) t4 t5)) leading((t3 t2))表示：t2，t3 先 join，t2 做内表；然后再和 t1 join，t2，t3 的 join 表做内表；之后依次跟 t4，t5 做 join，t4，t5 做内表。对示例中的原语句使用如下的 HINT：

```
explain
select /* + leading((((((store_sales store) promotion) item) customer) ad2) store_returns)
leading((store store_sales)) */ i_product_name product_name ...
```

该提示命令表示表之间的 join 关系是：store_sales 和 store 先 join，store_sales 做内表，然后依次与 promotion，item，customer，ad2，store_returns 做 join。生成的计划如图 5-1 所示。

```
WARNING:  Duplicated or conflict hint: Leading(store_sales store), will be discarded.
                                                                                  QUERY PLAN
-----------------------------------------------------------------------------------------------------------------------------------------------
 HashAggregate  (cost=55.24..55.25 rows=1 width=880)
   Group By Key: item.i_product_name, item.i_item_sk, store.s_store_name, store.s_zip, ad2.ca_street_number, ad2.ca_street_name, ad2.ca_city, ad2.ca_zip
   ->  Nested Loop  (cost=29.93..55.21 rows=1 width=776)
         ->  Nested Loop  (cost=29.93..54.80 rows=1 width=784)
               ->  Nested Loop  (cost=29.93..54.11 rows=1 width=424)
                     ->  Nested Loop  (cost=29.93..53.70 rows=1 width=424)
                           Join Filter: (store_sales.ss_item_sk = item.i_item_sk)
                           ->  Seq Scan on item  (cost=0.00..11.16 rows=1 width=208)
                                 Filter: ((i_current_price >= 35::numeric) AND (i_current_price <= 45::numeric) AND (i_current_price >= 36::numeric) AND (i_current_price <= 50::numeric) AND (i_color
= ANY ('{maroon,burnished,dim,steel,navajo,chocolate}'::bpchar[])))
                           ->  Hash Join  (cost=29.93..41.99 rows=44 width=216)
                                 Hash Cond: (promotion.p_promo_sk = store_sales.ss_promo_sk)
                                 ->  Seq Scan on promotion  (cost=0.00..11.18 rows=118 width=4)
                                 ->  Hash  (cost=29.00..29.00 rows=74 width=220)
                                       ->  Hash Join  (cost=17.61..29.00 rows=74 width=220)
                                             Hash Cond: (store.s_store_sk = store_sales.ss_store_sk)
                                             ->  Seq Scan on store  (cost=0.00..10.44 rows=44 width=186)
                                             ->  Hash  (cost=13.38..13.38 rows=338 width=62)
                                                   ->  Seq Scan on store_sales  (cost=0.00..13.38 rows=338 width=62)
                     ->  Index Scan using customer_pkey on customer  (cost=0.00..0.40 rows=1 width=8)
                           Index Cond: (c_customer_sk = store_sales.ss_customer_sk)
               ->  Index Scan using customer_address_pkey on customer_address ad2  (cost=0.00..0.68 rows=1 width=368)
                     Index Cond: (ca_address_sk = customer.c_current_addr_sk)
         ->  Index Only Scan using store_returns_pkey on store_returns  (cost=0.00..0.41 rows=1 width=8)
               Index Cond: ((sr_item_sk = store_sales.ss_item_sk) AND (sr_ticket_number = store_sales.ss_ticket_number))
(24 rows)
```

图 5-1　包括顺序提示的执行计划

5.4.3 连接方式提示

连接方式提示用于选择 Join 使用的方法，包括 Nested Loop、Hash Join 和 Merge Join，命令语法如下：

```
[no] nestloop|hashjoin|mergejoin(table_list)
```

(1) no 表示 HINT 的 join 方式不使用。例如，no nestloop(t1 t2 t3)表示生成 t1，t2，t3 三表连接计划时，不使用 nestloop。

(2) table_list 表示 HINT 表集合的字符串，该字符串中的表与 join_table_list 相同，只是中间不允许出现括号指定 join 的优先级。

(3) 三表连接计划可能是 t2，t3 先 join，再与 t1 join，或 t1，t2 先 join，再与 t3 join。对于多表连接，HINT 只能指定最后一次 join 使用的连接方式，对于两表连接的方法不 HINT。如果需要，可以单独指定。例如，任意表均不允许 nestloop 连接，且希望 t2，t3 先 join，则增加 HINT：no nestloop(t2 t3)。示例如下：

```
explain
select /* + nestloop(store_sales store_returns item) */ i_product_name product_name ...
```

该 HINT 表示表之间的 join 关系是：store_sales 和 store 先 join，store_sales 做内表，然后依次与 promotion，item，customer，ad2，store_returns 做 join。

5.4.4 行数方式提示

行数方式提示用于指明中间结果集的大小，支持绝对值和相对值的 HINT：

```
rows(table_list #|+|-|* const)
```

(1) #,+,-,* 为进行行数估算 HINT 的四种操作符号。#表示直接使用后面的行数进行 HINT。+,-,* 表示对原来估算的行数进行加、减、乘操作,运算后的行数最小值为 1 行。table_list 为 HINT 对应的单表或多表 join 结果集,与 Join 方式 HINT 中的 table_list 相同。

(2) const 可以是任意非负数,支持科学计数法。例如,rows(t1 #5)表示指定 t1 表的结果集为 5 行。rows(t1 t2 t3 * 1000)表示指定 t1,t2,t3 join 完的结果集的行数乘以 1000。推荐使用两个表 * 的 HINT。对于两个表的采用 * 操作符的 HINT,只要两个表出现在 join 的两端,都会触发 HINT。例如,设置 HINT 为 rows(t1 t2 * 3),对于(t1 t3 t4)和(t2 t5 t6)join 时,由于 t1 和 t2 出现在 join 的两端,所以其 join 的结果集也会应用该 HINT 规则乘以 3。rows HINT 支持在单表、多表、function table 及 subquery scan table 的结果集上指定 HINT。对示例中的原语句使用如下的 HINT:

```
explain
select /* + rows(store_sales store_returns *50) */ i_product_name product_name ...
```

该 HINT 表示表之间的 join 关系是:store_sales 和 store 先 join,store_sales 做内表,然后依次与 promotion,item,customer,ad2,store_returns 做 join。

5.4.5 提示命令的错误、冲突及告警

提示命令的结果会体现在计划的变化上,可以通过解释语句(EXPLAIN)查看变化。提示中的错误不会影响语句的执行,只是不能生效,该错误会根据语句类型以不同方式提示用户。对于解释语句,提示命令的错误会以警告(warning)形式显示在界面上;对于非解释语句,提示命令的错误会以调试级别日志显示在日志中,关键字为 PLANHINT。HINT 的错误分为以下 6 种类型。

(1) 语法错误:语法规则树归约失败,会报错,指出出错的位置。例如,HINT 关键字错误,leading HINT 或 join HINT 指定 2 个表以下,其他 HINT 未指定表等。一旦发现语法错误,则立即终止 HINT 的解析,所以此时只有错误前面的解析完的 HINT 有效,例如下面的命令:

```
leading((t1 t2)) nestloop(t1) rows(t1 t2 #10)
```

若 nestloop(t1)存在语法错误,则终止解析,可用提示命令只有之前解析的 leading((t1 t2))。

(2) 语义错误:表不存在,存在多个,或在 leading 或 join 中出现多次,均会报语义错误。scanHINT 中的 index 不存在,会报语义错误。另外,如果子查询提升后,同一层出现多个名称相同的表,且其中某个表需要被 HINT,HINT 会存在歧义,无法使用,需要为相同表增加别名规避。

(3) 提示命令重复或冲突：如果存在提示命令重复或冲突，则只有第一个提示命令生效，其他提示命令均会失效。提示重复是指提示命令的方法及表名均相同。例如，nestloop (t1 t2) nestloop(t1 t2)。提示冲突是指 table list 一样的提示命令，存在不一样的提示，提示的冲突仅对于每一类提示方法检测冲突。例如，nestloop (t1 t2) hashjoin (t1 t2)，则后面与前面冲突，此时 hashjoin 的提示失效。注意，nestloop(t1 t2)和 no mergejoin(t1 t2)不冲突。leading HINT 中的多个表会进行拆解。例如，leading ((t1 t2 t3))会拆解成 leading((t1 t2)) leading(((t1 t2) t3))，此时如果存在 leading((t2 t1))，则两者冲突，后面的会被丢弃。(例外：指定内外表的 HINT 若与不指定内外表的 HINT 重复，则始终丢弃不指定内外表的 HINT。)

(4) 子链接提升后 HINT 失效：子链接提升后的提示失效，会给出提示。这种情况通常出现在子链接中存在多个表链接的场景中。提升后，子链接中的多个表不再作为一个整体出现在链接中。

(5) 列类型不支持重分布：对于 skew HINT 来说，目的是进行重分布时的调优，所以当提示列的类型不支持重分布时，提示命令将无效。

(6) 提示未被使用：非等值 join 使用 hashjoin HINT 或 mergejoin HINT；不包含索引的表使用 indexscan HINT 或 indexonlyscan HINT。通常，只有在索引列上使用过滤条件才会生成相应的索引路径，全表扫描将不会使用索引，因此使用 indexscan HINT 或 indexonlyscan HINT 将不会使用索引。indexonlyscan 只有输出列仅包含索引列时才会使用，否则指定时仅尝试有等值连接条件的表连接，此时没有关联条件的表之间的路径将不会生成，所以指定相应的 leading，join，rows HINT 将不使用。例如，t1，t2，t3 表 join，t1 和 t2，t2 和 t3 有等值连接条件，则 t1 和 t3 不会优先连接，leading(t1 t3)不会被使用。

5.5 自动参数优化

5.5.1 工作原理

传统的数据库调优通常依靠雇佣专家(DBA)完成：专家针对指定的负载，在线下反复进行瓶颈检测、参数调整和性能对比，直至达到满意效果，这是一项非常耗时的工作，而且严重依赖专家自身的经验和知识。此外，在负载动态变化的场景下，要面临更加繁多的数据库状态和负载类型，极大地增加了这项工作的难度。虽然目前有一些基于学习的调优方法，它们由于没有充分利用系统查询负载的信息，而不具备动态适应负载变化的能力。此外，它们直接利用现有的机器学习模型，如高斯过程等，缺少针对调参问题的特征融合模型，提高调参的表现和泛化能力。

为了解决以上挑战，openGauss 提出了一种基于学习的数据库自动调优工具 X-Tuner。它是一款数据库自带的参数调优工具，通过结合深度强化学习和启发式算法，实现在无须人工干预的情况下，获取最佳数据库参数的途径。其核心思想是：基于深度强化学习算法学习在不同的环境条件下推荐参数的策略。需要注意的是,调优程序是一个独立于数据库内核之外的工具,需要提供数据库及其所在实例的用户名和登录密码信息,以便控制数据库执行基准测试集(Benchmark)进行性能测试;在启动调优程序前,要求用户测试环境交互正常,能够正常跑通基准测试集测试脚本、能够正常连接数据库。

5.5.2 实验部署

启动调优程序之前,可以通过如下命令获取帮助信息,相关参数见表5-3。

```
python main.py -- help
```

表5-3 相关参数

参 数	参数说明	取值范围
-mode,-m	指定调优程序运行的模式	train,tune
-config-file,-f	调优程序的配置文件,可选	—
-db-name	指定调优的数据库	—
-db-user	指定调优的数据库用户名	—
-port	数据库的监听端口	—
-host	数据库实例的宿主机IP	—
-host-user	数据库安装时的DBA用户名	—
-host-ssh-port	数据库实例所在宿主机的SSH端口号,可选	—
-scenario	指定调优的模式,对应3种不同的调优列表,用户可以对该调优列表进行修改	ap,htap,tp
-benchmark	由用户指定的benchmark脚本文件名	—
-model-path	调优强化学习模型存储或加载的文件路径	—
-version,-v	返回当前工具的版本号	—

部署X-Tuner工具的步骤如下:

(1) 用户进行数据库安全配置,并验证调优程序所在客户机能够正常访问到数据库实例所在的服务器。

(2) 用户向数据库实例导入数据(如TPC-C、TPC-H),根据调优程序给出的示例代码编写符合自己实际业务的基准测试集(脚本路径在基准测试集目录中),手动验证基准测试集可以正常跑通并可获得稳定的测试结果,记录下此时的测试结果,以方便后续对比调优效果。

(3) 用户在确保数据库运行正常并在无其他人使用时备份现有参数,修改调优参数列表配置文件(文件路径在参数目录中,默认配置文件是knobs_htap.py),设定需要调整的参数及其范围。

(4) 用户输入数据库链接信息,选择当前调优模式为“训练”或“调优”,启动参数调优程序。例如,在X-Tuner根目录中输入如下命令:

```
python main.py -m train -db-name opengauss\
-db-user dba -port 1234 \
-host 192.168.1.2 -host-user opengauss\
-benchmark tpcc -model-path mymodel
```

(5) 若为“训练”模式,则输出训练后的模型,程序退出;若为“调优”模式,则输出调优后的最优参数列表,程序退出。用户通过对比调优结果,自行判断是否应该设置为该参数,并手动设置为推荐参数或重置为调优前的参数。

5.6 查询性能预测

查询性能预测(Predictor)主要预测查询的执行时间,包括工具原理和实验部署两部分。

5.6.1 工作原理

查询性能预测是基于机器学习且具有在线学习能力的查询时间预测工具,通过不断学习数据库内收集的历史执行信息,实现计划的执行时间预测功能。本特性需要拉起进程AiEngine,用于模型的训练和推理。首先,为了保证openGauss处于正常状态,用户通过身份验证成功登录openGauss;用户执行的SQL语法正确无报错,且不会导致数据库异常等;历史性能数据窗口内openGauss并发量稳定,表结构、表数量不变,数据量无突变,涉及查询性能的guc参数不变;进行预测时,需要保证模型已训练并收敛;AiEngine运行环境稳定。相关接口见表5-4。

表5-4 对外接口

Request-API	功　　能	Request-API	功　　能
/check	检查模型是否被正常拉起	/track_process	查看模型训练日志
/configure	设置模型参数	/setup	加载历史模型
/train	模型训练	/predict	模型预测

AiEngine进程与内核进程发送请求进行通信,请求样例如下:

```
curl -X POST -d '{"modelName":"modelname"}' -H 'Content-Type: application/json' 'https://
IP-address:port/request-API'
```

使用此功能前,需使用openssl工具生成通信双方认证所需的证书,保证通信安全。

(1) 搭建证书生成环境,证书文件的保存路径为$GAUSSHOME/CA。复制证书生成脚本及相关文件:

```
cp path_to_predictor/install/ssl.sh $GAUSSHOME/
cp path_to_predictor/install/ca_ext.txt $GAUSSHOME/
```

(2) 复制配置文件 openssl.cnf 到 $GAUSSHOME 路径下：

```
cp $GAUSSHOME/share/om/openssl.cnf $GAUSSHOME/
```

(3) 修改 openssl.conf 配置参数：

```
dir =  $GAUSSHOME/CA/demoCA
default_md = sha256
```

至此，通信证书生成环境的准备工作完成。

(4) 生成证书及密钥：

```
cd $GAUSSHOME ; sh ssl.sh
```

(5) 根据提示设置密码。要求密码至少包含3种不同类型的字符，长度至少为8位。

```
Please enter your password:
```

(6) 根据提示输入选项：

```
Certificate Details:
        Serial Number: 1 (0x1)
        Validity
            Not Before: May 15 08:32:44 2020 GMT
            Not After : May 15 08:32:44 2021 GMT
        Subject:
            countryName                   = CN
            stateOrProvinceName           = SZ
            organizationName              = HW
            organizationalUnitName        = GS
            commonName                    = CA
        X509v3 extensions:
            X509v3 Basic Constraints:
                CA:TRUE
Certificate is to be certified until May 15 08:32:44 2021 GMT (365 days)
Sign the certificate? [y/n]:y
1 out of 1 certificate requests certified, commit? [y/n]y
```

(7) 输入拉起 AiEngine 的 IP 地址，如 IP 为 127.0.0.1。

```
Please enter your aiEngine IP: 127.0.0.1
```

(8) 根据提示输入选项：

```
Certificate Details:
        Serial Number: 2 (0x2)
        Validity
```

```
            Not Before: May 15 08:38:07 2020 GMT
            Not After : May 13 08:38:07 2030 GMT
        Subject:
            countryName                 = CN
            stateOrProvinceName         = SZ
            organizationName            = HW
            organizationalUnitName      = GS
            commonName                  = 127.0.0.1
        X509v3 extensions:
            X509v3 Basic Constraints:
                CA:FALSE
Certificate is to be certified until May 13 08:38:07 2030 GMT (3650 days)
Sign the certificate? [y/n]:y 1 out of 1 certificate requests certified, commit? [y/n]y
```

(9) 输入启动 openGauss 的 IP 地址,如 IP 为 127.0.0.1。

```
Please enter your gaussdb IP: 127.0.0.1
        Serial Number: 3 (0x3)
        Validity
            Not Before: May 15 08:41:46 2020 GMT
            Not After : May 13 08:41:46 2030 GMT
        Subject:
            countryName                 = CN
            stateOrProvinceName         = SZ
            organizationName            = HW
            organizationalUnitName      = GS
            commonName                  = 127.0.0.1
        X509v3 extensions:
            X509v3 Basic Constraints:
                CA:FALSE
Certificate is to be certified until May 13 08:41:46 2030 GMT (3650 days)
Sign the certificate? [y/n]:y
1 out of 1 certificate requests certified, commit? [y/n]y
```

5.6.2 实验部署

部署 Predictor 工具的步骤如下:

(1) 打开数据收集,设置 ActiveSQL operator 信息相关参数:

```
enable_resource_track = on
resource_track_level = operator
```

(2) 关闭数据收集,设置 ActiveSQL operator 信息相关参数:

```
enable_resource_track = off
resource_track_level = query
```

(3) 执行业务查询语句,等待3min后查看当前节点上的数据。

```
select * from gs_wlm_plan_operator_info;
```

(4) 数据持久化保存,设置ActiveSQL operator信息相关参数。

```
enable_resource_track = on
resource_track_level = operator
enable_resource_record = on
resource_track_duration = 0(默认值为60s)
resource_track_cost = 10(默认值为100000)
```

(5) 执行业务查询语句,等待3min后查看当前节点上的数据:

```
select * from gs_wlm_plan_operator_info;
```

1. 模型管理(系统管理员用户)

模型管理是指对训练好的机器学习或强化学习模型的存储、调度及使用策略。模型管理操作需要在数据库正常的状态下进行。

(1) 新增加一个机器学习模型:

```
INSERT INTO gs_opt_model values('rlstm', 'model_name', 'datname', '127.0.0.1', 5000, 2000, 1, -1,
64, 512, 0 , false, false, '{S, T}', '{0,0}', '{0,0}', 'Text');
```

(2) 修改一个机器学习模型的超参数或数据库统计参数:

```
UPDATE gs_opt_model SET <attribute> = <value> WHERE model_name = <target_model_name>;
```

(3) 删除一个机器学习模型:

```
DELETE FROM gs_opt_model WHERE model_name = <target_model_name>;
```

(4) 查询现有机器学习模型及其工作状态:

```
SELECT * FROM gs_opt_model;
```

2. 模型训练(系统管理员用户)

模型训练是指当要处理新的业务场景或者机器学习表现变差时,系统管理人员需要训练现有模型,以满足用户需求。

(1) 配置/添加模型训练参数:参考模型管理(系统管理员用户)进行模型添加、模型参数修改,来指定训练参数。

```
INSERT INTO gs_opt_model values('rlstm', 'default', 'opengauss', '127.0.0.1', 5000, 2000, 1, -
1, 64, 512, 0 , false, false, '{S, T}', '{0,0}', '{0,0}', 'Text');
```

(2) 训练参数更新。

```
UPDATE gs_opt_model SET <attribute> = <value> WHERE model_name = <target_model_name>;
```

(3) 前提条件为数据库状态正常且历史数据正常收集时，删除原有的 encoding 数据。

```
DELETE FROM gs_wlm_plan_encoding_table;
```

(4) 进行数据编码，指定数据库名。

```
SELECT gather_encoding_info('opengauss');
```

(5) 开始模型训练。

```
SELECT model_train_opt('rlstm', 'default');
```

(6) 查看模型训练状态，返回 TensorBoard 工具(见图 5-2)所用 URL。

```
SELECT * FROM track_model_train_opt('rlstm', 'default');
```

```
postgres=# select track_model_train_opt('rlstm', 'openai');
   track_model_train_opt
---------------------------
 http://10.90.56.229:6006/
(1 row)
```

图 5-2　TensorBoard 工具所用 URL

(7) 打开 URL 查看模型训练状态，返回 TensorBoard 可视化训练界面。

3. 模型预测(系统管理员用户|普通用户)

模型预测功能需在数据库状态正常、指定模型已被训练且收敛的条件下进行。目前，模型训练参数的标签设置中需要包含 S 标签，解释命令中才可显示 p-time 预测值。例如：

```
INSERT INTO gs_opt_model values('rlstm','default','opengauss','127.0.0.1',5000,1000,1,-1,50,
500,0 ,false,false,'{S,T}','{0,0}','{0,0}','Text');
```

(1) 调用解释命令接口：

```
explain (analyze on, predictor <model_name>)
```

(2) 预期结果：

```
Row Adapter (cost = 110481.35..110481.35 rows = 100 p - time = 99..182 width = 100) (actual time =
375.158..375.160 rows = 2 loops = 1)
```

(3) 检查 AiEngine 是否可连接：

```
opengauss = # select check_engine_status('aiEngine - ip - address',running - port);
```

(4) 查看模型对应日志在 AiEngine 侧的保存路径：

```
opengauss = # select track_model_train_opt('template_name', 'model_name');
```

5.7 索引推荐

本节介绍索引推荐(Index-Advisor)的功能，共包含 3 个子功能：单查询索引推荐、虚拟索引和负载级别索引推荐。

5.7.1 单查询索引推荐

单查询索引推荐功能支持用户在数据库中直接进行操作，本功能基于查询语句的语义信息和数据库的统计信息，对用户输入的单条查询语句生成推荐的索引。本功能涉及的函数接口见表 5-5。

表 5-5　函数接口

函　　数	参　　数	功　　能
gs_index_advise()	SQL 语句	针对单条 SQL 生成推荐索引

使用上述函数，获取针对该查询生成的推荐索引，推荐结果由索引的表名和列名组成。例如：

```
postgres => select * from gs_index_advise('SELECT c_discount from bmsql_customer where c_w_id = 10');
      table       |  column
------------------+----------
 bmsql_customer   | (c_w_id)
(1 row)
```

上述结果表明：应在 bmsql_customer 的 c_w_id 列上创建索引。例如，可以通过下述 SQL 语句创建索引：

```
CREATE INDEX idx on bmsql_customer(c_w_id);
```

某些查询语句也可能被推荐创建联合索引，例如：

```
postgres = # select * from gs_index_advise('select name, age, sex from t1 where age >= 18 and
age < 35 and sex = ''f'';');
```

```
table    | column
--------+-------------
 t1      | (age, sex)
(1 row)
```

上述语句表明，应该在表t1上创建一个联合索引(age,sex)。可以通过下述命令创建：

```
CREATE INDEX idx1 on t1(age, sex);
```

5.7.2 虚拟索引

虚拟索引功能支持用户在数据库中直接进行操作，本功能将模拟真实索引的建立，避免创建真实索引所需的时间和空间开销。用户基于虚拟索引，可通过优化器评估该索引对指定查询语句的影响。虚拟索引功能的接口见表5-6。

表5-6 虚拟索引功能的接口

函数名	参数	功能
hypopg_create_index	创建索引语句的字符串	创建虚拟索引
hypopg_display_index	无	显示所有创建的虚拟索引信息
hypopg_drop_index	索引的oid	删除指定的虚拟索引
hypopg_reset_index	无	清除所有虚拟索引
hypopg_estimate_size	索引的oid	估计创建指定索引所需的空间大小

使用函数hypopg_create_index()创建虚拟索引。例如：

```
postgres=> select * from hypopg_create_index('create index on bmsql_customer(c_w_id)');
 indexrelid  |                  indexname
------------+-----------------------------------------
    329726   | <329726>btree_bmsql_customer_c_w_id
(1 row)
```

开启GUC参数enable_hypo_index，该参数控制数据库的优化器进行解释时是否考虑创建的虚拟索引。通过对特定的查询语句执行解释，用户可根据优化器给出的执行计划评估该索引是否能够提升该查询语句的执行效率。例如：

```
postgres=> set enable_hypo_index = on;
SET
```

开启GUC参数前，执行EXPLAIN+查询语句：

```
postgres=> explain SELECT c_discount from bmsql_customer where c_w_id = 10;
                         QUERY PLAN
```

```
--------------------------------------------------------------------------
 Seq Scan on bmsql_customer  (cost=0.00..52963.06 rows=31224 width=4)
   Filter: (c_w_id = 10)
(2 rows)
```

开启 GUC 参数后，执行 EXPLAIN + 查询语句：

```
postgres=> explain SELECT c_discount from bmsql_customer where c_w_id = 10;
                                          QUERY PLAN
--------------------------------------------------------------------------
 [Bypass]
 Index Scan using <329726>btree_bmsql_customer_c_w_id on bmsql_customer  (cost=0.00..
39678.69 rows=31224 width=4)
   Index Cond: (c_w_id = 10)
(3 rows)
```

通过对比两个执行计划可以观察到，该索引预计会降低指定查询语句的执行代价，用户可考虑创建对应的真实索引。使用函数 hypopg_display_index()可展示所有创建过的虚拟索引。例如：

```
postgres=> select * from hypopg_display_index();
                 indexname                  | indexrelid |     table      | column
--------------------------------------------+------------+----------------+----------
 <329726>btree_bmsql_customer_c_w_id        | 329726     | bmsql_customer | (c_w_id)
 <329729>btree_bmsql_customer_c_d_id_c_w_id | 329729     | bmsql_customer | (c_d_id, c_w_id)
(2 rows)
```

使用函数 hypopg_estimate_size()可估计创建虚拟索引所需的空间大小(单位：字节)。例如：

```
postgres=> select * from hypopg_estimate_size(329730);
hypopg_estimate_size
----------------------
              15687680
(1 row)
```

删除虚拟索引。使用函数 hypopg_drop_index()删除指定 oid 的虚拟索引。例如：

```
postgres=> select * from hypopg_drop_index(329726);
 hypopg_drop_index
--------------------
 t
(1 row)
```

使用函数 hypopg_reset_index()一次性清除创建的所有虚拟索引。例如：

```
postgres=> select * from hypopg_reset_index();
 hypopg_reset_index
--------------------

(1 row)
```

5.7.3 负载级别索引推荐

对于负载级别索引推荐，用户可通过运行数据库外的脚本使用此功能。本功能将包含有多条 DML 语句的 workload 作为输入，最终生成一批可对整体 workload 的执行表现进行优化的索引。

首先，在构建负载级别索引之前，数据库需要满足 3 个前提：

(1) 数据库状态正常，客户端能够正常连接。

(2) 当前执行用户下安装有 gsql 工具，该工具路径已被加入 PATH 环境变量中。

(3) 具备 Python 3.6+的环境。

其次，准备好包含有多条 DML 语句的文件作为输入的 workload，文件中每条语句占据一行。用户可从数据库的离线日志中获得历史的业务语句。运行 Python 脚本 index_advisor_workload.py，命令如下：

```
python index_advisor_workload.py [p PORT] [d DATABASE] [f FILE] [--h HOST] [-U USERNAME]
[-W PASSWORD]
[--max_index_num MAX_INDEX_NUM] [--multi_iter_mode]
```

其中输入参数依次为：PORT，连接数据库的端口号；DATABASE，连接数据库的名字；FILE，包含 workload 语句的文件路径；HOST（可选），连接数据库的主机号；USERNAME(可选)，连接数据库的用户名；PASSWORD(可选)，连接数据库用户的密码；MAX_INDEX_NUM(可选)，最大的推荐索引数目；multi_iter_mode(可选)，算法模式，可通过是否设置该参数来切换算法。例如：

```
python index_advisor_workload.py 6001 postgres tpcc_log.txt --max_index_num 10 --multi_
iter_mode
```

推荐结果为一批索引，以多个创建索引语句的格式显示在屏幕上，示例结果如下。

```
create index ind0 on bmsql_stock(s_i_id,s_w_id);
create index ind1 on bmsql_customer(c_w_id,c_id,c_d_id);
create index ind2 on bmsql_order_line(ol_w_id,ol_o_id,ol_d_id);
create index ind3 on bmsql_item(i_id);
```

```
create index ind4 on bmsql_oorder(o_w_id,o_id,o_d_id);
create index ind5 on bmsql_new_order(no_w_id,no_d_id,no_o_id);
create index ind6 on bmsql_customer(c_w_id,c_d_id,c_last,c_first);
create index ind7 on bmsql_new_order(no_w_id);
create index ind8 on bmsql_oorder(o_w_id,o_c_id,o_d_id);
create index ind9 on bmsql_district(d_w_id);
```

5.8 小结

本章概要介绍了 openGauss 性能优化的相关功能，包括查询解释、查询分析、参数配置、查询性能预测等。面对大规模的数据体量和多样的用户负载，首先，5.2 节和 5.3 节分别介绍了查询解释命令和查询分析命令的功能和用法；然后，为了进一步解决数据库配置导致的查询效率低下问题，5.5 节介绍了自动参数优化工具的功能和使用方法；最后，为了预判查询的执行效率，5.6 节介绍了 openGauss 内置的查询性能预测工具的基本原理和使用方法。

5.9 习题

1. 以下哪种方式不属于解释命令的功能？（　　）
   A. 扫描方式　　B. 连接方式
   C. 数据存储的分区号　　D. 预测的执行开销
2. (多选题)以下属于分析命令的功能有(　　)。
   A. 收集表的统计信息　　B. 检测数据文件是否损坏
   C. 打印缓存区的使用情况　　D. 更改连接方式
3. 如果需要提高代价估计的准确度，则使用(　　)优化提示功能。
   A. 连接顺序提示　　B. 连接方式提示
   C. 中间行数提示　　D. 最终行数提示
4. 以下不属于优化提示命令的功能有(　　)。
   A. 连接顺序提示　　B. 连接方式提示
   C. 中间行数提示　　D. 最终行数提示
5. (多选题)以下有关查询优化命令的说法，不正确的是(　　)。
   A. 提示命令的结果不可以通过 explain 查看
   B. openGauss 可以执行两条冲突的优化提示命令
   C. explain 可以获得计划的实际执行信息
   D. 如果表的分布列与连接列相同，就不会生成重分布计划(redistribute)

6. (多选题)以下有关参数调优的说法,不正确的是(   )。

A. openGauss 支持基于搜索的参数调优算法

B. 传统的数据库调优通常依靠自动化算法独立完成

C. openGauss 内置的深度调优模型不需要训练

D. openGauss 的调优模块需要和用户定期交互

7. (多选题)以下有关查询时间预测的说法,不正确的是(   )。

A. 并发和串行场景下,同一个查询的执行时间总是一样的

B. 查询的执行时间和数据库参数无关

C. 预测的查询时间可以用于负载调度、性能监控等模块

D. 预测的查询时间可以作为实际执行时间

第 6 章

openGauss 维护

6.1 openGauss 运行健康状态检查

openGauss 提供了相关的工具用于查询数据库和实例的状态,以确认其处于正常的运行状态,并可以对外提供数据服务。若发现异常,可利用此工具执行诊断操作,尽快恢复数据服务。本章用的是 openGauss 提供的 gs_check 工具。

6.1.1 注意事项

使用 gs_check 工具有以下几个注意事项。

(1) **执行用户**: 扩容新节点检查必须由 root 用户执行,其他场景则必须由 omm 用户执行。

(2) **查询选项**: 必须使用-i 或者-e 选项,其中

-i: 检查指定的单项;

-e: 检查指定场景配置中的多项。

(3) **root 权限免除**: 如果-i 选项的参数中不包含 root 类检查项,或-e 指定的场景配置列表中没有 root 类检查项,则不需要交互输入 root 权限的用户和密码。在操作中可使用--skip-root-items 选项跳过检查项中包含的 root 类检查,以免除请求 root 权限。

6.1.2 操作步骤

下面讲解 3 种运行健康状态检查的基本操作。

1. 单项检查

单项检查的操作步骤如下:

(1) 以操作系统用户 omm 登录数据库主节点。

(2) 使用 gs_check 工具的-i 选项对数据库状态进行单项检查,命令如下:

```
gs_check - i CheckClusterState
```

其中,-i 指定检查项(注意区分大小写),例如-i CheckClusterState 或-i CheckCPU。取值范围为支持的所有检查项的名称,具体可参见表 6-2。

结果示例如下:

```
[omm@ecs-c32a ~]$ gs_check -i CheckClusterState
Parsing the check items config file successfully
Distribute the context file to remote hosts successfully
Start to health check for the cluster. Total Items:1 Nodes:1

Checking...               [ ========================= ] 1/1
Start to analysis the check result
CheckClusterState...........................OK
The item run on 1 nodes.   success: 1

Analysis the check result successfully
Success. All check items run completed. Total:1   Success:1
For more information please refer to /opt/huawei/wisequery/script/gspylib/inspection/output/
CheckReport_20201118772852075250.tar.gz
```

可同时指定多个单项，注意区分大小写，例如-i CheckClusterState -i CheckCPU 或-i CheckClusterState,CheckCPU。结果示例如下：

```
[omm@ecs-c32a ~]$ gs_check -i CheckClusterState -i CheckCPU
# 或 gs_check -i CheckClusterState,CheckCPU
Parsing the check items config file successfully
Distribute the context file to remote hosts successfully
Start to health check for the cluster. Total Items:2 Nodes:1

Checking...               [ ========================= ] 2/2
Start to analysis the check result
CheckClusterState...........................OK
The item run on 1 nodes.   success: 1

CheckCPU................................OK
The item run on 1 nodes.   success: 1

Analysis the check result successfully
Success.  All check items run completed. Total:2   Success:2
For more information please refer to /opt/huawei/wisequery/script/gspylib/inspection/output/
CheckReport_20201118793872230590.tar.gz
```

2. 场景检查(多项)

场景检查的操作步骤如下：

(1) 以操作系统用户 omm 登录数据库主节点。

(2) 使用 gs_check 工具的-e 选项对数据库状态进行场景检查，命令如下：

```
gs_check -e inspect
```

其中,-e指定检查项,注意区分大小写,例如-e inspect或-e upgrade。取值范围为支持的场景检查的所有名称,默认场景包括inspect(例行检查)、upgrade(升级前检查)、binary_upgrade(就地升级前检查)、health(健康检查)、install(安装检查)等,用户可以根据需求自己编写场景。

结果示例如下:

```
[omm@ecs-c32a ~]$ gs_check -e inspect
Parsing the check items config file successfully
The below items require root privileges to execute: [CheckBlockdev CheckIOrequestqueue CheckIOConfigure CheckMTU CheckRXTX CheckMultiQueue CheckFirewall CheckSshdService CheckSshdConfig CheckCrondService CheckNoCheckSum CheckSctpService CheckMaxProcMemory CheckBootItems CheckFilehandle CheckNICModel CheckDropCache]
Please enter root privileges user[root]:
Please enter password for user[root]:
Check root password connection successfully
Distribute the context file to remote hosts successfully
Start to health check for the cluster. Total Items:59 Nodes:1

Checking...                 [=========================] 59/59
Start to analysis the check result
CheckClusterState...........................OK
The item run on 1 nodes.   success: 1

CheckDBParams...............................OK
The item run on 1 nodes.   success: 1

CheckDebugSwitch............................OK
The item run on 1 nodes.   success: 1

……(部分结果省略)

CheckDropCache..........................WARNING
The item run on 1 nodes.   warning: 1
The warning[ecs-c32a] value:
No DropCache process is running

CheckMpprcFile..............................NG
The item run on 1 nodes.   ng: 1
The ng[ecs-c32a] value:
There is no mpprc file

Analysis the check result successfully
Failed.  All check items run completed. Total:59   Success:49   Warning:2   NG:8
For more information please refer to /opt/huawei/wisequery/script/gspylib/inspection/output/CheckReport_inspect_20201118794892240592.tar.gz
```

6.1.3 常见错误与异常处理

下面介绍常见错误与异常处理。

(1) 单项检查 CheckCPU 报错：sar 工具未找到，结果如下：

```
[omm@ecs-c32a ~]$ gs_check -i CheckCPU
Parsing the check items config file successfully
Distribute the context file to remote hosts successfully
Start to health check for the cluster. Total Items:1 Nodes:1

Checking...                [=========================] 1/1
Start to analysis the check result
CheckCPU................................ERROR
The item run on 1 nodes.   error: 1
The error[ecs-c32a] value:
[GAUSS-53025]: ERROR: Execute Shell command faild: export LC_ALL=C; sar 1 5 2>&1 , the
exception is: /bin/sh: sar: command not found

Analysis the check result successfully
Failed.   All check items run completed. Total:1      Error:1
For more information please refer to /opt/huawei/wisequery/script/gspylib/inspection/output/
CheckReport_20201118781612133728.tar.gz
```

可能的问题：在某些 Linux 发行版(例如 openEuler)中 sar 工具未安装或 PATH 环境变量设置有误。

解决办法如下。

① 安装、启动 sar 工具，检查 PATH 环境变量设置是否正确，命令如下：

```
yum install sysstat        # openEuler, CentOS
service sysstat start      # 启动 sysstat 服务
```

② 在 omm 用户下检查是否能正常使用 sar 工具，命令如下：

```
sar -V                          # 检查 sar 是否正常运行
```

③ 再次进行单项检查，观察结果是否正常，命令如下：

```
[omm@ecs-c32a ~]$ gs_check -i CheckCPU
```

(2) 若检查结果出现异常，可按表 6-1 进行修复。

表 6-2 列出了 gs_check 工具支持的检查项。

表 6-1　检查结果异常与处理

检　查　项	异常状态	处理方法
CheckClusterState （检查 openGauss 状态）	openGauss 未启动或 openGauss 实例未启动	使用以下命令启动 openGauss 及实例： gs_om －t start
	openGauss 状态异常或 openGauss 实例异常	检查各主机、实例状态，根据状态信息进行排查，命令如下： gs_check －i CheckClusterState
CheckDBParams （检查 openGauss 参数）	数据库参数错误	通过 gs_guc 工具修改数据库参数为指定值
CheckDebugSwitch （检查日志级别）	日志级别不正确	通过 gs_guc 工具将 log_min_messages 参数改为指定内容
CheckDirPermissions （检查目录权限）	路径权限错误	修改对应目录权限为指定数值（750/700），命令如下： chmod 750 <DIR>
CheckReadonlyMode （检查只读模式）	只读模式被打开	确认数据库节点所在磁盘使用率未超阈值（默认 60%）且未执行其他维护操作，命令如下： gs_check －i CheckDataDiskUsage ps ux 使用 gs_guc 工具关闭 openGauss 只读模式，命令如下： gs_guc reload －N all －l all －c 'default_transaction_read_only＝off'
CheckEnvProfile （检查环境变量）	环境变量不一致	重新执行前更新环境变量信息

表 6-2　gs_check 工具支持的检查项

状态	检　查　项	检查内容
os	CheckCPU （检查 CPU 使用率）	检查主机 CPU 占用率，如果 idle 值大于 30%并且 iowait 值小于 30%，则检查项通过，否则检查项不通过
	CheckFirewall （检查防火墙状态）	检查主机防火墙状态，如果防火墙关闭，则检查项通过，否则检查项不通过
	CheckTimeZone （检查时区一致性）	检查 openGauss 内各节点的时区，如果时区一致，则检查项通过，否则检查项不通过
	CheckSysParams （检查系统参数）	检查各节点操作系统参数，判断是否等于预期值，并根据检查项具体标准给出结果，详见操作系统参数
	CheckOSVer （检查操作系统版本）	检查 openGauss 内各个节点的操作系统版本信息，如果满足版本兼容列表且 openGauss 在同一混搭列表中，则检查项通过，否则检查项不通过
	CheckNTPD （检查 NTPD 服务）	检查系统 NTPD 服务，如果服务开启且各节点时间误差在 1min 内，则检查项通过，否则检查项不通过

续表

状态	检 查 项	检 查 内 容
os	CheckTHP (检查 THP 服务)	检查系统 THP 服务,如果服务开启,则检查项通过,否则检查项不通过
	CheckSshdService (检查 sshd 服务是否已启动)	检查系统是否存在 sshd 服务,若存在,则检查项通过,否则检查项不通过
	CheckCrondService (检查 crontab 服务是否已启动)	检查系统是否存在 crontab 服务,若存在,则检查项通过,否则检查项不通过
	CheckCrontabLeft (检查 crontab 是否残留 Gauss 相关信息)	检查 crontab 是否残留 Gauss 相关信息,若无该信息,则检查项通过,否则检查项不通过
	CheckDirLeft (检查文件目录是否残留)	检查文件目录(/opt/huawei/Bigdata/、/var/log/Bigdata/、/home/omm)是否存在,若不存在(若 mount 目录包含此目录,则忽略),则检查项通过,否则检查项不通过
	CheckProcessLeft (检查进程是否有残留)	检查是否残留 gaussdb 和 omm 进程,若未残留,则检查项通过,否则检查项不通过
	CheckStack (栈深度检查)	检查栈深度,若各个节点不一致,则报出警告,若大于或等于 3072,则检查项通过,否则检查项不通过
	CheckNoCheckSum (检查 nochecksum 值是否为预期值且一致)	检查 nochecksum 值,分下列情况: Redhat 6.4/6.5 且使用 bond 网卡时,若各个节点都为 Y,则检查项通过,否则检查项不通过; 其他系统:若各个节点都为 N,则检查项通过,否则检查项不通过
	CheckOmmUserExist (检查 omm 用户是否存在)	检查是否存在 omm 用户,若不存在 omm 用户,则检查项通过,否则检查项不通过
	CheckPortConflict (检查数据库节点端口是否占用)	检查数据库节点端口是否已被占用,若未占用,则检查项通过,否则检查项不通过
	CheckSysPortRange (检查 ip_local_port_range 设置范围)	检查 ip_local_port_range 系统参数范围,若范围为 26000~65535,则检查项通过,否则检查项不通过
	CheckEtcHosts (检查/etc/hosts 中是否有重复地址及 localhost 配置)	检查"/etc/hosts"文件,若没有配置 localhost,则检查项不通过,若存在带有"#openGauss"注释的映射,则检查项不通过,若 IP 地址相同主机名(hostname)不同,则检查项不通过,否则检查项通过,若主机名相同但 IP 地址不同,则检查项不通过
	CheckCpuCount (检查 CPU 核数)	检查 CPU 核心,若与可用 CPU 不符,则检查项不通过;若与可用 CPU 相符但存在不可用信息,则报出警告。若所有节点 CPU 信息不相同,则检查项不通过
	CheckHyperThread (检查超线程是否打开)	检查超线程,若超线程打开,则检查项通过,否则检查项不通过
	CheckMemInfo (检查内存总大小)	检查各节点总内存大小是否一致,若检查结果一致,则检查项通过,否则报出警告

续表

状态	检 查 项	检 查 内 容
os	CheckSshdConfig (检查 sshd 服务配置是否正确)	检查"/etc/ssh/sshd_config"文件的下列配置: (1) PasswordAuthentication=yes (2) MaxStartups=1000 (3) UseDNS=no (4) ClientAliveInterval 大于 10800 或者等于 0 若配置如上所示,则检查项通过,若(1)、(3)配置不正确,则报出警告;若(2)、(4)配置不正确,则检查项不通过
	CheckMaxHandle (检查句柄的最大设置)	检查操作系统最大句柄值,如果该值大于或等于 1000000,则检查项通过,否则检查项不通过
	CheckKernelVer (检查内核版本)	检查各节点系统内核版本信息,如果版本信息一致,则检查项通过,否则报出警告
	CheckEncoding (检查编码格式)	检查 openGauss 内各个节点的系统编码,如果编码一致,则检查项通过,否则检查项不通过
	CheckBootItems (检查启动项)	检查是否有手动添加的启动项,如果没有,则检查项通过,否则检查项不通过
	CheckDropCache (检查 DropCache 进程)	检查各节点是否有 dropcache 进程在运行,若有,则检查项通过,否则检查项不通过
	CheckFilehandle (检查文件句柄)	此检查项检查以下两项,若两项都通过,则为通过,否则为不通过: 检查每个 gaussdb 进程打开的进程数,若不超过 80 万,则通过; 检查 slave 进程使用的句柄数超过 master 进程的情况,若不存在此情况,则通过
	CheckKeyProAdj (检查关键进程 omm_adj 的值)	检查所有关键进程,如果所有关键进程的 omm_adj 值为 0,则通过,否则检查项不通过
	CheckMaxProcMemory (检查 max_process_memory 参数的设置是否合理)	检查数据库节点的 max_process_memory 值,判断该参数的值是否大于 1GB,若不大于,则检查项通过,否则检查项不通过
device	CheckSwapMemory (检查交换内存)	检查交换内存和总内存大小。若交换内存为 0,则检查项通过,否则检查项报出警告,但交换内存大于总内存时检查项不通过
	CheckLogicalBlock (检查磁盘逻辑块)	检查磁盘逻辑块大小,若其大小为 512B,则检查项通过,否则检查项不通过
	CheckIOrequestqueue (检查 IO 请求)	检查 IO 值,如果该值为 32768,则检查项通过,否则检查项不通过
	CheckMaxAsyIOrequests (检查最大异步请求)	获取当前异步请求值,若当前异步 IO 值大于当前节点数据库实例数×1048576 和 104857600,则检查项通过,否则检查项不通过

续表

状态	检查项	检查内容
device	CheckIOConfigure (检查IO配置)	检查IO配置,如果为deadline,则检查项通过,否则检查项不通过
	CheckBlockdev (检查磁盘预读块)	检查磁盘预读块大小,如果预读块大小为16384B,则检查项通过,否则检查项不通过
	CheckDiskFormat (检查磁盘格式参数)	检查磁盘XFS格式信息,如果配置为"rw,noatime,inode64,allocsize=16m",则检查项通过,否则报出警告
	CheckInodeUsage (检查磁盘inode使用率)	openGauss路径(GAUSSHOME/PGHOST/GAUSSHOME/GAUSSLOG/tmp及实例目录) 检查以上指定目录的inode使用率,如果使用率超过警告阈值(默认为60%),则报出警告;如果使用率超过NG阈值(默认为80%),则检查项不通过,其他情况检查项通过
	CheckSpaceUsage (检查磁盘使用率)	openGauss路径(GAUSSHOME/PGHOST/GAUSSHOME/GAUSSLOG/tmp及实例目录) 检查以上指定目录(目录列表)的磁盘使用率,如果使用率超过警告阈值(默认为70%),则报出警告;如果使用率超过NG阈值(默认为90%),则检查项不通过。openGauss路径下检查"GAUSSHOME/PGHOST/GAUSSLOG/tmp/data"路径的剩余空间,若不满足阈值,则检查项不通过,否则检查项通过
	CheckDiskConfig (检查磁盘空间大小一致性)	检查磁盘名大小挂载点是否一致,若一致,则检查项通过,否则报出警告
	CheckXid (检查CheckXid数值)	查询xid的数值,如果大于10亿,则报出警告;如果大于18亿,则检查项不通过
	CheckSysTabSize (检查每个实例的系统表容量)	检查磁盘的剩余容量,如果每块磁盘的剩余容量大于该磁盘上所有实例的系统表容量总和,则检查项通过,否则检查项不通过
cluster	CheckClusterState (检查openGauss状态)	检查fencedUDF状态,如果fencedUDF状态为down,则报出警告;检查openGauss状态,如果openGauss状态为Normal,则检查项通过,否则检查项不通过
	CheckDBParams (检查openGauss参数)	在数据库主节点检查共享缓冲区大小和Sem参数,在数据库节点检查共享缓冲区大小和最大连接数。 共享缓冲区需要大于128KB,大于shmmax,且大于shmall×PAGESIZE。 若存在数据库主节点,则Sem值需大于(数据库节点最大连接数+150)/16向上取整的值。 若以上项完全满足,则检查项通过,否则检查项不通过
	CheckDebugSwitch (检查日志级别)	在各节点检查各实例的配置文件中log_min_messages参数的值,若该值为空,则认为日志级别为警告(warning)。该检查判断日志级别为非警告级别时,报出警告

续表

状态	检查项	检查内容
cluster	CheckUpVer (检查升级版本是否一致)	检查openGauss各个节点上升级包的版本,如果一致,则检查项通过,否则检查项不通过。使用时,需指定升级软件包路径
	CheckDirPermissions (检查目录权限)	检查节点目录(实例Xlog路径、GAUSSHOME、GPHOME、PGHOST、GAUSSLOG)权限,如果目录有写入权限且不大于750,则检查项通过,否则检查项不通过
	CheckEnvProfile (检查环境变量)	检查节点环境变量($GAUSSHOME、$LD_LIBRARY_PATH、$PATH),检查CMS/CMA/数据库节点进程的环境变量。如果环境变量存在并配置正确,进程的环境变量存在,则检查项通过,否则检查项不通过
	CheckGaussVer (检查gaussdb版本)	检查各个节点gaussdb版本是否一致,如果版本一致,则检查项通过,否则检查项不通过
	CheckPortRange (检查端口范围)	若ip_local_port_range系统参数的范围在阈值范围内(默认是26000～65535),并且实例端口不在ip_local_port_range范围内,则检查项通过,否则检查项不通过
	CheckReadonlyMode (检查只读模式)	检查openGauss数据库主节点default_transaction_read_only参数值,若为关闭(off),则检查项通过,否则检查项不通过
	CheckCatchup (检查Catchup)	检查gaussdb进程堆栈是否能搜索到CatchupMain()函数,若搜索不到,则检查项通过,否则检查项不通过
	CheckProcessStatus (检查openGauss进程属主)	检查gaussdb进程属主,若不存在omm以外的属主,则检查项通过,否则检查项不通过
	CheckSpecialFile (特殊文件检查)	检查tmp目录(PGHOST)、OM目录(GPHOME)、日志目录(GAUSSLOG)、data目录、程序目录(GAUSSHOME)下文件是否存在特殊字符以及非omm用户的文件,若不存在,则检查项通过,否则检查项不通过
	CheckCollector (检查openGauss的信息收集)	在output目录下查看信息收集是否成功,若收集成功,则检查项通过,否则检查项不通过
	CheckLargeFile (检查数据目录大文件)	检查各个数据库节点目录是否存在超过4GB的文件。若任一数据库节点目录及其子目录有超过4GB的单个文件,则检查项不通过,否则检查项通过
	CheckProStartTime (关键进程启动时间检测)	检查关键进程启动时间是否间隔超过5min,若超过,则检查项不通过,否则检查项通过
	CheckDilateSysTab (检查系统表膨胀)	检查系统表是否膨胀,若膨胀,则检查项不通过,否则检查项通过
	CheckMpprcFile (检测环境变量分离文件改动)	检查是否存在对环境变量分离文件的改动,若存在,则检查项不通过,否则检查项通过
database	CheckLockNum (检查锁数量)	检查数据库锁数量,若查询成功,则检查项通过,否则检查项不通过
	CheckArchiveParameter (检查归档参数)	检查数据库归档参数,如果未打开或打开且在数据库节点下,则检查项通过;若打开但不在数据库主节点目录下,则检查项不通过

续表

状态	检 查 项	检 查 内 容
database	CheckCurConnCount (检查当前连接数)	检查数据库连接数,如果连接数小于最大连接数的 90%,则检查项通过,否则检查项不通过
	CheckCursorNum (检查当前游标数)	检查数据库的游标数,若检查成功,则检查项通过,否则检查项不通过
	CheckMaxDatanode (检查 comm_max_datanode 参数值范围)	检查最大数据库节点数,若最大数据库节点数小于 XML 文件配置的节点数×数据库节点数(默认值为 90×5),则报出警告,否则检查项通过
	CheckPgPreparedXacts (检查残留两阶段事务)	检查 pgxc_prepared_xacts 参数,如果不存在二阶段事务,则检查项通过,否则检查项不通过
	CheckPgxcgroup (检查 pgxc_group 表中需要重分布的个数)	检查 pgxc_group 表中需要重分布的个数,若检查结果为 0,则检查项通过,否则检查项不通过
	CheckLockState (openGauss 是否被锁)	检查 openGauss 是否被锁,若 openGauss 被锁,则检查项不通过,否则检查项通过
	CheckIdleSession (检查业务停止)	检查非空闲会话数,如果数量为 0,则检查项通过,否则检查项不通过
	CheckDBConnection (检查数据库连接)	检查能否连接数据库,如果连接成功,则检查项通过,否则检查项不通过
	CheckGUCValue (GUC 参数检查)	检查 (max_connections + max_prepared_transactions)×max_locks_per_transaction 的值,若该值大于或等于 1000000,则检查项通过,否则检查项不通过
	CheckPMKData (检查 PMK 异常数据)	检查数据库 PMK schema 是否包含异常数据,如果不存在异常数据,则检查项通过,否则检查项不通过
	CheckSysTable (检查系统表)	检查系统表,若检查成功,则检查项通过
	CheckSysTabSize (检查每个实例的系统表容量)	如果每块磁盘的剩余容量大于该磁盘上所有实例的系统表容量总和,则检查项通过,否则检查项不通过
	CheckTableSpace (检查表空间路径)	如果检查表空间路径和 openGauss 路径之间不存在嵌套且表空间路径相互不存在嵌套,则检查项通过,否则检查项不通过
	CheckTableSkew (检查表级别数据倾斜)	若存在某个表在 openGauss 各数据库节点上的数据分布不均衡的情况,且分布数据最多的数据库节点比最低的数据库节点所分布的数据多 100000 条以上,则检查项不通过,否则检查项通过
	CheckDNSkew (检查数据库节点级别数据分布倾斜)	检查数据库节点级别的表倾斜数据,若分布数据最高的数据库节点比分布数据最低的数据库节点数据量高 5%,则检查项不通过,否则检查项通过
	CheckUnAnalyzeTable (检查未做 ANALYZE 的表)	若存在未做分析(ANALYZE)操作的表,并且表中至少包含一条数据,则检查项不通过,否则检查项通过

续表

状态	检 查 项	检 查 内 容
database	CheckCreateView（创建视图检查）	创建视图时，如果查询语句中含有子查询，并且子查询结果查询解析和重写之后存在别名重复，则检查项不通过，否则检查项通过
	CheckHashIndex（hash index 语法检查）	如果存在哈希索引（hash index），则检查项不通过，否则检查项通过
	CheckNextvalInDefault（检查 Default 表达式中包含 nextval(sequence)）	检查 Default 表达式中是否包含 nextval(sequence)，若包含，则不通过，否则通过
	CheckNodeGroupName（Node Group 编码格式检查）	若存在非 SQL_ASCII 字符的节点组（Node Group）名称，则检查项不通过；若不存在，则检查项通过
	CheckReturnType（用户自定义函数返回值类型检查）	检查用户自定义函数是否包含非法返回类型，若包含，则检查项不通过，否则检查项通过
	CheckSysadminUser（检查 sysadmin 用户）	检查除 openGauss 属主外是否存在其他数据库管理员用户，若存在，则检查项不通过，否则检查项通过
	CheckTDDate（TD 数据库中 orc 表 date 类型列检查）	检查 TD 模式数据库下的 orc 表中是否包含日期（date）类型的列，若包含，则检查项不通过，否则检查项通过
	CheckDropColumn（drop column 检查）	如果存在删除列（drop column）的表，则检查项不通过，否则检查项通过
	CheckDiskFailure（检查磁盘故障）	对 openGauss 中的所有数据做全量查询，若存在查询错误，则检查项不通过，否则检查项通过
network	CheckPing（检查网络通畅）	检查 openGauss 内所有节点的互通性，如果各节点所有 IP 均可 ping 通，则检查项通过，否则检查项不通过
	CheckRXTX（检查网卡 RXTX 值）	检查节点 backIP 的 RX/TX 值，如果该值为 4096，则检查项通过，否则检查项不通过
	CheckMTU（检查网卡 MTU 值）	检查节点 backIP 对应的网卡 MTU 值（绑定（bond）后的物理网卡要确保一致），若该值不是 8192 或 1500，则报出警告；若 openGauss MTU 值一致，则检查项通过，否则检查项不通过
	CheckNetWorkDrop（检查网络掉包率）	检查各 IP 1min 内网络掉包率，如果不超过 1%，则检查项通过，否则检查项不通过
	CheckBond（检查网卡绑定模式）	检查是否配置了 BONDING_OPTS 或 BONDING_MODULE_OPTS 参数，若没有配置，则报出警告。检查各节点绑定模式是否一致，如果同时满足，则检查项通过，否则检查项不通过
	CheckMultiQueue（检查网卡多队列）	检查“cat /proc/interrupts”命令结果，判断是否开启了网卡多队列且绑定了不同的 CPU，如果满足，则检查项通过，否则检查项不通过

续表

状态	检　查　项	检 查 内 容
network	CheckUsedPort (检查随机端口使用数量)	检查操作系统参数 net.ipv4.ip_local_port_range,若其范围大于或等于系统默认值(32768～61000),则检查项通过; 检查 TCP 随机端口数,若小于总随机端口数的 80%,则通过; 检查 SCTP 随机端口数,若小于总随机端口数的 80%,则通过
	CheckNICModel (网卡型号和驱动版本一致性检查)	检查各个节点的网卡型号,以及驱动版本是否一致,若一致,则检查项通过,否则报出警告
	CheckRouting (本地路由表检查)	检查各节点在业务 IP 网段的 IP 个数,若超过 1 个,则报出警告,否则检查项通过
	CheckNetSpeed (检查网卡接收带宽、ping 值、丢包率)	网络满载时,若检查网卡平均接收带宽大于 600MB,则通过; 网络满载时,检查网络 ping 值,若小于 1s,则通过; 网络满载时,检查网卡丢包率,若小于 1%,则通过
other	CheckDataDiskUsage (检查数据库节点磁盘空间使用率)	检查磁盘数据库节点目录使用率,如果使用率低于 90%,则检查项通过,否则检查项不通过

6.1.4 自定义检查内容

1. 自定义场景检查

用户可根据需求编写自定义的场景,其中包含若干个所需的检查项。完成定义后,即可在场景检查中使用。具体步骤如下。

(1) 以操作系统用户 omm 登录数据库主节点。

(2) 在检查工具的配置目录下新建场景配置文件 scene_XXX.xml。其中 XXX 为新建的场景名称,如新建名为 test 的场景,则新建 scene_test.xml 文件。检查工具的配置目录位于 openGauss 系统工具目录下的“script/gspylib/inspection/config”目录。openGauss 系统工具目录即安装数据库使用的 XML 文件中 gaussdbToolPath 参数指定的目录,也可通过下列方式查询。

查看环境变量 GPHOME 的值即为该目录,命令如下:

```
[omm@ecs-c32a gspylib]$ echo $GPHOME
/opt/huawei/wisequery
```

查看 gs_check 工具所在目录的上一级目录即为该目录,命令如下:

```
[omm@ecs-c32a gspylib]$ dirname $(dirname $(which gs_check))
/opt/huawei/wisequery
```

以上述结果为例，进入检查工具的配置目录“/opt/huawei/wisequery/script/gspylib/inspection/config”，新建文件 scene_test.xml，命令如下：

```
[omm@ecs-c32a config]$ cd /opt/huawei/wisequery/script/gspylib/inspection/config
[omm@ecs-c32a config]$ vim scene_test.xml
```

(3) 将所需的检查项写入场景配置文件中，格式如下：

```
<?xml version="1.0" encoding="utf-8" ?>
<scene name="test" desc="This is a test scene.">
    <configuration/>
    <allowitems>
        <item name="CheckCPU"/>
        <item name="CheckClusterState"/>
        ……(更多检查项)
    </allowitems>
</scene>
```

其中，scene 标签的 name 属性为场景名称，desc 属性为场景描述；一个 item 标签对应一个检查项，其 name 值为检查项名称。

注意：用户需自行保证自定义的场景配置 XML 文件的正确性。

(4) 将编写好的场景配置文件分发至执行检查的各节点，命令如下：

```
scp scene_test.xml DN001:/opt/huawei/wisequery/script/gspylib/inspection/config
```

其中 DN001 为 SSH 配置文件中的目标节点，“/opt/huawei/wisequery/script/gspylib/inspection/config”为该节点上检查工具的配置目录。

(5) 在场景检查中使用自定义的场景，结果示例如下：

```
[omm@ecs-c32a config]$ gs_check -e test
Parsing the check items config file successfully
Distribute the context file to remote hosts successfully
Start to health check for the cluster. Total Items:2 Nodes:1

Checking...                [=========================] 2/2
Start to analysis the check result
CheckCPU...................................OK
The item run on 1 nodes.   success: 1

CheckClusterState..........................OK
The item run on 1 nodes.   success: 1

Analysis the check result successfully
Success.           All check items run completed. Total:2   Success:2
For more information please refer to /opt/huawei/wisequery/script/gspylib/inspection/output/
CheckReport_test_2021012979482285 2518.tar.gz
```

2. 自定义检查项

openGauss提供的gs_check工具框架具备可拓展性和实现高度个性化的能力。除了根据需求将多个检查项组合为一个自定义的场景，用户还可自定义检查项，在特定情况下按照自设的标准进行检查。自定义检查项需要新增检查项配置和检查项脚本，具体步骤如下：

(1) 在检查工具的配置目录中的检查项配置文件items.xml中新增一个检查项配置，格式如下：

```
<checkitem id = "10011" name = "CheckCPU">
    <title>
        <zh>检查 CPU 占用率</zh>
        <en> Check CPU Idle and I/O wait </en>
    </title>
    <threshold>
        StandardCPUIdle = 30;
        StandardWIO = 30
    </threshold>
    <suggestion>
        <zh>如果 idle 不足,则 CPU 负载过高,请扩容节点; 如果 iowait 过高,则磁盘为瓶颈,请扩
容磁盘</zh>
    </suggestion>
    <standard>
        <zh>检查主机 CPU 占用率,如果 idle 大于 30%,或者 iowait 小于 30%,则检查项通过,否
则检查项不通过</zh>
    </standard>
    <category> os </category>
    <permission> user </permission>
    <scope> all </scope>
    <analysis> default </analysis>
</checkitem>
```

各标签的含义如下。

id：检查项id，应与其他检查项不同；

name：检查项名称，与检查项脚本文件名相同；

title：检查项基本描述，支持多语言。其中zh为中文版描述，en为英文版描述；

threshold：检查项阈值定义，在检查项脚本中使用。多个值之间使用英文分号间隔，如Key1=Value1;Key2=Value2；

suggestion：检查项结果异常时的修复建议，支持多语言；

standard：检查项具体标准说明，支持多语言；

category：检查项分类，可选参数为os、device、network、cluster、database、other；

permission：检查项需要的执行权限，可选参数为root、user(普通用户，为默认值)；

scope：巡检项执行的节点范围，可选参数为 cn（仅在数据库主节点执行）、local（仅在当前节点执行）、all（在 openGauss 所有节点执行，为默认值）；

analysis：检查项执行结果分析方式，可选参数为 default（在所有节点上进行检查，若该检查项均通过，则最终检查通过，为默认值）、consistent（对所有节点进行一致性检查，单节点仅返回结果，若各个节点结果一致，则判定检查通过）、custom（自定义结果分析方式）。

注意：用户需保证自定义的检查项配置格式正确。

（2）新建检查项脚本，脚本名称格式如 CheckXXX.py（必须以 Check 开头），脚本放置在 openGauss 系统工具目录“script/gspylib/inspection/items”下的该检查项分类（上述 category 标签）对应的同名目录中。脚本内容格式如下：

```
class CheckCPU(BaseItem):
    def __init__(self):
        super(CheckCPU, self).__init__(self.__class__.__name__)
        self.idle = None
        self.wio = None
        self.standard = None

    def preCheck(self):
        # 检查阈值设置是否正确
        if (not self.threshold.has_key('StandardCPUIdle')
            or not self.threshold.has_key('StandardWIO')):
            raise Exception("threshold can not be empty")
        self.idle = self.threshold['StandardCPUIdle']
        self.wio = self.threshold['StandardWIO']

        self.standard = self.standard.format(idle = self.idle,
                                             iowait = self.wio)

    def doCheck(self):
        cmd = "sar 1 5 2>&1"
        output = SharedFuncs.runShellCmd(cmd)
        self.result.raw = output
        # 根据阈值给出检查结果
        d = next(n.split() for n in output.splitlines() if "Average" in n)
        iowait = d[-3]
        idle = d[-1]
        rst = ResultStatus.OK
        vals = []
        if (iowait > self.wio):
            rst = ResultStatus.NG
        vals.append("The %s actual value %s is greater than expected "
                    "value %s" % ("IOWait", iowait, self.wio))
        if (idle < self.idle):
            rst = ResultStatus.NG
```

```
        vals.append("The %s actual value %s is less than expected "
                    "value %s" % ("Idle", idle, self.idle))
        self.result.rst = rst
        if (vals):
            self.result.val = "\n".join(vals)
```

所有检查项脚本都基于BaseItem基类开发。基类定义了通用的检查流程、检查结果分析方法和默认的结果输出格式。可扩展的方法如下。

① doCheck()：该方法包含该检查项具体的检查步骤。检查结果中，result中的rst属性为检查结果状态，其可选参数如下。

OK：检查项完成，结果通过；

NA：当前节点不涉及该检查项；

NG：检查项完成，结果不通过；

WARNING：检查项完成，结果警告；

ERROR：检查项发生内部错误，未完成检查。

② preCheck()：该方法在开始检查前进行条件判定。内置两种实现：cnPreCheck()用于检查当前执行节点是否包含数据库主节点实例；localPreCheck()用于检查当前执行节点是否指定节点。可通过检查项配置中的scope标签进行配置。用户可重载该方法实现自定义的前置检查。

③ postAnalysis()：该方法用于分析检查项的执行结果。内置两种实现：default()和consistent()。可通过检查项配置文件中的analysis标签进行配置。用户可重载该方法实现自定义的结果分析。

注意：用户自定义的检查项名称不得与已有检查项名称相同，同时，用户需保证自定义检查项脚本的规范性。

(3) 将该检查项脚本分发至所有的执行节点。

(4) 以omm用户登录，执行检查，命令如下：

```
gs_check -i CheckXXX   # 可添加 -L 选项指定在本地执行检查
```

6.2 openGauss性能检查

openGauss提供了gs_checkperf工具对不同级别的CPU占用率、内存和I/O使用情况、SSD(solid-state drive，固态硬盘)性能进行定期检查，让用户了解openGauss的负载情况，采取对应的改进措施。检查内容如下。

(1) openGauss级别：主机CPU和Gauss CPU占用率及I/O使用情况等。

(2) 节点级别：CPU、内存及I/O使用情况。

(3) 会话/进程级别：CPU、内存及I/O使用情况。

(4) SSD性能：写入性能和读取性能。

进行性能检查的**前提条件**是：

(1) openGauss运行状态正常且不为只读模式。

(2) 数据库承载的业务运行正常。

注意事项：gs_checkperf工具的监控信息依赖于pmk(performance management kit，性能管理工具)模式下的表数据。如果pmk模式下的表未执行analyze操作，则可能导致gs_checkperf工具执行失败。其报错示例信息如下：

```
LOG: Statistics in some tables or columns(pmk.pmk_snapshot.snapshot_id) are not collected.
HINT: Do analyze for them in order to generate optimized plan.
```

此时需要登录任一数据库主节点，连接postgres数据库，执行如下的SQL命令：

```
analyze pmk.pmk_configuration;
analyze pmk.pmk_meta_data;
analyze pmk.pmk_snapshot;
analyze pmk.pmk_snapshot_dbnode_stat;
analyze pmk.pmk_snapshot_datanode_stat;
```

6.2.1 检查方法

1. 简要格式

以简要格式在屏幕上显示性能统计结果，使用-i选项。

```
[omm@ecs-c32a ~]$ gs_checkperf -i pmk -U omm
Cluster statistics information:
    Host CPU busy time ratio                    :    1.47      %
    MPPDB CPU time % in busy time               :    73.09     %
    Shared Buffer Hit ratio                     :    87.66     %
    In-memory sort ratio                        :    0
    Physical Reads                              :    1945
    Physical Writes                             :    265
    DB size                                     :    8527      MB
    Total Physical writes                       :    265
    Active SQL count                            :    3
    Session count                               :    4
```

2. 详细格式

以详细格式在屏幕上显示性能统计结果，使用--detail选项。注意：结果中的Jiffies为时钟中断数。

```
[omm@ecs-c32a ~]$ gs_checkperf -i pmk -U omm --detail
Cluster statistics information:
Host CPU usage rate:
    Host total CPU time                          :    4037109610.000 Jiffies
    Host CPU busy time                           :    59448630.000 Jiffies
    Host CPU iowait time                         :    571720.000 Jiffies
    Host CPU busy time ratio                     :    1.47        %
    Host CPU iowait time ratio                   :    .01         %

……(部分结果省略)

I/O usage:
    Number of files                              :    108
    Physical Reads                               :    2056
    Physical Writes                              :    265
    Read Time                                    :    242203      ms
    Write Time                                   :    6282        ms
Disk usage:
    DB size                                      :    8527        MB
    Total Physical writes                        :    265
    Average Physical write                       :    42184.02
    Maximum Physical write                       :    265
Activity statistics:
    Active SQL count                             :    3
    Session count                                :    4
Node statistics information:
dn_6001:
    MPPDB CPU Time                               :    43471190    Jiffies
    Host CPU Busy Time                           :    59448630    Jiffies
    Host CPU Total Time                          :    4037109610 Jiffies

……(部分结果省略)

Session statistics information(Top 10):
Session CPU statistics:
1 dn_6001-postgres-omm:
    Session CPU time                             :    2
    Database CPU time                            :    43471260
    Session CPU time %                           :    0.00        %
2 dn_6001-postgres-omm:
    Session CPU time                             :    0
    Database CPU time                            :    43471260
    Session CPU time %                           :    0.00        %

……(部分结果省略)
```

```
Session Memory statistics:
1 dn_6001 - postgres - omm:
    Buffer Reads                          :    1056
    Shared Buffer Hit ratio               :    100.00
    In Memory sorts                       :    1
    In Disk sorts                         :    0
    In Memory sorts ratio                 :    100.00
    Total Memory Size                     :    8109936
    Used Memory Size                      :    6217083

……(部分结果省略)

Session IO statistics:
1 dn_6001 - postgres - omm:
    Physical Reads                        :    94
    Read Time                             :    15408
2 dn_6001 - postgres - omm:
    Physical Reads                        :    4
    Read Time                             :    9911
3 dn_6001 - postgres - omm:
    Physical Reads                        :    0
    Read Time                             :    0

……(部分结果省略)
```

3. 检查 SSD

可使用如下命令检查 SSD 性能：

```
[root@ecs - c32a ~]# gs_checkperf -i SSD -U omm
```

4. 性能检查项

表 6-3 展示了具体的性能检查项。

表 6-3　性能检查项

分　类	性能参数项	描　述
openGauss 级别	主机 CPU 占用率	主机 CPU 占用率
	openGauss CPU 占用率	openGauss CPU 占用率
	共享内存击中率	共享内存的击中率
	内存中排序比率	内存中完成的排序所占比率
	I/O 使用情况	文件读写次数和时间
	磁盘使用情况	文件写次数和平均写时间、最大写时间等
	事务统计	当前 SQL 执行数和会话(Session)数

续表

分　类	性能参数项	描　述
节点级别	CPU 使用情况	主机使用 CPU 情况，包括 CPU 占用时间(CPU busy time)和 CPU 空闲时间(CPU idle time)等
	内存使用情况	主机使用内存情况，包括物理内存总量和已使用量等
	I/O 使用情况	文件读写次数和时间
会话/进程级别	CPU 使用情况	会话使用 CPU 情况，包括 CPU 占用时间和 CPU 空闲时间等
	内存使用情况	会话使用内存情况，包括物理内存总量和已使用量等
	I/O 使用情况	会话共享缓冲区命中次数等
SSD 性能(只有 root 用户才能查看)	写入性能	使用 dd 命令(flag=direct bs=8M count=2560)向每个 SSD 写入内容，写入每个 SSD 的时间应在 10s 左右
	读取性能	使用 dd 命令(flag=direct bs=8M count=2560)从每个 SSD 读取内容，读取每个 SSD 的时间应在 7s 左右

6.2.2 异常处理

使用 gs_checkperf 工具检查 openGauss 性能状态后，若发现异常，可根据表 6-4～表 6-7 中的内容进行修复。

表 6-4　openGauss 级别性能状态异常及处理方法

异常状态	处理方法
主机 CPU 占有率高	(1) 更换和增加高性能的 CPU； (2) 使用 top 命令查看系统中哪些进程的 CPU 占有率高，然后使用 kill 命令关闭没有使用的进程
openGauss CPU 占有率高	(1) 更换和增加高性能的 CPU； (2) 使用 top 命令查看数据库中哪些进程的 CPU 占有率高，然后使用 kill 命令关闭没有使用的进程
共享内存命中率低	(1) 扩大内存； (2) 使用"vim /etc/sysctl.conf"命令 查看操作系统配置文件"/etc/sysctl.conf"，调大共享内存
内存中排序比率低	扩大内存
I/O、磁盘使用率高	(1) 更换高性能的磁盘； (2) 调整数据布局，尽量将 I/O 请求较合理地分配到所有物理磁盘中； (3) 对全部数据库进行 VACUUM FULL 操作。该操作影响性能，建议在业务空闲期进行； (4) 进行磁盘整理； (5) 降低并发数
事务统计	查询 pg_stat_activity 系统表，断开不必要的连接

表 6-5 节点级别性能状态异常及处理方法

异常状态	处理方法
CPU占有率高	(1) 更换和增加高性能的CPU； (2) 使用top命令查看系统中哪些进程的CPU占有率高，然后使用kill命令结束没有使用的进程
内存使用率过高情况	扩大或清理内存
I/O使用率过高情况	(1) 更换高性能的磁盘； (2) 进行磁盘清理； (3) 尽可能用内存的读写代替直接磁盘I/O，使频繁访问的文件或数据放入内存中进行操作处理

表 6-6 会话/进程级别性能状态异常及处理方法

异常状态	处理方法
CPU、内存、I/O使用率过高情况	查看哪个进程占用CPU/内存高或I/O使用率高，若是无用的进程，则使用kill命令关闭，否则排查具体原因。例如，SQL执行占用内存大，查看SQL语句是否需要优化

表 6-7 SSD性能状态异常及处理方法

异常状态	处理方法
SSD读写性能障碍	使用以下命令查看SSD是否有故障，排查具体的故障原因： `gs_checkperf -i SSD -U omm`

6.3 日志检查和管理

日志文件是用于记录发生在操作系统或软件中事件的文件。因此，日志是检查系统运行及故障定位的关键手段。日志检查和管理是数据库日常维护、故障定位和数据库恢复操作的重要步骤。建议按月例行查看操作系统日志及数据库的运行日志。同时，随着时间的推移，日志的增加会占用较多的磁盘空间。建议按月清理数据库的运行日志。本节内容包括对各种日志类型的介绍，以及对检查和清理方法的描述。

6.3.1 日志类型简介

在数据库运行期间会产生大量的日志文件，其中既有保证数据库安全可靠的WAL日志(Write-Ahead Logging，预写式日志，也称为Xlog)，也有用于数据库日常维护的运行和操作日志等。当数据库发生故障时，这些日志对问题定位和数据库恢复操作具有重大的参考作用。

日志类型说明见表6-8。

表 6-8 日志类型说明

类　型	说　明
系统日志	数据库系统进程运行时产生的日志，记录系统进程的异常信息
操作日志	通过客户端工具(如 gs_guc)操作数据库时产生的日志
审计日志	开启数据库审计功能后，将数据库用户的某些操作记录在日志中，这些日志称为审计日志
WAL 日志	又称为 REDO 日志，在数据库异常损坏时，可以利用 WAL 日志进行恢复。由于 WAL 日志的重要性，所以需要经常备份这些日志
性能日志	数据库系统在运行时检测物理资源运行状态的日志，包括磁盘等外部资源的访问检测信息

6.3.2 系统日志

openGauss 运行时数据库节点，以及 openGauss 安装部署时产生的日志统称为系统日志。如果 openGauss 在运行时发生故障，则可以通过这些系统日志及时定位故障发生的原因，根据日志内容制定恢复 openGauss 的方法。

1. 日志文件的存储路径

日志文件的存储路径由安装数据库使用的 XML 文件 gaussdbLogPath 参数指定，包括：

(1) 数据库节点的运行日志放在"/var/log/gaussdb/用户名/pg_log"中各自对应的目录下。

(2) openGauss 安装、卸载时产生的日志放在"/var/log/gaussdb/用户名/om"目录下。

(3) 默认情况下，操作系统中的"/var/log/gauss.log"中也记录着 openGauss 运行日志。

2. 日志文件的命名格式

数据库节点运行日志文件的命名格式为：postgresql-创建时间.log。

默认情况下，每日 0 点或者日志文件大于 16MB 或者数据库实例(数据库节点)重新启动后，会生成新的日志文件。

3. 日志内容说明

数据库节点每行日志内容的默认格式为：日期＋时间＋时区＋用户名称＋数据库名称＋会话 ID＋日志级别＋日志内容。

6.3.3 操作日志

操作日志是指数据库管理员使用工具操作数据库时，以及工具被 openGauss 调用时产生的日志。如果 openGauss 发生故障，则可以通过这些日志信息跟踪用户、了解用户对数据库进行了哪些操作，重现故障场景。

1. 日志文件的存储路径

日志文件默认存储在"$GAUSSLOG/bin"目录下，如果环境变量 GAUSSLOG 存在或者变量值为空，则工具日志信息不会记录到对应的工具日志文件中，只会打印到屏幕上。

其中“$GAUSSLOG”默认为“/var/log/gaussdb/用户名”，就是安装时使用的XML文件中指定的gaussdbLogPath参数值。

说明：如果使用om脚本部署，则日志路径为“/var/log/gaussdb/用户名”。

2. 日志文件的命名格式

日志文件的命名格式包括：

(1)“工具名-日志创建时间.log”为历史日志文件的命名格式。

(2)“工具名-日志创建时间-current.log”为当前日志文件的命名格式。

如果日志大小超过16MB，下次调用该工具时，会重命名当前日志文件为历史日志文件，并以当前时间生成新的当前日志文件。

例如，将“gs_guc-2020-12-16_183728-current.log”重命名为“gs_guc-2020-12-16_183728.log”，然后重新生成“gs_guc-2020-12-17_142216-current.log”。

3. 维护建议

建议定时对过期的日志文件进行转储，以避免大量日志占用太多的磁盘空间并避免重要的日志丢失。

6.3.4 审计日志

审计功能开启时会不断产生大量的审计日志，占用磁盘空间。用户可以根据计算机磁盘空间的大小设置审计日志维护策略。检查和管理审计日志的相关内容请参见10.6.3节。

6.3.5 WAL日志

预写式日志(write ahead log，WAL，也称为Xlog)是实现事务日志的标准方法。对数据文件(表和索引的载体)持久化修改之前必须先持久化相应的日志。如果要修改数据文件，必须在这些修改操作已经记录到日志文件之后进行，即在描述这些变化的日志记录刷新到永久存储器之后。在系统崩溃时，可以使用WAL对openGauss进行恢复操作。

1. 日志文件的存储路径

以一个数据库节点为例，日志文件默认存储在“/gaussdb/data/data_dn/pg_xlog”目录下。其中，“/gaussdb/data/data_dn”代表openGauss节点的数据目录。

2. 日志文件的命名格式

日志文件是以段文件的形式存储的，每个段为16MB。每个段又可分割成若干页，每页8KB。

对WAL的命名说明如下。一个段文件的名称由24个十六进制数字组成，分为3部分，每部分由8个十六进制数字组成：第一部分表示时间线；第二部分表示日志文件标号；第三部分表示日志文件的段标号。时间线从1开始，日志文件标号和日志文件的段标号从0开始。

例如，系统中的第一个事务日志文件命名为 000000010000000000000000。

说明：这些数字一般情况下是顺序增长使用的(若把所有可用数字都用完，也需要非常长的时间)，但也可能存在循环使用的情况。

3. 日志内容说明

WAL 的内容取决于记录事务的类型，在系统崩溃时可以利用 WAL 进行恢复。默认配置下，openGauss 每次启动时会先读取 WAL 进行恢复。

4. 维护建议

WAL 对数据库异常恢复有重要的作用，建议定期对 WAL 进行备份。

6.3.6 性能日志

性能日志主要关注外部资源的访问性能问题。性能日志指的是数据库系统在运行时检测物理资源的运行状态的日志。在对外部资源进行访问时的性能检测，包括磁盘等外部资源的访问检测信息。在出现性能问题时，可以借助性能日志及时定位问题发生的原因，极大地提高解决问题的效率。

1. 日志文件的存储路径

数据库节点的性能日志目录在“$GAUSSLOG/gs_profile”中各个数据库节点的对应目录下。

2. 日志文件的命名格式

数据库节点的性能日志的命名格式为：postgresql-创建时间.prf。

默认情况下，每日 0 点或者日志文件大于 20MB 或者数据库实例(数据库节点)重新启动后，会生成新的日志文件。

3. 日志内容说明

数据库节点每行日志内容的默认格式为：主机名称＋日期＋时间＋实例名称＋线程号＋日志内容。

6.3.7 日志检查和清理

1. 检查操作系统日志

建议按月检查操作系统日志，排除操作系统运行异常隐患。

执行如下命令，可查看操作系统日志文件：

```
vim /var/log/messages  # 日志量较少时可使用 more 或者 less 查看，日志量较大时可使用 tail
# 倒序查看。在生产环境中建议搭建 syslog 日志服务器，使用脚本定期自动化分析异常
```

关注其中近一个月出现的 kernel、error、fatal 等字样的内容，根据系统报警信息进行处理。

2. 检查 openGauss 运行日志

数据库运行时，某些操作在执行过程中可能会出现错误，但数据库依然能够运行。但是，此时数据库中的数据可能已经发生了不一致的情况。建议按月检查 openGauss 运行日志，及时发现隐患。对于核心生产数据库，应该每天巡检日志或监控异常日志；对于边缘生产数据库，可以按周或按月巡检数据库日志。

1) 前提条件

检查 openGauss 运行日志的前提条件是：

(1) 收集日志的主机网络通畅且未死机，数据库安装用户互信正常。

(2) 日志收集工具依赖操作系统工具(如 gstack)，如果未安装该工具，则提示错误后，跳过该收集项。

2) 操作步骤

检查 openGauss 运行日志的操作步骤是：

(1) 以操作系统用户 omm 登录数据库主节点。

(2) 执行如下命令收集数据库日志：

```
gs_collector --begin-time="20201216 01:01" --end-time="20201216 23:59"
```

其中，20201216 01:01 为日志的开始时间，20201216 23:59 为日志的结束时间。

(3) 根据前一步骤中命令的输出结果提示，进入相应的日志收集目录，解压收集的日志，并检查数据库日志。

以日志收集路径"/opt/gaussdb/tmp/gaussdba_mppdb/collector_20201216_183252.tar.gz"为例进行操作，命令如下：

```
tar -xvzf /opt/gaussdb/tmp/gaussdba_mppdb/collector_20201216_183252.tar.gz
cd /opt/gaussdb/tmp/gaussdba_mppdb/collector_20201216_183252
```

3. 清理运行日志

数据库运行过程中会产生大量的运行日志，占用大量的磁盘空间，建议清理过期日志文件，只保留一个月的日志。

可按照以下步骤进行日志清理：

(1) 以操作系统用户 omm 登录数据库主节点。

(2) 进入日志存放目录，命令如下：

```
cd $GAUSSLOG
```

(3) 将超过1个月的日志备份到其他磁盘(可使用 cp 等命令)。

(4) 进入相应的子目录，使用如下命令删除1个月之前产生的日志：

```
rm 日志文件名称
```

其中,日志文件的命名格式为:postgresql-年-月-日_HHMMSS。

6.4 例行表、索引维护

随着数据库的运行,其内存储的数据会不断变化,通过例行地维护表和索引,可优化数据库的性能,提升查询效率,使数据库保持稳定的表现。

6.4.1 例行维护表

为了保证数据库有效运行,数据库必须在插入/删除操作后基于客户场景,定期做 VACUUM FULL 和 ANALYZE,更新统计信息,以便获得更优的性能。

1. 相关概念

使用 VACUUM、VACUUM FULL 和 ANALYZE 命令定期对每个表进行维护,主要有以下原因:

(1) VACUUM FULL 可回收已更新或已删除的数据所占据的磁盘空间,同时将小数据文件合并。

(2) VACUUM 对每个表维护了一个可视化映射来跟踪包含对别的活动事务可见的数组的页。一个普通的索引扫描首先通过可视化映射获取对应的数组检查是否对当前事务可见。若无法获取,再通过堆数组抓取的方式检查。因此,更新表的可视化映射,可加速唯一索引扫描。

(3) VACUUM 可避免执行的事务数超过数据库阈值时,事务 ID 重叠造成的原有数据丢失。

(4) ANALYZE 可收集与数据库中表内容相关的统计信息,并将统计结果存储在系统表 PG_STATISTIC 中。查询优化器会使用这些统计数据,生成最有效的执行计划。

2. 操作步骤

1) 使用 VACUUM 或 VACUUM FULL 命令进行磁盘空间回收

具体操作步骤为:

(1) 对表执行 VACUUM 操作,命令如下:

```
postgres = # VACUUM customer;
VACUUM
```

该操作可以与数据库操作命令并行运行。(执行期间,可正常使用的语句为 SELECT、INSERT、UPDATE 和 DELETE,不可正常使用的语句为 ALTER TABLE)。

(2) 对表分区执行 VACUUM 操作,命令如下:

```
postgres = # VACUUM customer_par PARTITION ( P1 );
VACUUM
```

(3) 对表执行 VACUUM FULL 操作,命令如下:

```
postgres = # VACUUM FULL customer;
VACUUM
```

该操作需要向正在执行的表增加排他锁,且需要停止其他所有数据库操作。

2) 使用 ANALYZE 语句更新统计信息

使用 ANALYZE 语句,命令如下:

```
postgres = # ANALYZE customer;
ANALYZE
```

使用 ANALYZE VERBOSE 语句更新统计信息,并输出表的相关信息,命令如下:

```
postgres = # ANALYZE VERBOSE customer;
ANALYZE
```

也可以同时执行 VACUUM ANALYZE 命令进行查询优化,命令如下:

```
postgres = # VACUUM ANALYZE customer;
VACUUM
```

3) 删除表

基本命令如下:

```
postgres = # DROP TABLE customer;
postgres = # DROP TABLE customer_par;
postgres = # DROP TABLE part;
```

若结果显示为如下信息,则表示删除成功:

```
DROP TABLE
```

3. 维护建议

例行维护表的建议如下:

(1) 根据业务需要和特点,可定期对部分大表做 VACUUM FULL,在性能下降后可考虑为全部数据库做 VACUUM FULL。注意,VACUUM FULL 操作会阻塞业务,在大表上进行该操作会比较耗时。在正式生产环境中，不推荐频繁进行该操作，且应合理安排，避免长时间阻塞业务。

(2) 定期对系统表做 VACUUM FULL，主要是 PG_ATTRIBUTE。

(3) 启用系统自动清理进程(AUTOVACUUM)自动执行 VACUUM 和 ANALYZE，回收被标识为删除状态的记录空间，并更新表的统计数据。

6.4.2 例行重建索引

1. 背景信息

数据库支持的索引类型为 B-tree 索引。一方面，数据库经过多次删除操作后，索引页面上的索引键将被删除。这会导致索引页面稀疏，造成索引膨胀，进而降低索引的使用效率。重建索引可回收浪费的空间。另一方面，新建的索引中，逻辑结构相邻的页面在物理结构中通常也是相邻的，所以一个新建的索引比更新了多次的索引访问速度要快。

因此，例行重建索引，可有效地提高查询效率。

2. 重建索引

重建索引有以下两种方式：

(1) 先删除索引(DROP INDEX)，再创建索引(CREATE INDEX)。

在删除索引过程中，会在父表上增加一个短暂的排他锁，阻止相关读写操作。在创建索引过程中，会锁住写操作，但是不会锁住读操作，此时读操作只能使用顺序扫描。

(2) 使用 REINDEX TABLE 语句重建索引。

使用 REINDEX TABLE 语句重建索引时，会在重建过程中增加排他锁，阻止相关读写操作。使用 REINDEX INTERNAL TABLE 语句重建 desc 表(包括列存储表的 cudesc 表)的索引时，会在重建过程中增加排他锁，阻止相关读写操作。

3. 操作步骤

假定在导入表 areaS 的 area_id 字段上存在普通索引 areaS_idx。两种重建索引方法的操作步骤如下：

(1) 先删除现有索引，再创建新索引。

先删除现有索引，命令如下：

```
postgres=# DROP INDEX areaS_idx;
DROP INDEX
```

再创建新索引，命令如下：

```
postgres=# CREATE INDEX areaS_idx ON areaS (area_id);
CREATE INDEX
```

(2) 使用 REINDEX TABLE 语句重建索引。

先使用 REINDEX TABLE 语句重建索引，命令如下：

```
postgres = # REINDEX TABLE areaS;
REINDEX
```

再使用 REINDEX INTERNAL TABLE 语句重建 desc 表(包括列存储表的 cudesc 表)的索引，命令如下：

```
postgres = # REINDEX INTERNAL TABLE areaS;
REINDEX
```

说明：在重建索引前，用户可以通过临时增大 maintenance_work_mem 和 psort_work_mem 的取值加快索引的重建。

6.5 小结

本章描述了对 openGauss 数据库进行例行维护的相关内容，包括运行健康状态检查、性能检查、日志检查和管理，以及例行表和索引维护等方面，并介绍了具体的操作方法和步骤。用户可根据具体的业务场景，定期对数据库进行相应的例行维护操作，使其处于健康的运行状态，并可持续地提供稳定的服务。熟练使用维护工具可快速了解数据库运行的整体状态和性能，针对出现的故障进行定位和处理。特别需要注意的是，对日志检查和管理时(尤其是在清理时)应谨慎操作，并定期备份重要的日志文件(如 WAL 日志)，以在数据库异常时恢复数据。另外，日志中可包含敏感数据，在传送和存储等过程中应规范操作，避免泄露。

6.6 习题

1. (多选题)下列哪些场景检查需要在 omm 用户下进行？(　　)

   A. 例行检查　　B. 扩容新节点检查

   C. 升级前检查　　D. 健康检查

2. 请描述单项检查 CheckLogicalBlock 的检查内容，并验证其源代码是否正确实现了该检查内容。

3. 若要检查 openGauss 当前的会话(Session)数，应使用(　　)工具？

   A. gs_checkperf　　B. gs_check

   C. gs_om　　D. gs_gus

4. 在数据库异常时进行恢复需要使用什么日志？请简要描述该日志的备份步骤。

5. 哪些操作可优化数据库性能？

第7章

数据库备份与恢复及导入与导出

在日常使用中，一些意外情况可能导致数据丢失，因此定期备份是保证数据安全的一个有效手段。在数据出现丢失或错误时，可以使用之前备份的数据进行还原，这能在一定程度上挽回损失。openGauss数据库提供了多种数据备份、还原和数据导入、导出的方法，本章将逐一介绍。

7.1 导入数据

openGauss数据库提供了灵活的数据入库方式：INSERT、COPY FROM STDIN及gsql元命令\copy。各种方式具有不同的特点：

(1) INSERT语句可以插入一行或多行数据，或从指定表插入数据。

(2) COPY FROM STDIN语句可以直接向openGauss数据库写入数据。通过JDBC驱动的CopyManager接口从其他数据库向openGauss数据库写入数据时，该语句具有业务数据无须落地成文件的优势。

(3) 与直接使用COPY FROM STDIN语句不同，gsql元命令\copy读取/写入的文件只能是gsql客户端所在机器上的本地文件。\copy只适合小批量、格式良好的数据导入，不会对非法字符做预处理，也无容错能力，无法适用于含有异常数据的场景。导入数据应优先选择COPY。

7.1.1 通过INSERT语句直接写入数据

openGauss数据库支持完整的数据库事务级别的增、删、改操作。INSERT是最简单的一种数据写入方式，这种方式适合数据写入量不大，并发度不高的场景。用户可以通过以下方式执行INSERT语句直接向openGauss数据库写入数据。

(1) 使用openGauss数据库提供的客户端工具向openGauss数据库写入数据。具体内容参见2.4节。

(2) 通过JDBC/ODBC驱动连接数据库执行INSERT语句向openGauss数据库写入数据。具体内容参见3.4节。

7.1.2 使用COPY FROM STDIN导入数据

这种方式适合数据写入量不太大，并发度不太高的场景。用户可以使用以下方式通过COPY FROM STDIN语句直接向openGauss写入数据。

（1）通过键盘输入向 openGauss 数据库写入数据。

（2）通过 JDBC 驱动的 CopyManager 接口从文件或者数据库向 openGauss 写入数据。此方法支持 COPY 语法中 copy option 的所有参数。

其中，CopyManager 是 openGauss JDBC 驱动中提供的一个 API 类，用于批量向 openGauss 数据库中导入数据。

1. CopyManager 的继承关系

CopyManager 类位于 org.postgresql.copy 包中，继承自 java.lang.Object 类，该类的声明语句如下：

```
public class CopyManager
extends Object
```

2. 构造方法

CopyManager 类的构造方法如下：

```
public CopyManager(BaseConnection connection)
throws SQLException
```

3. 常用方法

CopyManager 的常用方法见表 7-1。

表 7-1　CopyManager 的常用方法

返回值	方　法	描　述	抛出(throws)异常
CopyIn	copyIn(String sql)	—	SQLException
long	copyIn(String sql,InputStream from)	使用 COPY FROM STDIN 从 InputStream 快速向数据库中的表导入数据	SQLException,IOException
long	copyIn(String sql,InputStream from,int bufferSize)		
long	copyIn(String sql,Reader from)	使用 COPY FROM STDIN 从 Reader 快速向数据库中的表导入数据	SQLException,IOException
long	copyIn(String sql,Reader from,int bufferSize)		
CopyOut	copyOut(String sql)	—	SQLException
long	copyOut(String sql,OutputStream to)	将一个 COPY TO STDOUT 的结果集从数据库发送到 OutputStream 类中	SQLException,IOException
long	copyOut(String sql,Writer to)	将一个 COPY TO STDOUT 的结果集从数据库发送到 Writer 类中	SQLException,IOException

4. 任务示例

以下是一些使用 COPY FROM STDIN 导入数据的任务示例。

(1) 通过本地文件导入、导出数据。

在使用 Java 语言基于 openGauss 进行二次开发时，可以使用 CopyManager 接口，通过流方式，将数据库中的数据导出到本地文件或者将本地文件导入数据库中，文件支持 CSV、TEXT 等格式。样例程序如下，执行时需要加载 openGauss 的 JDBC 驱动。

```
import java.sql.Connection;
import java.sql.DriverManager;
import java.io.IOException;
import java.io.FileInputStream;
import java.io.FileOutputStream;
import java.sql.SQLException;
import org.postgresql.copy.CopyManager;
import org.postgresql.core.BaseConnection;

public class Copy{

    public static void main(String[] args)
    {
     String urls = new String("jdbc: postgresql://localhost:26000/postgres"); //数据库 URL
     String username = new String("username");              //用户名
     String password = new String("passwd");                //密码
     String tablename = new String("migration_table");      //定义表信息
     String tablename1 = new String("migration_table_1");  //定义表信息
     String driver = "org.postgresql.Driver";
     Connection conn = null;

     try {
         Class.forName(driver);
         conn = DriverManager.getConnection(urls, username, password);
     } catch (ClassNotFoundException e) {
          e.printStackTrace(System.out);
     } catch (SQLException e) {
          e.printStackTrace(System.out);
     }

     // 将表 migration_table 中的数据导出到本地文件 d:/data.txt
     try {
         copyToFile(conn, "d:/data.txt", "(SELECT * FROM migration_table)");
     } catch (SQLException e) {
         // TODO Auto - generated catch block
         e.printStackTrace();
     } catch (IOException e) {
         // TODO Auto - generated catch block
         e.printStackTrace();
     }
```

```
        //将 d:/data.txt 中的数据导入 migration_table_1 中
        try {
            copyFromFile(conn, "d:/data.txt", tablename1);
        } catch (SQLException e) {
            // TODO Auto - generated catch block
            e.printStackTrace();
        } catch (IOException e) {
            // TODO Auto - generated catch block
            e.printStackTrace();
        }

        // 将表 migration_table_1 中的数据导出到本地文件 d:/data1.txt
        try {
            copyToFile(conn, "d:/data1.txt", tablename1);
        } catch (SQLException e) {
            // TODO Auto - generated catch block
            e.printStackTrace();
        } catch (IOException e) {
            // TODO Auto - generated catch block
            e.printStackTrace();
        }
    }

    public static void copyFromFile(Connection connection, String filePath, String tableName)
            throws SQLException, IOException {

        FileInputStream fileInputStream = null;

        try {
            CopyManager copyManager = new CopyManager((BaseConnection)connection);
            fileInputStream = new FileInputStream(filePath);
            copyManager.copyIn("COPY " + tableName + " FROM STDIN with (" + "DELIMITER" + "'" +
delimiter + "'" + "ENCODING " + "'" + encoding + "')", fileInputStream);
        } finally {
            if (fileInputStream != null) {
                try {
                    fileInputStream.close();
                } catch (IOException e) {
                    e.printStackTrace();
                }
            }
        }
    }
        public static void copyToFile (Connection connection, String filePath, String
tableOrQuery)
            throws SQLException, IOException {
```

```
        FileOutputStream fileOutputStream = null;

        try {
            CopyManager copyManager = new CopyManager((BaseConnection)connection);
            fileOutputStream = new FileOutputStream(filePath);
            copyManager.copyOut("COPY " + tableOrQuery + " TO STDOUT", fileOutputStream);
        } finally {
            if (fileOutputStream != null) {
                try {
                    fileOutputStream.close();
                } catch (IOException e) {
                    e.printStackTrace();
                }
            }
        }
    }
}
```

(2) 从 MySQL 向 openGauss 数据库进行数据迁移。

下面演示如何通过 CopyManager 从 MySQL 向 openGauss 数据库进行数据迁移的过程。

```
import java.io.StringReader;
import java.sql.Connection;
import java.sql.DriverManager;
import java.sql.ResultSet;
import java.sql.SQLException;
import java.sql.Statement;

import org.postgresql.copy.CopyManager;
import org.postgresql.core.BaseConnection;

public class Migration{

    public static void main(String[] args) {
        String url = new String("jdbc:postgresql://localhost:26000/postgres");
                                                              //数据库 URL
        String user = new String("username");                 //openGauss 数据库用户名
        String pass = new String("passwd");                   //openGauss 数据库密码
        String tablename = new String("migration_table_1");   //定义表信息
        String delimiter = new String("|");                   //定义分隔符
        String encoding = new String("UTF8");                 //定义字符集
        String driver = "org.postgresql.Driver";
        StringBuffer buffer = new StringBuffer();             //定义存放格式化数据的缓存
```

```
        try {
            //获取源数据库查询结果集
            ResultSet rs = getDataSet();

            //遍历结果集,逐行获取记录
            //将每条记录中的各字段值按指定分隔符分隔,以换行符结束,拼成一个字符串
            //把拼成的字符串添加到缓存 buffer
            while (rs.next()) {
                buffer.append(rs.getString(1) + delimiter
                        + rs.getString(2) + delimiter
                        + rs.getString(3) + delimiter
                        + rs.getString(4)
                        + "\n");
            }
            rs.close();

            try {
                //建立目标数据库连接
                Class.forName(driver);
                Connection conn = DriverManager.getConnection(url, user, pass);
                BaseConnection baseConn = (BaseConnection) conn;
                baseConn.setAutoCommit(false);

                //初始化表信息
                String sql = "Copy " + tablename + " from STDIN with (DELIMITER " + "'" +
delimiter + "'" +"," + " ENCODING " + "'" + encoding + "'");

                //提交缓存 buffer 中的数据
                CopyManager cp = new CopyManager(baseConn);
                StringReader reader = new StringReader(buffer.toString());
                cp.copyIn(sql, reader);
                baseConn.commit();
                reader.close();
                baseConn.close();
            } catch (ClassNotFoundException e) {
                e.printStackTrace(System.out);
            } catch (SQLException e) {
                e.printStackTrace(System.out);
            }

        } catch (Exception e) {
            e.printStackTrace();
        }
    }

    //***********************************
    // 从源数据库返回查询结果集
    //************************************
    private static ResultSet getDataSet() {
        ResultSet rs = null;
```

```
        try {
            Class.forName("com.MY.jdbc.Driver").newInstance();
             Connection conn = DriverManager.getConnection("jdbc:MY://10.119.179.227:
3306/jack?useSSL=false&allowPublicKeyRetrieval=true", "jack", "Gauss@123");
            Statement stmt = conn.createStatement();
            rs = stmt.executeQuery("select * from migration_table");
        } catch (SQLException e) {
            e.printStackTrace();
        } catch (Exception e) {
            e.printStackTrace();
        }
        return rs;
    }
}
```

7.1.3 使用 gsql 元命令导入数据

数据仓库服务的 gsql 工具提供了元命令\copy 进行数据导入。

1. \copy 元命令说明

在任何 gsql 客户端登录数据库成功后，可以使用\copy 命令进行数据的导入/导出。但是，与 SQL 的 COPY 命令不同，\copy 命令读取/写入的文件是本地文件，而非数据库服务器端文件。所以，要操作的文件的可访问性、权限等，都会受限于本地用户的权限。\copy 命令的语法格式如下：

```
\copy { table [ ( column_list ) ] | ( query ) } { from | to } { filename | stdin | stdout | pstdin
| pstdout } [ with ] [ binary ] [ delimiter [ as ] 'character' ] [ null [ as ] 'string' ] [ csv [
header ] [ quote [ as ] 'character' ] [ escape [ as ] 'character' ] [ force quote column_list | *
] [ force not null column_list ] ]
```

\copy 元命令参数说明见表 7-2。

表 7-2 \copy 元命令参数说明

参　数	说　明
table	表的名称(可以有模式修饰)。 取值范围：已存在的表名
column_list	可选的待复制字段列表。 取值范围：任意字段。如果没有声明字段列表，将使用所有字段
query	其结果将被复制。 取值范围：一个必须用圆括弧包围的 SELECT 或 VALUES 命令
filename	文件的绝对路径。执行 copy 命令的用户必须有此路径的写权限
stdin	声明输入来自标准输入
stdout	声明输出打印到标准输出

续表

参　数	说　明
pstdin	声明输入是来自gsql的标准输入
pstout	声明输出打印到gsql的标准输出
binary	使用二进制格式存储和读取，而不是以文本的方式。在二进制模式下，不能声明DELIMITER、NULL、CSV选项。指定binary类型后，不能再通过option或copy_option指定CSV、FIXED、TEXT等类型
delimiter[as] 'character'	指定数据文件中行数据的字段分隔符。 (1) 分隔符不能是\r和\n； (2) 分隔符不能和null参数相同，CSV格式数据的分隔符不能和quote参数相同； (3) TEXT格式数据的分隔符不能包含：\.abcdefghijklmnopqrstuvwxyz0123456789； (4) 数据文件中单行数据长度需小于1GB，如果分隔符较长且数据列较多，会影响导出有效数据的长度； (5) 分隔符推荐使用多字符(如'$^&')和不可见字符(如0x07、0x08、0x1b等) 取值范围：支持多字符分隔符，但分隔符不能超过10B 默认值： (1) TEXT格式的默认分隔符是水平制表符(tab)； (2) CSV格式的默认分隔符为"，"； (3) FIXED格式没有分隔符
null[as] 'string'	用来指定数据文件中空值的表示。 取值范围： (1) null值不能是\r和\n，最大为100个字符； (2) null值不能和分隔符、quote参数相同。 默认值： (1) CSV格式下默认值是一个没有引号的空字符串； (2) 在TEXT格式下默认值是\N
header	指定导出数据文件是否包含标题行，标题行一般用来描述表中每个字段的信息。header只能用于CSV、FIXED格式的文件中。导入数据时，如果header选项为on，则数据文本第一行会被识别为标题行，会忽略此行。如果header为off，则数据文件中第一行会被识别为数据。导出数据时，如果header选项为on，则需要指定fileheader。fileheader是指定导出数据包含标题行的定义文件。如果header为off，则导出数据文件不包含标题行。 取值范围：true/on，false/off。 默认值：false
quote[as] 'character'	CSV格式文件下的引号字符： (1) quote参数不能和分隔符、null参数相同； (2) quote参数只能是单字节的字符； (3) 推荐不可见字符作为quote，例如0x07、0x08、0x1b等。 默认值："
escape[as] 'character'	CSV格式下，用来指定逃逸字符。逃逸字符只能指定为单字节字符。 默认值："。当与quote参数值相同时，会被替换为'\0'

续表

参　　数	说　　明
force quote column_list | *	在 CSV COPY TO 模式下，强制在每个声明的字段周围对所有非 NULL 值都使用引号包裹。NULL 输出不会被引号包裹。 取值范围：已存在的字段
force not null column_list	在 CSV COPY FROM 模式下，指定的字段输入不能为空。 取值范围：已存在的字段

2. 任务示例

以下是一些使用 gsql 元命令导入数据的任务示例。

(1) 从标准输入(stdin)复制数据。

首先，创建目标表 a：

```
tpcc = # CREATE TABLE a(a int);
```

接下来，从 stdin 复制数据到目标表 a：

```
\copy a from stdin;
```

出现>>符号提示时，输入数据，输入\. 时结束：

```
Enter data to be copied followed by a newline.
End with a backslash and a period on a line by itself.
>> 1
>> 2
>> \.
```

查询导入目标表 a 的数据：

```
tpcc = # SELECT * FROM a;
 a
---
 1
 2
(2 rows)
```

(2) 从本地复制数据。

以 TPC-C 数据集中的表 warehouse 为例，假设存在本地文件/home/omm/warehouse0. data。

首先，创建目标表 warehouse：

```
tpcc = # CREATE TABLE warehouse (
 w_id INTEGER,
 w_name VARCHAR(10),
```

```
w_street_1 VARCHAR(20),
 w_street_2 VARCHAR(20),
 w_city VARCHAR(20),
 w_state char(2),
 w_zip char(9),
 w_tax REAL,
 w_ytd NUMERIC(24, 12));
```

接下来，从本地复制数据到目标表 warehouse：

```
\copy warehouse FROM '/home/omm/warehouse0.data';
```

7.2 备份与恢复的类型及对比

数据备份是保护数据安全的重要手段之一。为了更好地保护数据安全，openGauss 数据库支持两种备份恢复类型、多种备份恢复方案，在备份和恢复过程中提供数据的可靠性保障机制。备份与恢复类型可分为物理备份与恢复、逻辑备份与恢复。

(1) 物理备份与恢复：通过物理文件复制的方式对数据库进行备份，以磁盘块为基本单位将数据备份。通过备份的数据文件及归档日志等文件，数据库可以完全恢复。物理备份速度快，一般用于对数据进行备份和恢复，以及全量备份的场景。通过合理规划，可以低成本进行备份与恢复。

(2) 逻辑备份与恢复：通过逻辑导出对数据进行备份，逻辑备份只能基于备份时刻进行数据转储，所以恢复时也只能恢复到备份时保存的数据。对于故障点和备份点之间的数据，逻辑备份无能为力。逻辑备份适合备份那些很少变化的数据，当这些数据因误操作被损坏时，可以通过逻辑备份进行快速恢复。如果通过逻辑备份进行全库恢复，通常需要重建数据库，导入备份数据来完成，对于可用性要求很高的数据库，这种恢复时间太长，通常不采用。由于逻辑备份具有平台无关性，所以更常见的是，逻辑备份被作为一个数据迁移及移动的主要手段。

表 7-3 为 openGauss 支持的两类数据备份恢复方案。备份方案也决定了当异常发生时该如何恢复。

表 7-3 两种类型的备份与恢复对比

备份类型	应用场景	优缺点
物理备份与恢复	适用于数据量大的场景，主要用于全量数据备份恢复，也可对整个数据库中的 WAL 归档日志和运行日志进行备份与恢复	数据量大时，备份效率高
逻辑备份与恢复	适合于数据量小的场景； 目前用于表备份恢复，可以备份与恢复单表和多表	可按用户需要进行指定对象的备份与恢复，灵活度高； 当数据量大时，备份效率低

7.3 物理备份与恢复

本节主要介绍物理备份与恢复。逻辑备份与恢复见7.4节。

7.3.1 使用gs_basebackup备份数据

openGauss部署成功后，在数据库运行的过程中，会遇到各种问题及异常状态。openGauss提供了gs_basebackup工具做基础的物理备份。gs_basebackup的实现目标是对服务器数据库文件进行二进制复制，其实现原理使用了复制协议。远程执行gs_basebackup时，需要使用系统管理员账户。gs_basebackup当前支持热备份和压缩格式备份。

1. 使用说明

gs_basebackup的使用场景如下：

(1) gs_basebackup仅支持全量备份，不支持增量。

(2) gs_basebackup当前支持热备份模式和压缩格式备份模式。

(3) gs_basebackup在备份包含绝对路径的表空间时，不能在同一台机器上进行备份。对于同一台机器，绝对路径是唯一的，因此会产生冲突。可以在不同的机器上备份含绝对路径的表空间。

(4) 若打开增量检测点功能且打开双写，gs_basebackup也会备份双写文件。

(5) 若pg_xlog目录为软链接，备份时将不会建立软链接，会直接将数据备份到目的路径的pg_xlog目录下。

(6) 备份过程中收回用户备份权限，可能导致备份失败，或者备份数据不可用。

2. 前提条件

gs_basebackup的使用还需要满足以下条件：

(1) 可以正常连接openGauss数据库。

(2) 备份过程中用户权限没有被回收。

(3) pg_hba.conf中需要配置允许复制链接，且该链接必须由一个系统管理员建立。

(4) 如果xlog传输模式为stream模式，则需要配置max_wal_senders的数量，至少有一个可用。

(5) 如果xlog传输模式为fetch模式，则有必要把wal_keep_segments参数设置得足够高，这样，在备份末尾之前日志不会被移除。

(6) 在进行还原时，需要保证各节点备份目录中存在备份文件，若备份文件丢失，则需要从其他节点进行复制。

3. 语法

(1) 显示帮助信息，例如：

```
gs_basebackup -? | --help
```

(2) 显示版本号信息,例如:

```
gs_basebackup -V | --version
```

4. 参数说明

gs_basebackup 参数可以分为如下 3 类。

(1) -D directory。

-D directory 为备份文件输出的目录,是必选项。

(2) 常用参数。

gs_basebackup 常用参数说明见表 7-4。

表 7-4　gs_basebackup 常用参数说明

参　数	说　明
-c,-checkpoint=fast|spread	设置检查点模式为 fast 或者 spread(默认)
-l,-label=LABEL	为备份文件设置标签
-P,-progress	启用进展报告
-v,-verbose	启用冗长模式
-V,-version	打印版本后退出
-?,-help	显示 gs_basebackup 命令行参数
-T,-tablespace-mapping=olddir=newdir	在备份期间将目录 olddir 中的表空间重定位到 newdir 中。为使之有效,olddir 必须正好匹配表空间所在的路径(但如果备份中没有包含 olddir 中的表空间,也不是错误)。olddir 和 newdir 必须是绝对路径。如果一个路径凑巧包含了一个=符号,则可用反斜线对它转义。对于多个表空间,可以多次使用这个选项
-F,-format=plain|tar	设置输出格式为 plain(默认)或者 tar。没有设置该参数的情况下,默认-format=plain。plain 格式把输出写成平面文件,使用和当前数据目录和表空间相同的布局。当集簇没有额外表空间时,整个数据库将被放在目标目录中。如果集簇包含额外的表空间,主数据目录将被放置在目标目录中,但是所有其他表空间将被放在它们位于服务器上的相同的绝对路径中。tar 模式将输出写成目标目录中的 tar 文件。主数据目录将被写入一个名为 base.tar 的文件中,并且其他表空间将被以其 OID 命名。生成的 tar 包,需要用 gs_tar 命令解压
-X,-xlog-method=fetch|stream	设置 xlog 传输方式。没有设置该参数的情况下,默认为-xlog-method=stream。在备份中包括所需的预写式日志文件(WAL 文件)。这包括所有在备份期间产生的预写式日志。fetch 方式在备份末尾收集预写式日志文件。因此,有必要把 wal_keep_segments 参数设置得足够高,这样,在备份末尾之前日志不会被移除。如果在要传输日志时它已经被轮转,备份将失败并且是不可用的。stream 方式在备份被创建时流传输预写式日志。这将开启一个到服务器的第二连接并且在运行备份时并行开始流传输预写式日志。因此,它将最多使用两个由 max_wal_senders 参数配置的连接。只要客户端能保持接收预写式日志,使用这种模式就不需要在主控机上保存额外的预写式日志

续表

参　数	说　明
-x,-xlog	使用这个选项等效于和方法 fetch()一起使用-X
-Z -compress=level	启用对 tar 文件输出的 gzip 压缩，并且制定压缩级别(0～9,0 是不压缩,9 是最佳压缩)。只有使用 tar 格式时压缩才可用，并且会在所有 tar 文件名后面自动加上扩展名.gz
-z	同上，启用对 tar 文件输出的 gzip 压缩，使用默认的压缩级别

(3) 连接参数。

gs_basebackup 连接参数说明见表 7-5。

表 7-5　gs_basebackup 连接参数说明

参　数	说　明
-h,-host=HOSTNAME	指定正在运行服务器的主机名或者 UNIX 域套接字的路径
-p,-port=PORT	指定数据库服务器的端口号； 可以通过 port 参数修改默认端口号
-U,-username=USERNAME	指定连接数据库的用户
-s,-status-interval=INTERVAL	发送到服务器的状态包的时间(以秒为单位)
-w,-no-password	不出现输入密码提示
-W,-password	当使用-U 参数连接本地数据库或者连接远端数据库时，可通过指定该选项出现输入密码提示

5. 任务示例

使用 gs_basebackup 对指定数据库进行物理备份：

```
gs_basebackup -D /home/test/trunk/install/data/backup -h 127.0.0.1 -p 21233 -Fplain
-Xstream
INFO: The starting position of the xlog copy of the full build is: 0/1B2600000. The slot minimum
LSN is: 0/1B2600000.
```

7.3.2 PITR 任意时间点恢复

当数据库崩溃或希望回退到数据库之前的某个状态时，openGauss 的即时恢复功能(point-in-time recovery,PITR)可以支持恢复到备份归档数据之后的任意时间点。

1. 使用说明

PITR 仅支持恢复到物理备份数据之后的某一时间点，并且仅主节点可以进行 PITR 恢复，备机需要进行全量构建达成与主机数据同步。

PITR 恢复需要基于经过物理备份的全量数据文件和已归档的 WAL 日志文件。

2. PITR 恢复流程

具体操作步骤如下：

(1) 用物理备份的文件替换目标数据库目录。

(2) 删除数据库目录下 pg_xlog/中的所有文件。

(3) 将归档的 WAL 文件复制到 pg_xlog 文件中(此步骤可以省略,用配置 recovery.conf 恢复命令文件中的 restore_command 项替代)。

(4) 在数据库目录下创建恢复命令文件 recovery.conf,指定数据库恢复的程度。

(5) 启动数据库。

(6) 连接数据库,查看是否恢复到希望的预期状态。

(7) 若已经恢复到预期状态,则通过 pg_xlog_replay_resume()指令使主节点对外提供服务。

3. recovery.conf 文件配置

1) 归档恢复配置

(1) restore_command = string

这个 SHELL 命令是获取 WAL 文件系列中已归档的 WAL 文件。字符串中的任何一个%f 都用归档检索中的文件名替换,并且%p 用服务器上的复制目的地的路径名替换。任意一个%r 都用包含最新可用重启点的文件名替换。

示例:

```
restore_command = 'cp /mnt/server/archivedir/%f %p'
```

(2) archive_cleanup_command = string

这个选项参数用于声明一个 shell 命令。每次重启时会执行这个 shell 命令。archive_cleanup_command 为清理备库不需要的归档 WAL 文件提供一个机制。任何一个%r 都由包含最新可用重启点的文件名代替。这是最早的文件,必须保留,以允许恢复能够重新启动,因此所有早于%r 的文件可以安全地移除。

示例:

```
archive_cleanup_command = 'pg_archivecleanup /mnt/server/archivedir %r'
```

需要注意的是,如果多个备服务器从相同的归档路径恢复时,需要确保任何一个备服务器在需要之前不能删除 WAL 文件。

(3) recovery_end_command = string

这个参数是可选的,用于声明一个只在恢复完成时执行的 SHELL 命令。recovery_end_command 为以后的复制或恢复提供了一个清理机制。

2) 恢复目标设置

(1) recovery_target_name = string

此参数声明命名还原到一个使用 pg_create_restore_point()创建的还原点。

示例:

```
recovery_target_name = 'restore_point_1'
```

(2) recovery_target_time = timestamp

此参数声明命名还原到一个指定时间戳。

示例：

```
recovery_target_time = '2020-01-01 12:00:00'
```

(3) recovery_target_xid = string

此参数声明还原到一个事务 ID。

示例：

```
recovery_target_xid = '3000'
```

(4) recovery_target_lsn = string

此参数声明还原到日志的指定 LSN 点。

示例：

```
recovery_target_lsn = '0/0FFFFFF'
```

(5) recovery_target_inclusive = boolean

此参数声明是否在指定恢复目标(true)之后停止，或在指定恢复目标(false)之前停止。修改声明仅支持恢复目标为 recovery_target_time、recovery_target_xid 和 recovery_target_lsn 的配置。

示例：

```
recovery_target_inclusive = true
```

recovery_target_name、recovery_target_time、recovery_target_xid、recovery_target_lsn 这 4 个配置项仅同时支持一项。如果不配置任何恢复目标，或配置目标不存在，则默认恢复到最新的 WAL 日志点。

7.4 逻辑备份与恢复

openGauss 提供的 gs_dump 和 gs_dumpall 工具，能够帮助用户备份需要的数据库对象或其相关信息。通过导入工具将备份的数据信息导入需要的数据库，可以完成数据库信息的迁移。gs_dump 支持备份单个数据库或其内的对象，而 gs_dumpall 支持备份 openGauss 中所有数据库或各库的公共全局对象。备份数据适用场景见表 7-6。

表 7-6　备份数据适用场景

<table>
<tr><th colspan="3">适用场景</th><th>描　述</th></tr>
<tr><td rowspan="13">备份单个数据库</td><td rowspan="9">支持的备份粒度</td><td rowspan="3">数据库级备份</td><td>备份全量信息；
使用备份的全量信息可以创建一个与当前库相同的数据库，且库中数据也与当前库相同</td></tr>
<tr><td>仅备份库中所有对象的定义，包含库定义、函数定义、模式定义、表定义、索引定义和存储过程定义等；
使用备份的对象定义，可以快速创建一个相同的数据库，但是库中并无原数据库的数据</td></tr>
<tr><td>仅备份数据</td></tr>
<tr><td rowspan="3">模式级备份</td><td>备份模式的全量信息</td></tr>
<tr><td>仅备份模式中的数据</td></tr>
<tr><td>仅备份对象的定义，包含表定义、存储过程定义和索引定义等</td></tr>
<tr><td rowspan="3">表级备份</td><td>备份表的全量信息</td></tr>
<tr><td>仅备份表中的数据</td></tr>
<tr><td>仅备份表的定义</td></tr>
<tr><td rowspan="4">支持的备份格式</td><td>纯文本格式</td><td>参见 7.1.3 节</td></tr>
<tr><td>自定义归档格式</td><td rowspan="3">参见 7.4.3 节</td></tr>
<tr><td>目录归档格式</td></tr>
<tr><td>tar 归档格式</td></tr>
<tr><td rowspan="7">备份所有数据库</td><td rowspan="6">支持的备份粒度</td><td rowspan="3">数据库级备份</td><td>备份全量信息；
使用备份的全量信息可以创建与当前主机相同的一个主机环境，拥有相同数据库和公共全局对象，且库中数据也与当前各库相同</td></tr>
<tr><td>仅备份各数据库中的对象定义，包含表空间、库定义、函数定义、模式定义、表定义、索引定义和存储过程定义等；
使用备份的对象定义，可以快速创建与当前主机相同的一个主机环境，拥有相同的数据库和表空间，但是库中并无原数据库的数据</td></tr>
<tr><td>仅备份数据</td></tr>
<tr><td rowspan="3">各库公共全局对象备份</td><td>仅备份表空间信息</td></tr>
<tr><td>仅备份角色信息</td></tr>
<tr><td>备份角色与表空间</td></tr>
<tr><td>支持的备份格式</td><td>纯文本格式</td><td>参见 7.1.3 节</td></tr>
</table>

gs_dump 和 gs_dumpall 通过-U 指定执行备份的用户账户。如果当前使用的账户不具备备份所要求的权限时，则会无法备份数据。此时可在备份命令中设置-role 参数指定具备权限的角色。执行命令后，gs_dump 和 gs_dumpall 会使用-role 参数指定的角色完成备份。gs_dump 和 gs_dumpall 通过对备份的数据文件加密，导入时对加密的数据文件进行解密，可以防止数据信息泄露，为数据库的安全提供保证。gs_dump 和 gs_dumpall 工具在进行

数据备份时,其他用户可以访问 openGauss 数据库(读或写)。gs_dump 和 gs_dumpall 工具支持备份完整一致的数据。例如,T1 时刻启动 gs_dump 备份 A 数据库,或者启动 gs_dumpall 备份 openGauss 数据库,那么备份数据结果将会是 T1 时刻 A 数据库或者该 openGauss 数据库的数据状态,T1 时刻之后对 A 数据库或 openGauss 数据库的修改不会被备份。

使用时要注意以下情况:

(1) 禁止修改备份的文件和内容,否则可能无法恢复成功。

(2) 如果数据库中包含的对象数量(数据表、视图、索引)在 50 万以上,为了提高性能且避免出现内存问题,建议通过 gs_guc 工具设置数据库节点的如下参数(如果参数值大于如下建议值,则无须设置)。

```
gs_guc set -N all -I all -c 'max_prepared_transactions = 1000'
gs_guc set -N all -I all -c 'max_locks_per_transaction = 512'
```

(3) 为了保证数据的一致性和完整性,备份工具会对需要转储的表设置共享锁。如果表在别的事务中设置了共享锁,gs_dump 和 gs_dumpall 会等待锁释放后锁定表。如果无法在指定时间内锁定某个表,则转储会失败。用户可以通过指定-lock-wait-timeout 选项,自定义等待锁超时时间。

(4) 由于 gs_dumpall 读取所有数据库中的表,因此必须以 openGauss 管理员身份进行连接,才能备份完整文件。在使用 gsql 执行脚本文件导入时,同样需要管理员权限,以便添加用户和组,以及创建数据库。

7.4.1 备份单个数据库

本节介绍如何使用 gs_dump 备份单个数据库或其内的对象。

gs_dump 语法格式如下:

```
gs_dump [OPTION]... [DBNAME]
```

gs_dump 常用参数说明见表 7-7。

表 7-7 gs_dump 常用参数说明

参数	参 数 说 明	举 例
-U	连接数据库的用户名:不指定连接数据库的用户名时,默认以安装时创建的初始系统管理员连接	-U jack
-W	指定用户连接的密码: (1) 如果主机的认证策略是 trust,则不会对数据库管理员进行密码验证,即无须输入-W 选项; (2) 如果没有-W 选项,并且不是数据库管理员,则会提示用户输入密码	-W Bigdata@123

续表

参数	参 数 说 明	举　例
-f	将备份文件发送至指定目录文件夹。如果这里省略，则使用标准输出	-f /home/omm/backup/tpcc_backup.tar
-p	指定服务器所监听的 TCP 端口或本地 UNIX 域套接字后缀，以确保连接	-p 26000
dbname	需要备份的数据库名称	tpcc
-n	只备份与模式名称匹配的模式，此选项包括模式本身和所有它包含的对象： (1) 单个模式：-n schemaname； (2) 多个模式：多次输入-n schemaname	单个模式：-n hr 多个模式：-n hr -n public
-t	指定备份的表(或视图、序列、外表)，可以使用多个-t 选项选择多个表，也可以使用通配符指定多个表对象。当使用通配符指定多个表对象时，注意给 pattern 加引号，防止 shell 扩展通配符： (1) 单个表：-t schema.table。 (2) 多个表：多次输入-t schema.table	单个表：-t hr.staffs 多个表：-t hr.staffs -t hr.employments
-F	选择备份文件格式。-F 参数值如下： (1) p：纯文本格式； (2) c：自定义归档； (3) d：目录归档格式； (4) t：tar 归档格式	-F t

1. 备份数据库

1) 使用说明

openGauss 支持使用 gs_dump 工具备份某个数据库级的内容，包含数据库的数据和所有对象定义。可根据需要自定义备份如下信息：

(1) 备份数据库全量信息，包含数据和所有对象定义。使用备份的全量信息可以创建一个与当前库相同的数据库，且库中数据也与当前库相同。

(2) 仅备份所有对象定义，包括库定义、函数定义、模式定义、表定义、索引定义和存储过程定义等。使用备份的对象定义，可以快速创建一个相同的数据库，但是库中并无原数据库的数据。

(3) 仅备份数据，不包含所有对象定义。

2) 操作步骤

备份数据库的主要步骤如下。

(1) 以操作系统用户 omm 登录数据库主节点。

(2) 使用 gs_dump 备份 tpcc 数据库。例如：

```
gs_dump -W Bigdata@123 -U jack -f /home/omm/backup/tpcc_backup.tar -p 26000 tpcc -F t
```

3）任务示例

以下是一些备份数据库的任务示例。

(1) 执行gs_dump，备份tpcc数据库全量信息，并对备份文件进行压缩，备份文件格式为SQL文本格式。

```
gs_dump -W Bigdata@123 -f /home/omm/backup/tpcc_backup.tar -p 26000 tpcc -F t
gs_dump[port='26000'][tpcc][2020-12-31 09:34:50]: The total objects number is 396.
gs_dump[port='26000'][tpcc][2020-12-31 09:34:50]: [100.00%] 396 objects have been dumped.
gs_dump[port='26000'][tpcc][2020-12-31 09:39:19]: dump database tpcc successfully
gs_dump[port='26000'][tpcc][2020-12-31 09:39:19]: total time: 269060  ms
```

(2) 执行gs_dump，仅备份tpcc数据库中的数据，不包含数据库对象定义，备份文件格式为自定义归档格式。

```
gs_dump -W Bigdata@123 -f /home/omm/backup/tpcc_data_backup.dmp -p 26000 tpcc -a -F c
gs_dump[port='26000'][tpcc][2020-12-31 09:54:47]: dump database tpcc successfully
gs_dump[port='26000'][tpcc][2020-12-31 09:54:47]: total time: 342550  ms
```

(3) 执行gs_dump，仅备份tpcc数据库所有对象的定义，备份文件格式为SQL文本格式。

```
--备份前,表warehouse有数据
tpcc=# select w_name,w_city,w_state from warehouse limit 3;
  w_name    |       w_city        | w_state
------------+---------------------+---------
 )H&lDd8hhI | M@T@D@02kB(L9#z     | xv
 (>(0@>L    | Hb7U'^EEp>=10`%     | cp
 0^=KyI4=l  | Nk6q9?C@(HCkHY<9    | Pq
(3 rows)
gs_dump -W Bigdata@123 -f /home/omm/backup/tpcc_def_backup.sql -p 26000 tpcc -s -F p
gs_dump[port='26000'][tpcc][2020-12-31 10:07:42]: The total objects number is 387.
gs_dump[port='26000'][tpcc][2020-12-31 10:07:42]: [100.00%] 387 objects have been dumped.
gs_dump[port='26000'][tpcc][2020-12-31 10:07:42]: dump database tpcc successfully
gs_dump[port='26000'][tpcc][2020-12-31 10:07:42]: total time: 158  ms
```

(4) 执行gs_dump，仅备份tpcc数据库的所有对象的定义，备份文件格式为文本格式，并对备份文件进行加密。

```
gs_dump -W Bigdata@123 -f /home/omm/backup/tpcc_def_backup.sql -p 26000 tpcc --with-encryption AES128 --with-key 1234567812345678 -s -F p
```

```
gs_dump[port='26000'][tpcc][2020-12-31 10:09:13]: The total objects number is 387.
gs_dump[port='26000'][tpcc][2020-12-31 10:09:13]: [100.00%] 387 objects have been
dumped.
gs_dump[port='26000'][tpcc][2020-12-31 10:09:14]: dump database tpcc successfully
gs_dump[port='26000'][tpcc][2020-12-31 10:09:14]: total time: 688  ms
```

2. 备份模式

1）使用说明

openGauss目前支持使用gs_dump工具备份模式级的内容，包含模式的数据和定义。用户可通过灵活的自定义方式备份模式内容，不仅支持选定一个模式或多个模式的备份，还支持排除一个模式或者多个模式的备份。可根据需要自定义备份如下信息：

（1）备份模式的全量信息，包含数据和对象定义。

（2）仅备份数据，即模式包含表中的数据，不包含对象定义。

（3）仅备份模式对象定义，包括表定义、存储过程定义和索引定义等。

2）操作步骤

备份模式的主要步骤如下：

（1）以操作系统用户omm登录数据库主节点。

（2）使用gs_dump备份模式。

3）任务示例

以下是一些备份模式的任务示例。

（1）执行gs_dump，备份hr模式全量信息，并对备份文件进行压缩，备份文件格式为文本格式。

```
gs_dump -W Bigdata@123 -f /home/omm/backup/MPPDB_schema_backup.sql -p 26000 human_
resource -n hr -Z 6 -F p
gs_dump[port='26000'][human_resource][2017-07-21 16:05:55]: dump database human_
resource successfully
gs_dump[port='26000'][human_resource][2017-07-21 16:05:55]: total time: 2425  ms
```

（2）执行gs_dump，仅备份hr模式的数据，备份文件格式为tar归档格式。

```
gs_dump -W Bigdata@123 -f /home/omm/backup/MPPDB_schema_data_backup.tar -p 26000 human_
resource -n hr -a -F t
gs_dump[port='26000'][human_resource][2018-11-14 15:07:16]: dump database human_resource
successfully
gs_dump[port='26000'][human_resource][2018-11-14 15:07:16]: total time: 1865  ms
```

（3）执行gs_dump，仅备份hr模式的定义，备份文件格式为目录归档格式。

```
gs_dump -W Bigdata@123 -f /home/omm/backup/MPPDB_schema_def_backup -p 26000 human_
resource -n hr -s -F d
```

```
gs_dump[port = '26000'][human_resource][2018 - 11 - 14 15:11:34]: dump database human_resource
successfully
gs_dump[port = '26000'][human_resource][2018 - 11 - 14 15:11:34]: total time: 1652  ms
```

(4) 执行 gs_dump,备份 human_resource 数据库时,排除 hr 模式,备份文件格式为自定义归档格式。

```
gs_dump  - W Bigdata@123  - f /home/omm/backup/MPPDB_schema_backup.dmp  - p 26000 human_
resource  - N hr  - F c
gs_dump[port = '26000'][human_resource][2017 - 07 - 21 16:06:31]: dump database human_
resource successfully
gs_dump[port = '26000'][human_resource][2017 - 07 - 21 16:06:31]: total time: 2522  ms
```

(5) 执行 gs_dump,同时备份 hr 和 public 模式,且仅备份模式定义,并对备份文件进行加密,备份文件格式为 tar 归档格式。

```
gs_dump  - W Bigdata@123  - f /home/omm/backup/MPPDB_schema_backup1.tar  - p 26000 human_resource
 - n hr  - n public  - s  -- with - encryption AES128  -- with - key 1234567812345678  - F t
gs_dump[port = '26000'][human_resource][2017 - 07 - 21 16:07:16]: dump database human_resource
successfully
gs_dump[port = '26000'][human_resource][2017 - 07 - 21 16:07:16]: total time: 2132  ms
```

(6) 执行 gs_dump,备份 human_resource 数据库时,排除 hr 和 public 模式,备份文件格式为自定义归档格式。

```
gs_dump  - W Bigdata@123  - f /home/omm/backup/MPPDB_schema_backup2.dmp  - p 26000 human_
resource  - N hr  - N public  - F c
gs_dump[port = '26000'][human_resource][2017 - 07 - 21 16:07:55]: dump database human_resource
successfully
gs_dump[port = '26000'][human_resource][2017 - 07 - 21 16:07:55]: total time: 2296  ms
```

(7) 执行 gs_dump,备份 public 模式下的所有表(视图、序列和外表)和 hr 模式中的 staffs 表,包含数据和表定义,备份文件格式为自定义归档格式。

```
gs_dump  - W Bigdata@123  - f /home/omm/backup/MPPDB_backup3.dmp  - p 26000 human_resource  - t
public.*  - t hr.staffs  - F c
gs_dump[port = '26000'][human_resource][2018 - 12 - 13 09:40:24]: dump database human_resource
successfully
gs_dump[port = '26000'][human_resource][2018 - 12 - 13 09:40:24]: total time: 896  ms
```

3. 备份表

1) 使用说明

openGauss 支持使用 gs_dump 工具备份表级的内容,包含表定义和表数据。视图、序列和外表属于特殊的表。用户可通过灵活的自定义方式备份表内容，不仅支持选定一个表或多个表的备份，还支持排除一个表或者多个表的备份。可根据需要自定义备份如下信息：

(1) 备份表的全量信息，包含表数据和表定义。

(2) 仅备份数据，不包含表定义。

(3) 仅备份表定义。

2) 操作步骤

备份表的主要步骤如下：

(1) 以操作系统用户 omm 登录数据库主节点。

(2) 使用 gs_dump 备份指定表。

3) 任务示例

以下是一些备份表的任务示例。

(1) 执行 gs_dump，备份表 hr.staffs 的定义和数据，并对备份文件进行压缩，备份文件格式为文本格式。

```
gs_dump -W Bigdata@123 -f /home/omm/backup/MPPDB_table_backup.sql -p 26000 human_
resource -t hr.staffs -Z 6 -F p
gs_dump[port = '26000'][human_resource][2017-07-21 17:05:10]: dump database human_
resource successfully
gs_dump[port = '26000'][human_resource][2017-07-21 17:05:10]: total time: 3116  ms
```

(2) 执行 gs_dump，只备份表 hr.staffs 中的数据，备份文件格式为 tar 归档格式。

```
gs_dump -W Bigdata@123 -f /home/omm/backup/MPPDB_table_data_backup.tar -p 26000 human_
resource -t hr.staffs -a -F t
gs_dump[port = '26000'][human_resource][2017-07-21 17:04:26]: dump database human_resource
successfully
gs_dump[port = '26000'][human_resource][2017-07-21 17:04:26]: total time: 2570  ms
```

(3) 执行 gs_dump，备份表 hr.staffs 的定义，备份文件格式为目录归档格式。

```
gs_dump -W Bigdata@123 -f /home/omm/backup/MPPDB_table_def_backup -p 26000 human_
resource -t hr.staffs -s -F d
gs_dump[port = '26000'][human_resource][2017-07-21 17:03:09]: dump database human_resource
successfully
gs_dump[port = '26000'][human_resource][2017-07-21 17:03:09]: total time: 2297  ms
```

(4) 执行 gs_dump，不备份表 hr.staffs，备份文件格式为自定义归档格式。

```
gs_dump -W Bigdata@123 -f /home/omm/backup/MPPDB_table_backup4.dmp -p 26000 human_
resource -T hr.staffs -F c
gs_dump[port = '26000'][human_resource][2017-07-21 17:14:11]: dump database human_resource
successfully
gs_dump[port = '26000'][human_resource][2017-07-21 17:14:11]: total time: 2450  ms
```

(5) 执行gs_dump,同时备份两个表hr.staffs和hr.employments,备份文件格式为文本格式。

```
gs_dump -W Bigdata@123 -f /home/omm/backup/MPPDB_table_backup1.sql -p 26000 human_resource -t hr.staffs -t hr.employments -F p
gs_dump[port='26000'][human_resource][2017-07-21 17:19:42]: dump database human_resource successfully
gs_dump[port='26000'][human_resource][2017-07-21 17:19:42]: total time: 2414  ms
```

(6) 执行gs_dump,备份时,排除两个表hr.staffs和hr.employments,备份文件格式为文本格式。

```
gs_dump -W Bigdata@123 -f /home/omm/backup/MPPDB_table_backup2.sql -p 26000 human_resource -T hr.staffs -T hr.employments -F p
gs_dump[port='26000'][human_resource][2017-07-21 17:21:02]: dump database human_resource successfully
gs_dump[port='26000'][human_resource][2017-07-21 17:21:02]: total time: 3165  ms
```

(7) 执行gs_dump,备份表hr.staffs的定义和数据,只备份表hr.employments的定义,备份文件格式为tar归档格式。

```
gs_dump -W Bigdata@123 -f /home/omm/backup/MPPDB_table_backup3.tar -p 26000 human_resource -t hr.staffs -t hr.employments --exclude-table-data hr.employments -F t
gs_dump[port='26000'][human_resource][2018-11-14 11:32:02]: dump database human_resource successfully
gs_dump[port='26000'][human_resource][2018-11-14 11:32:02]: total time: 1645  ms
```

(8) 执行gs_dump,备份表hr.staffs的定义和数据,并对备份文件进行加密,备份文件格式为文本格式。

```
gs_dump -W Bigdata@123 -f /home/omm/backup/MPPDB_table_backup4.sql -p 26000 human_resource -t hr.staffs --with-encryption AES128 --with-key 1212121212121212 -F p
gs_dump[port='26000'][human_resource][2018-11-14 11:35:30]: dump database human_resource successfully
gs_dump[port='26000'][human_resource][2018-11-14 11:35:30]: total time: 6708  ms
```

(9) 执行gs_dump,备份public模式下的所有表(包括视图、序列和外表)和hr模式中的staffs表,包含数据和表定义,备份文件格式为自定义归档格式。

```
gs_dump -W Bigdata@123 -f /home/omm/backup/MPPDB_table_backup5.dmp -p 26000 human_resource -t public.* -t hr.staffs -F c
gs_dump[port='26000'][human_resource][2018-12-13 09:40:24]: dump database human_resource successfully
gs_dump[port='26000'][human_resource][2018-12-13 09:40:24]: total time: 896  ms
```

(10) 执行 gs_dump,仅备份依赖于 t1 模式下的 test1 表对象的视图信息,备份文件格式为目录归档格式。

```
gs_dump -W Bigdata@123 -U jack -f /home/omm/backup/MPPDB_view_backup6 -p 26000 human_
resource -t t1.test1 --include-depend-objs --exclude-self -F d
gs_ dump [ port = ' 26000 ' ] [ jack ] [ 2018 - 11 - 14 17: 21: 18 ]: dump database human _
resource successfully
gs_dump[port='26000'][jack][2018-11-14 17:21:23]: total time: 4239  ms
```

7.4.2 备份所有数据库

本节介绍如何使用 gs_dumpall 备份 openGauss 中所有数据库或各库的公共全局对象。gs_dumpall 的语法格式如下:

```
gs_dumpall [OPTION]...
```

gs_dumpall 常用参数说明见表 7-8。

表 7-8　gs_dumpall 常用参数说明

参数	参 数 说 明	举　例
-U	连接数据库的用户名,需要是 openGauss 管理员用户	-U omm
-W	同表 7-7	-W Bigdata@123
-f	同表 7-7	-f /home/omm/backup/MPPDB_backup.sql
-p	同表 7-7	-p 26000
-t	或者-tablespaces-only,只转储表空间,不转储数据库或角色	—

1. 备份全量信息

1) 使用说明

openGauss 支持使用 gs_dumpall 工具备份所有数据库的全量信息,包含 openGauss 中每个数据库信息和公共的全局对象信息。可根据需要自定义备份如下信息:

(1) 备份所有数据库全量信息,包含 openGauss 中每个数据库信息和公共的全局对象信息(包含角色和表空间信息)。使用备份的全量信息可以创建与当前主机相同的一个主机环境,拥有相同数据库和公共全局对象,且库中数据也与当前各库相同。

(2) 仅备份数据,即备份每个数据库中的数据,且不包含所有对象定义和公共的全局对象信息。

(3) 仅备份所有对象定义,包括表空间、库定义、函数定义、模式定义、表定义、索引定义和存储过程定义等。使用备份的对象定义,可以快速创建与当前主机相同的一个主机环境,拥有相同的数据库和表空间,但是库中并无原数据库的数据。

2）操作步骤

备份所有数据库的主要步骤如下：

(1) 以操作系统用户 omm 登录数据库主节点。

(2) 使用 gs_dumpall 一次备份所有数据库信息。

3）任务示例

以下是一些备份所有数据库的任务示例。执行命令后，会有很长的打印信息，最终出现 total time 即代表执行成功。示例中将不体现中间的打印信息。

(1) 执行 gs_dumpall，备份所有数据库全量信息（omm 用户为管理员用户），备份文件为文本格式。

```
gs_dumpall -W Bigdata@123 -U omm -f /home/omm/backup/MPPDB_backup.sql -p 26000
gs_dumpall[port='26000'][2017-07-21 15:57:31]: dumpall operation successful
gs_dumpall[port='26000'][2017-07-21 15:57:31]: total time: 9627  ms
```

(2) 执行 gs_dumpall，仅备份所有数据库定义（omm 用户为管理员用户），备份文件为文本格式。

```
gs_dumpall -W Bigdata@123 -U omm -f /home/omm/backup/MPPDB_backup.sql -p 26000 -s
gs_dumpall[port='26000'][2018-11-14 11:28:14]: dumpall operation successful
gs_dumpall[port='26000'][2018-11-14 11:28:14]: total time: 4147  ms
```

(3) 执行 gs_dumpall，仅备份所有数据库中的数据，并对备份文件进行加密，备份文件为文本格式。

```
gs_dumpall -f /home/omm/backup/MPPDB_backup.sql -p 26000 -a --with-encryption AES128 -
-with-key 1234567812345678
gs_dumpall[port='26000'][2018-11-14 11:32:26]: dumpall operation successful
gs_dumpall[port='26000'][2018-11-14 11:23:26]: total time: 4147  ms
```

2. 备份全局对象

1）使用说明

openGauss 支持使用 gs_dumpall 工具备份所有数据库公共的全局对象，包含数据库用户和组、表空间及属性（例如，适用于数据库整体的访问权限）信息。

2）操作步骤

备份全局对象的主要步骤如下：

(1) 以操作系统用户 omm 登录数据库主节点。

(2) 使用 gs_dumpall 备份表空间对象信息。

3）任务示例

以下是一些备份全局对象的任务示例。

(1) 执行 gs_dumpall，备份所有数据库的公共全局表空间信息和用户信息（omm 用户为管理员用户),备份文件为文本格式。

```
gs_dumpall -W Bigdata@123 -U omm -f /home/omm/backup/MPPDB_globals.sql -p 26000 -g
gs_dumpall[port='26000'][2018-11-14 19:06:24]: dumpall operation successful
gs_dumpall[port='26000'][2018-11-14 19:06:24]: total time: 1150  ms
```

(2) 执行 gs_dumpall,备份所有数据库的公共全局表空间信息(omm 用户为管理员用户),并对备份文件进行加密,备份文件为文本格式。

```
gs_dumpall -W Bigdata@123 -U omm -f /home/omm/backup/MPPDB_tablespace.sql -p 26000 -t
 --with-encryption AES128 --with-key 1212121212121212
gs_dumpall[port='26000'][2018-11-14 19:00:58]: dumpall operation successful
gs_dumpall[port='26000'][2018-11-14 19:00:58]: total time: 186  ms
```

(3) 执行 gs_dumpall,备份所有数据库的公共全局用户信息(omm 用户为管理员用户),备份文件为文本格式。

```
gs_dumpall -W Bigdata@123 -U omm -f /home/omm/backup/MPPDB_user.sql -p 26000 -r
gs_dumpall[port='26000'][2018-11-14 19:03:18]: dumpall operation successful
gs_dumpall[port='26000'][2018-11-14 19:03:18]: total time: 162  ms
```

7.4.3　使用 gs_restore 命令恢复数据

1. 操作场景

gs_restore 是 openGauss 数据库提供的与 gs_dump 配套的导入工具。通过该工具,可将 gs_dump 备份的文件导入数据库。gs_restore 支持导入的文件格式包含自定义归档格式、目录归档格式和 tar 归档格式。

gs_restore 具备如下两种功能。

(1) 导入数据库:如果指定了数据库,则数据将被导入指定的数据库中。其中,并行导入必须指定连接数据库的密码。

(2) 导入脚本文件:如果未指定导入数据库,则创建包含重建数据库所需的 SQL 语句脚本,并将其写入文件或者按标准输出。该脚本文件等效于 gs_dump 备份的纯文本格式文件。

gs_restore 工具在导入时,允许用户选择需要导入的内容,并支持在数据导入前对等待导入的内容进行排序。

2. 操作步骤

gs_restore 默认以追加的方式进行数据导入。为避免多次导入造成数据异常,在进行导入时,建议选择使用"-c" 和"-e"参数。"-c"表示在重新创建数据库对象前,清理(删除)已存在于将要还原的数据库中的数据库对象;"-e"表示当发送 SQL 语句到数据库时,如果出现错误，请退出，默认状态下会继续，且在导入后会显示一系列错误信息。

具体步骤如下：

(1) 以操作系统用户 omm 登录数据库主节点。

(2) 使用 gs_restore 命令，从整个数据库内容的备份文件中将数据库的所有对象的定义导入备份文件夹。

gs_restore 的语法格式如下：

```
gs_restore [OPTION]... FILE
```

gs_restore 常用参数说明见表 7-9。

表 7-9　gs_restore 常用参数说明

参数	参数说明	举　例
-U	连接数据库的用户名	-U jack
-W	同表 7-7	-W Bigdata@123
-d	连接数据库 dbname，并直接将数据导入该数据库中	-d backupdb
-p	同表 7-7	-p 26000
-e	当发送 SQL 语句到数据库时，如果出现错误，则退出。默认状态下会忽略错误任务并继续执行导入，且在导入后会显示一系列错误信息	—
-c	在重新创建数据库对象前，清理(删除)已存在于将要导入的数据库中的数据库对象	—
-s	只导入模式定义，不导入数据。当前的序列值也不会被导入	—

3. 任务示例

以下是一些使用 gs_restore 命令恢复数据的任务示例。

(1) 执行 gs_restore，导入指定 MPPDB_backup. dmp 文件(自定义归档格式)中 tpcc 数据库的数据和对象定义。

```
gs_restore -W Bigdata@123 backup/MPPDB_backup.dmp -p 26000 -d backupdb
gs_restore[2017-07-21 19:16:26]: restore operation successful
gs_restore: total time: 13053  ms
```

(2) 执行 gs_restore，导入指定 MPPDB_backup. tar 文件(tar 归档格式)中 tpcc 数据库的数据和对象定义。

```
gs_restore backup/MPPDB_backup.tar -p 26000 -d backupdb
gs_restore[2017-07-21 19:21:32]: restore operation successful
gs_restore[2017-07-21 19:21:32]: total time: 21203  ms
```

(3) 执行 gs_restore，导入指定 MPPDB_backup 目录文件(目录归档格式)中 tpcc 数据库的数据和对象定义。

```
gs_restore backup/MPPDB_backup -p 26000 -d backupdb
gs_restore[2017-07-21 19:26:46]: restore operation successful
gs_restore[2017-07-21 19:26:46]: total time: 21003  ms
```

(4) 执行 gs_restore，将 tpcc 数据库的所有对象的定义导入 backupdb 数据库，导入前，tpcc 存在完整的定义和数据；导入后，backupdb 数据库只存在所有对象定义，表没有数据。

```
gs_restore -W Bigdata@123 /home/omm/backup/MPPDB_backup.tar -p 26000 -d backupdb -s -e
-c
gs_restore[2017-07-21 19:46:27]: restore operation successful
gs_restore[2017-07-21 19:46:27]: total time: 32993  ms
```

(5) 执行 gs_restore，导入 MPPDB_backup.dmp 文件中 PUBLIC 模式的所有定义和数据。导入时，先删除已经存在的对象，如果原对象存在跨模式的依赖，则需手工强制干预。

```
gs_restore backup/MPPDB_backup.dmp -p 26000 -d backupdb -e -c -n PUBLIC
gs_restore: [archiver (db)] Error while PROCESSING TOC:
gs_restore: [archiver (db)] Error from TOC entry 313; 1259 337399 TABLE table1 gaussdba
gs_restore: [archiver (db)] could not execute query: ERROR:  cannot drop table table1 because
other objects depend on it
DETAIL:  view t1.v1 depends on table table1
HINT:  Use DROP ... CASCADE to drop the dependent objects too.
Command was: DROP TABLE public.table1;
```

手工删除依赖，导入完成后再重新创建。

```
gs_restore backup/MPPDB_backup.dmp -p 26000 -d backupdb -e -c -n PUBLIC
gs_restore[2017-07-21 19:52:26]: restore operation successful
gs_restore[2017-07-21 19:52:26]: total time: 2203  ms
```

(6) 执行 gs_restore，导入 MPPDB_backup.dmp 文件中 PUBLIC 模式下表 hr.staffs 的定义。在导入之前，hr.staffs 表不存在。

```
gs_restore backup/MPPDB_backup.dmp -p 26000 -d backupdb -e -c -s -n PUBLIC -t hr.staffs
gs_restore[2017-07-21 19:56:29]: restore operation successful
gs_restore[2017-07-21 19:56:29]: total time: 21000  ms
```

(7) 执行 gs_restore，导入 MPPDB_backup.dmp 文件中 PUBLIC 模式下表 hr.staffs 的数据。在导入之前，hr.staffs 表不存在数据。

```
gs_restore backup/MPPDB_backup.dmp -p 26000 -d backupdb -e -a -n PUBLIC -t hr.staffs
gs_restore[2017-07-21 20:12:32]: restore operation successful
gs_restore[2017-07-21 20:12:32]: total time: 20203  ms
```

(8) 执行 gs_restore,导入指定表 hr. staffs 的定义。在导入之前,hr. staffs 表的数据是存在的。

```
human_resource=# select * from hr.staffs;
 staff_id | first_name  |  last_name   |  email     |     phone_number     |        hire_date
    | employment_id |   salary   | commission_pct | manager_id | section_id
----------+-------------+--------------+------------+----------------------
+---------------------+-----------------+-------------+-----------------+----
      200 | Jennifer     | Whalen       | JWHALEN  | 515.123.4444        | 1987-09-17 00:
00:00 | AD_ASST         |  4400.00 |                |         101 |       10
      201 | Michael      | Hartstein    | MHARTSTE | 515.123.5555        | 1996-02-17 00:
00:00 | MK_MAN          | 13000.00 |                |         100 |       20

gsql -d human_resource -p 26000

gsql ((openGauss 1.0.1 build 290d125f) compiled at 2020-05-08 02:59:43 commit 2143 last
mr 131
Non-SSL connection (SSL connection is recommended when requiring high-security)
Type "help" for help.

human_resource=# drop table hr.staffs CASCADE;
NOTICE:  drop cascades to view hr.staff_details_view
DROP TABLE

gs_restore -W Bigdata@123 /home/omm/backup/MPPDB_backup.tar -p 26000 -d human_resource
-n hr -t staffs -s -e
restore operation successful
total time: 904  ms

human_resource=# select * from hr.staffs;
 staff_id | first_name | last_name | email | phone_number | hire_date | employment_id | salary |
commission_pct | manager_id | section_id
----------+------------+-----------+-------+--------------+-----------+---------------+--------
+----------------+----------+----------------+-------------+------------
(0 rows)
```

(9) 执行 gs_restore,导入 staffs 和 areas 两个指定表的定义和数据。在导入之前,staffs 和 areas 表不存在。

```
human_resource=# \d
                              List of relations
 Schema |        Name        | Type  | Owner  |             Storage
--------+--------------------+-------+--------+----------------------------------
 hr     | employment_history | table | omm    | {orientation=row,compression=no}
 hr     | employments        | table | omm    | {orientation=row,compression=no}
 hr     | places             | table | omm    | {orientation=row,compression=no}
 hr     | sections           | table | omm    | {orientation=row,compression=no}
 hr     | states             | table | omm    | {orientation=row,compression=no}
(5 rows)
```

```
gs_restore -W Bigdata@123 /home/gaussdb/backup/MPPDB_backup.tar -p 26000 -d human_
resource -n hr -t staffs -n hr -t areas
restore operation successful
total time: 724  ms

human_resource=# \d
                              List of relations
 Schema |        Name        | Type  | Owner |             Storage
--------+--------------------+-------+-------+----------------------------------
 hr     | areas              | table | omm   | {orientation=row,compression=no}
 hr     | employment_history | table | omm   | {orientation=row,compression=no}
 hr     | employments        | table | omm   | {orientation=row,compression=no}
 hr     | places             | table | omm   | {orientation=row,compression=no}
 hr     | sections           | table | omm   | {orientation=row,compression=no}
 hr     | staffs             | table | omm   | {orientation=row,compression=no}
 hr     | states             | table | omm   | {orientation=row,compression=no}
(7 rows)

human_resource=# select * from hr.areas;
 area_id |       area_name
---------+------------------------
       4 | Middle East and Africa
       1 | Europe
       2 | Americas
       3 | Asia
(4 rows)
```

(10) 执行 gs_restore,导入 hr 的模式,包含模式下的所有对象定义和数据。

```
gs_restore -W Bigdata@123  /home/omm/backup/MPPDB_backup1.sql -p 26000 -d backupdb -n
hr -e -c
restore operation successful
total time: 702  ms
```

(11) 执行 gs_restore,同时导入 hr 和 hr1 两个模式,仅导入模式下的所有对象定义。

```
gs_restore -W Bigdata@123 /home/omm/backup/MPPDB_backup2.dmp -p 26000 -d backupdb -n hr
-n hr1 -s
restore operation successful
total time: 665  ms
```

(12) 执行 gs_restore,将 postgres 数据库备份文件进行解密并导入 backupdb 数据库中。

```
tpcc=# create database backupdb;
CREATE DATABASE
```

```
gs_restore /home/omm/backup/MPPDB_backup.tar - p 26000 - d backupdb -- with - key =
1234567812345678
restore operation successful
total time: 23472  ms

gsql - d backupdb - p 26000 - r

gsql ((openGauss 1.0.1 build 290d125f) compiled at 2020 - 05 - 08 02:59:43 commit 2143 last
mr 131
Non - SSL connection (SSL connection is recommended when requiring high - security)
Type "help" for help.

backupdb = # select * from hr.areas;
 area_id |        area_name
---------+------------------------
       4 | Middle East and Africa
       1 | Europe
       2 | Americas
       3 | Asia
(4 rows)
```

(13) 用户 user1 不具备将备份文件中的数据导入数据库 backupdb 的权限,而角色 role1 具备该权限。要实现将文件数据导入数据库 backupdb,可以在备份命令中设置-role 角色为 role1,使用 role1 的权限完成备份。

```
human_resource = # CREATE USER user1 IDENTIFIED BY "1234@abc";
CREATE ROLE

gs_restore - U user1 - W 1234@abc /home/omm/backup/MPPDB_backup.tar - p 26000 - d backupdb
-- role role1 -- rolepassword abc@1234
restore operation successful
total time: 554  ms

gsql - d backupdb - p 26000 - r

gsql ((openGauss 1.0.1 build 290d125f) compiled at 2020 - 05 - 08 02:59:43 commit 2143 last
mr 131
Non - SSL connection (SSL connection is recommended when requiring high - security)
Type "help" for help.

backupdb = # select * from hr.areas;
 area_id |        area_name
---------+------------------------
       4 | Middle East and Africa
       1 | Europe
       2 | Americas
       3 | Asia
(4 rows)
```

7.5　小结

本章详细介绍了数据库备份与恢复及导入与导出的各种适用场景、操作步骤及任务示例。首先，7.1 节介绍了三种各具特色的数据导入方式。然后，7.2 节对比了物理备份与恢复和逻辑备份与恢复两种备份与恢复类型。7.3 节和 7.4 节分别详细介绍了这两种备份与恢复类型，以及相对应的多种备份与恢复方案。备份方案决定了当异常发生时该如何恢复。

7.6　习题

1. 请至少列举 3 种导入或写入的方式，并分别阐述其适用场景。
2. 请至少列举 3 种导出或备份的方式，并分别阐述其适用场景。
3. 选择合适的数据库，执行 gs_basebackup 对其进行物理备份。
4. 选择合适的数据库，执行 gs_dump 导出该数据库全量信息，文件格式为自定义归档格式。
5. 执行 gs_restore，将 4 题中导出的文件(自定义归档格式)导入数据库。

第8章

存储引擎

关系数据库中的数据以数据表的形式存储，数据表在磁盘上存储时可以选择不同的存储方式。openGauss 支持行列混合存储。行存表、列存表模型各有优劣，建议根据实际情况选择。

8.1 行存表和列存表的差异及优缺点

openGauss 支持行列混合存储。通常，openGauss 用于在线事务处理（OLTP）场景的数据库，默认使用行存表，仅在执行复杂查询且数据量大的在线分析处理（OLAP）场景时，才使用列存表。行存表是指将表按行存到硬盘分区上。列存表是指将表按列存到硬盘分区上。默认情况下，创建的表为行存表。行存表和列存表的差异如图 8-1 所示。

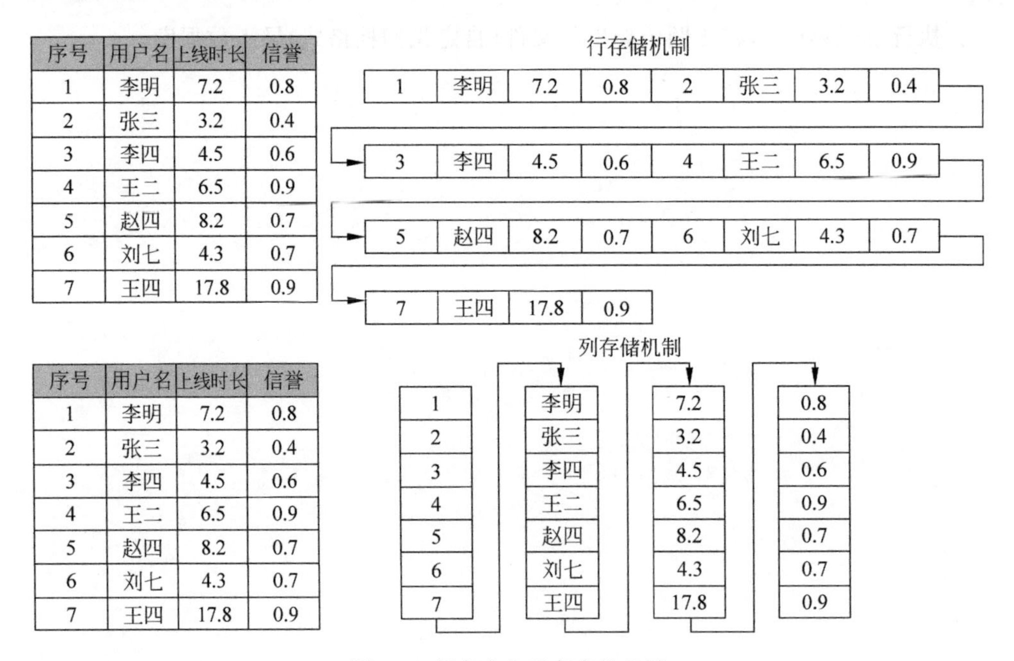

图 8-1 行存表和列存表的差异

图 8-1 中，左上为行存表，右上为行存表在硬盘上的存储方式。左下为列存表，右下为列存表在硬盘上的存储方式。行存表与列存表的优点和缺点的比较见表 8-1。

表 8-1　行存表与列存表的优点和缺点的比较

存储模型	优　　点	缺　　点
行存表	(1) 数据被保存在一起； (2) INSERT/UPDATE 速度快	(1) 执行选择(selection)操作时，即使只涉及某几列，所有数据也都会被读取
列存表	(1) 执行查询操作时只有涉及的列会被读取； (2) 投影(projection)操作很高效； (3) 任何列都能作为索引	(1) 选择操作完成时，被选择的列要重新组装； (2) INSERT/UPDATE 速度慢

一般情况下，openGauss 主要根据以下情况选择行存表和列存表。

(1) 更新频繁程度。数据如果频繁更新，则选择行存表。

(2) 插入频繁程度。频繁地少量插入数据，选择行存表。一次插入大批量数据，选择列存表。

(3) 表的列数。表的列数很多，选择列存表。

(4) 查询的列数。每次查询时，只涉及表的少数(<50%总列数)几列，选择列存表。

(5) 压缩率。列存表比行存表压缩率高，但高压缩率会消耗更多的 CPU 资源。

行存表、列存表适用场景见表 8-2。

表 8-2　行存表、列存表适用场景

存储类型	适 用 场 景
行存表	(1) 点查询(返回记录少，基于索引的简单查询)； (2) 增、删、改操作较多的场景
列存表	(1) 统计分析类查询(关联、分组操作较多的场景)； (2) 即席查询(查询条件不确定，行存表扫描难以使用索引)

8.2　行存表

创建表时如果不特殊说明，数据将默认按行存储，即一行数据是连续存储，适用于对数据需要经常更新的场景。接下来用一个例子讲解行存表的创建和操作方法。

8.2.1　创建行存表

在创建数据表前，使用语句“\c testDB”连接数据库，指定在 testDB 中创建表。接下来创建一个名为 customer_t1 的数据表，创建表时默认按行存表方式，例如以下语句：

```
testDB = # CREATE TABLE customer_t1
(
  state_ID   CHAR(2),
  state_NAME VARCHAR2(40),
  area_ID    NUMBER
);
```

创建成功后会显示如下结果：

```
CREATE TABLE
```

如果创建失败，则显示错误，例如以下错误表示同名的数据表已经存在，不能重复创建：

```
# ERROR:  relation "customer_t1" already exists
```

8.2.2 查看行存表属性

创建完表格后，可以使用\d+命令查看表的属性。输入如下命令，可以看到表格的orientation（方向）属性为row（行），即行存表方式：

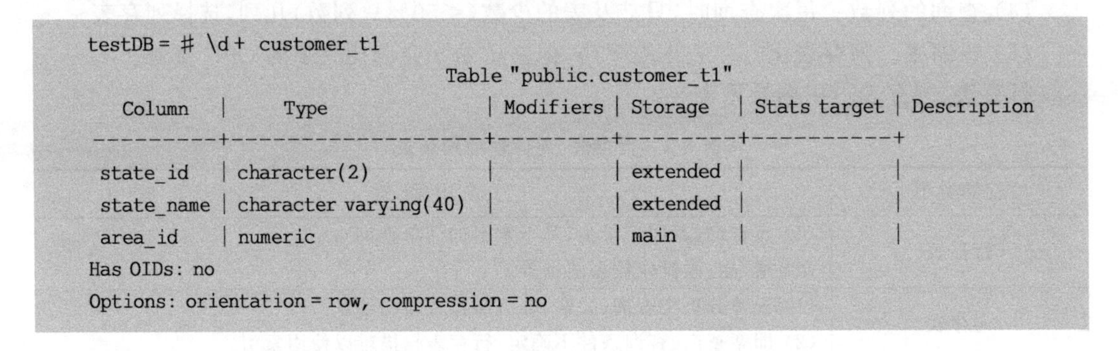

```
testDB = # \d+ customer_t1
                              Table "public.customer_t1"
   Column   |        Type           | Modifiers | Storage  | Stats target | Description
------------+-----------------------+-----------+----------+--------------+
 state_id   | character(2)          |           | extended |              |
 state_name | character varying(40) |           | extended |              |
 area_id    | numeric               |           | main     |              |
Has OIDs: no
Options: orientation = row, compression = no
```

8.2.3 向行存表中插入一条数据

创建好数据表后，可以使用INSERT命令向表中插入一条或多条数据。例如，以下命令是向数据表customer_t1中插入一条数据，数据CA、California和123分别对应customer_t1中的列state_id、state_name和area_id。

```
testDB = # INSERT INTO customer_t1 values('CA','California',123);
```

若显示如下结果，则表示插入成功：

```
INSERT 0 1
```

使用以下命令查看刚刚插入的数据内容：

```
testDB = # SELECT * FROM customer_t1;
```

显示结果为：

```
state_id | state_name | area_id
--------+----------+---------
 CA     | California |     123
(1 row)
```

8.2.4 删除行存表

使用 DROP_TABLE 命令删除数据表,例如使用如下语句删除数据表 customer_t1:

```
testDB=# DROP TABLE customer_t1;
```

8.3 列存表

数据按列进行存储,即一列中的所有数据是连续存储的。列存表单列查询 I/O 小,比行存表占用更少的存储空间,适合数据批量插入、更新较少和以查询为主统计分析类的场景。而对于点查询、点更新,列存表则不适合。

8.3.1 创建列存表

创建列存表时需要加入参数 WITH(ORIENTATION=COLUMN),例如用以下语句创建一个名为 customer_t2 的列存表:

```
testDB=# CREATE TABLE customer_t2
(
  state_ID   CHAR(2),
  state_NAME VARCHAR2(40),
  area_ID    NUMBER
)
WITH (ORIENTATION = COLUMN);
```

若显示结果如下,则表示创建成功:

```
CREATE TABLE
```

8.3.2 查看列存表属性

创建完表格后,可以使用\d+命令查看表 customer_t2 的属性。输入如下命令,可以看到表格的 orientation(方向)属性为 column(列),compression(压缩)属性为 low(低):

```
testDB=# \d+ customer_t2
                                Table "public.customer_t2"
  Column    |        Type          | Modifiers | Storage  | Stats target | Description
-----------+---------------------+----------+---------+-----------+
 state_id   | character(2)          |           | extended |              |
 state_name | character varying(40) |           | extended |              |
 area_id    | numeric               |           | main     |              |
Has OIDs: no
Options: orientation=column, compression=low
```

8.3.3　向列存表中插入一条数据

创建好数据表后，可以使用INSERT命令向表中插入一条或多条数据，例如以下命令是向数据表customer_t2中插入一条数据，数据CA、California和123分别对应customer_t1中的列state_id、state_name和area_id：

```
testDB=# INSERT INTO customer_t2 values('CA','California',123);
```

若显示如下结果，则表示插入成功：

```
INSERT 0 1
```

使用以下命令查看刚刚插入的数据内容：

```
testDB=# SELECT * FROM customer_t2;
```

显示结果为：

```
state_id  | state_name | area_id
--------+----------+----------
 CA       | California |     123
(1 row)
```

8.3.4　删除列存表

通常使用DROP_TABLE命令删除数据表。例如，使用如下语句删除数据表customer_t2：

```
testDB=# DROP TABLE customer_t2;
```

8.3.5　行存表、列存表的比较

行存表和列存表在不同的查询、插入、更新操作下有不同的性能表现。本节通过实验比较对于相同的数据，查询列和插入行两种操作在使用行存表和列存表时的性能差异。

1. 准备数据

首先向行存表和列存表中批量插入样例数据，通过如下语句随机生成10万条数据并插入行存表 customer_t1：

```
testDB = # INSERT INTO customer_t1 SELECT state_ID, state_NAME, area_ID from (SELECT generate_
series(1,100000) as key,repeat(chr(int4(random() * 26) + 65),2) as state_ID, repeat( chr(int4
(random() * 26) + 65),20) as state_NAME, (random() * (10^4))::integer as area_ID ORDER BY state
_ID, state_NAME);
```

使用如下命令选取5条数据查看：

```
testDB = # SELECT * FROM customer_t1 LIMIT 40,5;
```

显示结果如下，可以看出 state_id 和 state_name 列有较多的重复数据，使用列存表时可以通过压缩减少较多的存储空间：

```
state_id |      state_name      | area_id
--------+--------------------+---------
 AA     | AAAAAAAAAAAAAAAAAAAA |    3318
 AA     | AAAAAAAAAAAAAAAAAAAA |    3228
 AA     | BBBBBBBBBBBBBBBBBBBB |    680
 AA     | BBBBBBBBBBBBBBBBBBBB |    7475
 AA     | BBBBBBBBBBBBBBBBBBBB |    6126
(5 rows)
```

接着向列存表 customer_t2 插入相同的数据，使用以下命令将 customer_t1 中的数据全部插入 customer_t2：

```
testDB = # INSERT INTO customer_t2 SELECT * FROM customer_t1;
```

2. 测试性能

1）测试读取一列的速度

测试读取第一列的不同值，使用 EXPLAIN ANALYZE 命令获得 SQL 的真实执行时间。

首先测试行存表 customer_t1，使用如下命令读取 customer_t1 中的 state_ID 列的不同值：

```
testDB = # explain analyze select distinct state_ID from customer_t1;
```

显示结果如下，可以看出语句的执行时间为32.668ms：

```
QUERY PLAN
----------------------------------------------------------------------
 HashAggregate  (cost = 1991.00..1991.27 rows = 27 width = 3) (actual time = 32.624..32.628
rows = 27 loops = 1)
   Group By Key: state_id
   -> Seq Scan on customer_t1  (cost = 0.00..1741.00 rows = 100000 width = 3) (actual time =
0.011..14.611 rows = 100000 loo
ps = 1)
 Total runtime: 32.668 ms
(4 rows)
```

接着测试列存表 customer_t2，使用同样的命令查询 customer_t2：

```
testDB = # explain analyze select distinct state_ID from customer_t2;
```

显示结果如下，可以看出语句执行时间为 3.477ms：

```
QUERY PLAN
----------------------------------------------------------------------
 Row Adapter  (cost = 862.27..862.27 rows = 27 width = 3) (actual time = 3.248..3.250 rows = 27
loops = 1)
   -> Vector Sonic Hash Aggregate  (cost = 862.00..862.27 rows = 27 width = 3) (actual time =
3.246..3.247 rows = 27 loops = 1)
         Group By Key: state_id
         -> CStore Scan on customer_t2  (cost = 0.00..612.00 rows = 100000 width = 3)
(actual time = 0.029..0.279 rows = 100000 loops = 1)
 Total runtime: 3.477 ms
(5 rows)
```

对比两个查询计划发现，如表 8-3 所示，在这种不同值较少、只查询单列或者少数列的情况下，列存表的 SQL 执行总时间显著小于行存表。这得益于其较少的扫描表时间。

表 8-3 行存表和列存表读取速度比较

性能测试	总时间/ms	扫描表时间/ms
行存表	32.668	14.6
列存表	3.477	0.25

2）测试插入一行的速度

向已经创建的行存表和列存表中插入一条数据。首先使用如下命令向行存表 customer_t1 插入一条数据：

```
testDB = # explain analyze insert into customer_t1 values('BB','BBBBBBBBBBBBBBBBBBBB','397');
```

显示结果如下，可以看到插入操作共用时 0.173ms：

```
QUERY PLAN
------------------------------------------------------------------------------
 Insert on customer_t1  (cost = 0.00..0.01 rows = 1 width = 0) (actual time = 0.122..0.123 rows = 1
loops = 1)
   -> Result  (cost = 0.00..0.01 rows = 1 width = 0) (actual time = 0.001..0.002 rows = 1
loops = 1)
 Total runtime: 0.173 ms
(3 rows)
```

接着使用如下命令向列存表 customer_t2 插入相同的数据：

```
testDB = # explain analyze insert into customer_t2 values('BB','BBBBBBBBBBBBBBBBBBBB','397');
```

显示结果如下，共用时 4.598ms：

```
QUERY PLAN
------------------------------------------------------------------------------
 Insert on customer_t2 (cost = 0.00..0.01 rows = 1 width = 0) (actual time = 4.531..4.533 rows = 1
loops = 1)
   -> Result (cost = 0.00..0.01 rows = 1 width = 0) (actual time = 0.001..0.002 rows = 1 loops = 1)
 Total runtime: 4.598 ms
(3 rows)
```

对比两个查询计划发现，对于插入一行的操作，行存表的 SQL 执行总时间小于列存表，如表 8-4 所示，原因是列存表在插入一行时需要经过的重建、插入、压缩等过程比较耗时。

表 8-4 行存表和列存表写入速度比较

性能测试	总时间/ms
行存表	0.173
列存表	4.598

8.4 内存数据库

openGauss 引入了 MOT(memory-optimized table，内存表)存储引擎。它是一种事务性行存储引擎，针对多核和大内存服务器进行了优化。MOT 是 openGauss 数据库生产级特性(Beta 版本)，它为事务性工作负载提供了更高的性能。MOT 完全支持 ACID 特性，并包括严格的持久性和高可用性支持。企业可以在关键任务、性能敏感的在线事务处理(OLTP)中使用 MOT，以实现高性能、高吞吐、可预测、低延迟以及多核服务器的高利用率。MOT 尤其适合在多路和多核处理器的现代服务器上运行，例如基于 ARM/鲲鹏处理器的华为泰山服务器，以及基于 x86 的戴尔或类似服务器。如图 8-2 所示，openGauss 数据库内存优化存储引擎组件负责管理 MOT 和事务。

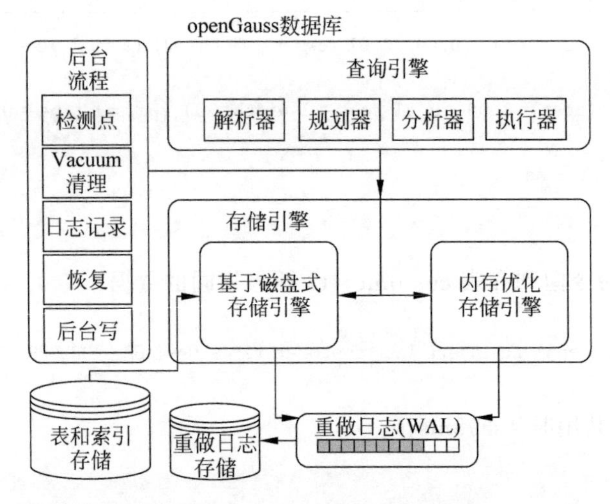

图 8-2　openGauss 数据库内存优化

MOT 与基于磁盘的普通表并排创建。MOT 的有效设计实现了几乎完全的 SQL 覆盖，并且支持完整的数据库功能集，如存储过程和自定义函数。通过完全存储在内存中的数据和索引、非统一内存访问感知(NUMA-aware)设计、消除锁和锁存争用的算法，以及查询原生编译，MOT 可提供更快的数据访问和更高效的事务执行。

MOT 有效的、几乎无锁的设计和高度调优的实现，使其在多核服务器上实现了卓越的近线性吞吐量扩展。

8.4.1　MOT 特性及价值

MOT 在高性能(查询和事务延迟)、高可扩展性(吞吐量和并发量)，以及高资源利用率方面拥有显著的优势。

(1) 低延迟(low latency)：提供快速的查询和事务响应时间。

(2) 高吞吐量(high throughput)：支持峰值和持续高用户并发。

(3) 高资源利用率(high resource utilization)：充分利用硬件。

相较于不使用 MOT，使用了 MOT 的应用程序可以达到 2.5～4 倍的吞吐量。例如，在基于 ARM/鲲鹏的华为泰山服务器和基于英特尔至强的戴尔 x86 服务器上，执行 TPC-C 基准测试(交互事务和同步日志)。MOT 提供的吞吐率增益在 2 路服务器上达到 2.5 倍，在 4 路服务器上达到 3.7 倍，在 4 路 256 核 ARM 服务器上达到 480 万 tpmC。从 TPC-C 基准测试中可观察到，MOT 提供更低的延迟，事务处理延迟降低 67%至 82%。

此外，高负载和高争用的情况是所有领先的行业数据库都会遇到的公认问题，而 MOT 能够在这种情况下极高地利用服务器资源。使用 MOT 后，4 路服务器的资源利用率达到 99%，远远领先其他行业数据库。这种能力在现代的多核服务器上尤为明显和重要。

8.4.2 MOT关键技术

(1) 内存优化数据结构：以实现高并发吞吐量和可预测的低延迟为目标，所有数据和索引都在内存中，不使用中间页缓冲区，并使用持续时间最短的锁。数据结构和所有算法都是专门为内存设计而优化的。

(2) 免锁事务管理：MOT在保证严格一致性和数据完整性的前提下，采用乐观的策略实现高并发和高吞吐。在事务过程中，MOT不会对正在更新的数据行的任何版本加锁，从而大大降低了一些大内存系统中的争用。事务中的乐观并发控制(optimistic concurrency control，OCC)语句是在没有锁的情况下实现的，所有的数据修改都是在内存中专门用于私有事务的部分(也称为私有事务内存)中进行的。这就意味着在事务过程中，相关数据在私有事务内存中更新，从而实现了无锁读写；而且只有在提交阶段才会短时间加锁。

(3) 免锁索引：由于内存表的数据和索引完全存储在内存中，因此拥有一个高效的索引数据结构和算法非常重要。MOT索引机制基于Mass tree技术，这是一种用于多核系统的快速和可扩展的键值(key value，KV)存储索引，由Trie树(字典树)和B+ tree结合而成的并发算法。通过这种方式，高并发工作负载在多核服务器上可以获得卓越的性能。同时，MOT应用了各种先进的技术以优化性能，如优化锁方法、高速缓存感知和内存预取。

(4) NUMA-aware的内存管理：MOT内存访问的设计支持非统一内存访问(NUMA)感知。NUMA-aware算法增强了内存中数据布局的性能，使线程访问物理上连接到线程运行的核心的内存。这是由内存控制器处理的，不需要通过使用互连(如英特尔QPI)进行额外的跳转。MOT的智能内存控制模块，为各种内存对象预先分配了内存池，提高了性能，减少了锁，保证了稳定性。事务的内存对象的分配始终是NUMA本地的。本地处理的对象会返回到池中。同时，在事务中尽量减少系统内存分配(OS malloc)的使用，避免不必要的锁。

(5) 高效持久性：日志和检查点是实现磁盘持久化的关键能力，也是ACID的关键要求之一(D代表Durability，即持久性)。目前所有的磁盘(包括SSD和NVMe)都明显慢于内存，因此持久化是内存的数据库引擎的瓶颈。作为一个基于内存的存储引擎，MOT的持久化设计必须实现各种各样的算法优化，以确保持久化的同时还能达到设计时的速度和吞吐量目标。这些优化包括：

① 并行日志，所有openGauss磁盘表都支持。

② 每个事务的日志缓冲和无锁事务准备。

③ 增量更新记录，即只记录变化。

④ 除了同步和异步之外，创新的NUMA感知组提交日志记录。

⑤ 最先进的数据库检查点(CALC)使内存占用和计算开销降到最低。

(6) 高SQL覆盖率和功能集：MOT通过扩展的外部数据封装(FDW)及索引，几乎支持完整的SQL命令，包括存储过程、用户定义函数和系统函数调用。

(7) 使用PREPARE语句的查询原生编译：通过使用PREPARE客户端命令，可以以交互方式执行查询和事务语句。这些命令已被预编译成原生执行格式，也称为 Code-Gen 或即时(Just-in-Time，JIT)编译，这样可以实现平均 30%的性能提升。在可能的情况下，应用编译和轻量级执行；否则使用标准执行路径处理适用的查询。Cache Plan 模块已针对 OLTP 进行了优化，在整个会话中甚至使用不同的绑定设置，以及在不同的会话中重用编译结果。

(8) MOT 和 openGauss 数据库的无缝集成：MOT 是一个高性能的面向内存优化的存储引擎，已集成在 openGauss 包中。MOT 的主内存引擎和基于磁盘的存储引擎并存，以支持多种应用场景，同时在内部重用数据库辅助服务，如 WAL、复制、检查点和恢复高可用性等。用户可以从基于磁盘的表和 MOT 的统一部署、配置和访问中受益。根据特定需求，灵活且低成本地选择使用哪种存储引擎。例如，把会导致瓶颈的高争用表放入内存中，以提高访问速度。

8.4.3 应用场景

MOT 可以根据负载的特点显著加快应用程序的整体性能。MOT 通过提高数据访问和事务执行的效率，并通过消除并发执行事务之间的锁和锁存争用，最大限度地减少重定向，从而提高了事务处理的性能。

MOT 的极速不仅因为它在内存中，还因为它围绕并发内存使用管理进行了优化。数据存储、访问和处理算法从头开始设计，以利用内存和高并发计算的最先进的技术。

openGauss 允许应用程序随意组合 MOT 和基于标准磁盘的表。对于启用已证明是瓶颈的最活跃、高争用和对性能敏感的应用程序表，以及需要可预测的低延迟访问和高吞吐量的表来说，MOT 特别有用。

MOT 可用于各种应用，介绍如下：

(1) 高吞吐事务处理：这是使用 MOT 的主要场景，因为它支持海量事务，同时要求单个事务的延迟较低。这类应用的例子有实时决策系统、支付系统、金融工具交易、体育博彩、移动游戏、广告投放等。

(2) 性能瓶颈加速：存在高争用现象的表可以通过使用 MOT 受益，即使该表是磁盘表。由于延迟更低、竞争和锁更少，以及服务器吞吐量能力增加，此类表(除相关表及在查询和事务中一起引用的表之外)的转换使得性能显著提升。

(3) 消除中间层缓存：云计算和移动应用往往会有周期性或峰值的高工作负载。此外，许多应用都有 80%以上负载是读负载，并伴有频繁的重复查询。为了满足峰值负载的要求，以及降低响应延迟提供最佳的用户体验，应用程序通常会部署中间缓存层。这样的附加层增加了开发的复杂性和时间，也增加了运营成本。MOT 提供了一个很好的替代方案，通过一致的高性能数据存储来简化应用架构，缩短开发周期，降低 CAPEX(capital expenditure，资本性支出)和 OPEX(operating expense，运营资本)。

(4) 大规模流数据提取：MOT 可以满足云端(针对移动、M2M(machine to machine，终端到终端)和物联网)、事务处理(transactional processing，TP)、分析处理(analytical

processing,AP)和机器学习(machine learning,ML)的大规模流数据的提取要求。MOT尤其擅长持续快速地同时提取来自许多不同来源的大量数据。这些数据可以在以后进行处理、转换,并在速度较慢的基于磁盘的表中进行移动。另外,MOT还可以查询到一致的、最新的数据,从而得出实时结果。在有许多实时数据流的物联网和云计算应用中,通常会有专门的数据摄取和处理。例如,一个Apache Kafka集群可用来提取10万个事件/s的数据,延迟为10ms。一个周期性的批处理任务会将使用到的数据收集起来,并将转换格式放入关系数据库中进行进一步分析。MOT可以通过将数据流直接存储在MOT关系表中,为分析和决策做准备,从而支持这样的场景(同时消除单独的数据处理层)。这样可以更快地收集和处理数据,MOT避免了代价高昂的分层和缓慢的批处理,提高了一致性,增加了分析数据的实时性,同时降低了总拥有成本(total cost of ownership,TCO)。

(5) 降低总拥有成本:提高资源利用率和消除中间层可以节省30%~90%的TCO。

8.4.4 MOT使用概述

MOT为openGauss的一部分自动部署。有关如何计算和规划所需的内存和存储资源以维持工作负载的说明,请参阅8.4.5节(MOT准备)。

MOT命令的语法与基于磁盘的表的语法相同,并支持大多数标准,如PostgreSQL的DDL和DML命令和功能,如存储过程。只有MOT中的创建和删除表语句与openGauss中基于磁盘的表语句不同。可以参考8.4.7节(MOT使用)了解这两个简单命令的说明。例如,将基于磁盘的表转换为MOT,使用查询原生编译和PREPARE语句获得更高的性能,以及了解外部工具支持和MOT引擎的限制。

8.4.8节(MOT管理)介绍了如何维护MOT的索引,以及如何查看MOT的内存使用信息。

8.4.5 MOT准备

本节将描述为满足特定应用程序需求,在评估、估计和规划内存和存储容量数量时,需要注意的事项和准则,以及影响所需内存数量的各种数据,例如计划表的数据和索引大小、维持事务管理的内存,以及数据增长的速度。

服务器上必须有足够的物理内存以维持内存表的状态,并满足工作负载和数据的增长。所有这些都是在传统的基于磁盘的引擎、表和会话所需的内存之外的要求。因此,提前规划好足够的内存来容纳这些内容是非常有必要的。

开始可以使用任何数量的内存并执行基本任务和评估测试。但当准备好生产时,应解决以下问题。

1. 内存配置

openGauss数据库的内存上限是由max_process_memory参数设置的,该上限在postgres.conf文件中定义。MOT及其所有组件和线程都驻留在openGauss进程中。因此,分配给MOT的内存也是在整个openGauss数据库进程的max_process_memory定义的上限内分配。

MOT为自己保留的内存是max_process_memory的一部分。可以通过百分比或通过小于max_process_memory的绝对值定义。这部分在mot.conf配置文件中由mot_memory配置项定义。max_process_memory中除被MOT使用的部分之外，必须为Postgres(openGauss)封装留下至少2GB的可用空间。为了确保这一点，MOT在数据库启动过程中会进行如下校验：

```
(max_mot_global_memory + max_mot_local_memory) + 2GB < max_process_memory
```

如果违反此限制，则调整MOT内存内部限制，最大可能地满足上述限制范围。该调整在启动时进行，并据此计算MOT最大内存值。

此时会向服务器日志发出警告。

以下是报告问题的警告消息示例：

```
[WARNING] <Configuration> MOT engine maximum memory definitions (global: 9830 MB, local: 1843 MB, session large store: 0 MB, total: 11673 MB) breach GaussDB maximum process memory restriction (12288 MB) and/or total system memory (64243 MB). MOT values shall be adjusted accordingly to preserve required gap (2048 MB).
```

以下警告消息示例提示MOT正在自动调整内存限制：

```
[WARNING] <Configuration> Adjusting MOT memory limits: global = 8623 MB, local = 1617 MB, session large store = 0 MB, total = 10240 MB
```

新内存限制仅在此处显示。此外，当总内存使用量接近所选内存限制时，MOT不再允许插入额外数据。不再允许额外数据插入的阈值即MOT最大内存百分比(如上所述，这是一个计算值)。MOT最大内存百分比在mot.conf文件的high_red_mark_percent设置中配置，默认值为90，即90%。尝试添加超过此阈值的额外数据时，会向用户返回错误，并且也会注册到数据库日志文件中。

1) 最小值和最大值

为了确保内存安全，MOT根据最小的全局和本地设置预先分配内存。数据库管理员应指定MOT和会话维持工作负载所需的最小内存量，这样可以确保即使另一个消耗内存的应用程序与数据库在同一台服务器上运行，并且与数据库竞争内存资源，也能够将这个最小的内存分配给MOT。最大值用于限制内存增长。

2) 全局和本地

MOT使用的内存由两部分组成。

(1) 全局内存。全局内存是一个长期内存池，包含MOT的数据和索引。它平均分布在NUMA节点，由所有CPU核共享。

(2) 本地内存。本地内存是用于短期对象的内存池。它的主要使用者是处理事务的会话。这些会话将数据更改存储在专门用于相关特定事务的内存部分(称为事务专用内存)。在提交阶段,数据更改将被移动到全局内存中。内存对象分配以 NUMA-local 方式执行,以实现尽可能低的延迟。

被释放的对象被放回相关的内存池中。在事务期间尽量少使用操作系统内存分配(malloc)函数,避免不必要的锁和锁存。

这两个内存的分配由专用的 min/max_mot_global_memory 和 min/max_mot_local_memory 参数控制。如果 MOT 全局内存使用量太接近最大值,则 MOT 会保护自身,不接受新数据。超出此限制的内存分配尝试将被拒绝,并向用户报告错误。

3) 最低内存要求

在开始执行对 MOT 性能的最小评估前,请确保:除了磁盘表缓冲区和额外的内存,max_process_memory(在 postgres.conf 中定义)还有足够的容量用于 MOT 和会话(由 mix/max_mot_global_memory 和 mix/max_mot_local_memory 配置)。对于简单的测试,可以使用 mot.conf 的默认设置。

4) 生产过程中的实际内存需求

在典型的 OLTP 工作负载中,平均读写比例为 8∶2,每个表的 MOT 内存使用率比基于磁盘的表高 60%(包括数据和索引)。这是因为使用了更优化的数据结构和算法,使得访问速度更快,并具有 CPU 缓存感知和内存预取功能。

特定应用程序的实际内存需求取决于数据量、预期工作负载。

5) 最大全局内存规划:数据和索引大小

要规划最大全局内存,需满足:

(1) 确定特定磁盘表(包括其数据和所有索引)的大小。如下统计查询可以确定 customer 表的数据大小和 customer_pkey 索引大小。

① 数据大小:选择 pg_relation_size('customer');

② 索引:选择 pg_relation_size('customer_pkey')。

(2) 基于磁盘的数据和当前索引的大小,额外增加 60%的内存,这是 MOT 中的常见要求。

(3) 额外增加数据预期增长百分比。介绍如下。

5%月增长率=80%年增长率(1.05^{12})。因此,为了维持年增长,需分配比表当前所使用的内存大小还多 80%的内存。至此,max_mot_global_memory 值的估计和规划就完成了。实际设置可以用绝对值或 max_process_memory 的百分比定义。具体的值通常在部署期间进行微调。

6) 最大本地内存规划:并发会话支持

本地内存需求主要是并发会话数量的函数。平均会话的典型 OLTP 工作负载最大占用 8MB。本地内存需求主要与并发会话数量有关,典型 OLTP 工作负载平均会话量最多占用 8MB 内存。内存需求可以用平均会话最大占用内存乘以会话数量来计算,实际内存需求比计算量略大。

可以通过这种方式进行内存计算，然后进行微调：

```
SESSION_COUNT * SESSION_SIZE (8 MB) + SOME_EXTRA (100MB should be enough)
```

默认指定 openGauss 最大进程内存(默认为 12GB)的 15%，相当于 1.8GB 可满足 230 个会话，即 max_mot_local 内存需求。

7) 异常大事务

某些事务非常大，因为它们将更改应用于大量行。这可能导致单个会话的本地内存增加到允许的最大限制，即 1GB，例如：

```
delete from SOME_VERY_LARGE_TABLE;
```

在配置 max_mot_local_memory 参数和应用程序开发时，请考虑此场景。

2. 存储 I/O

MOT 是一个内存优化的持久化数据库存储引擎。需要磁盘驱动器来存储 WAL 重做日志和定期检查点。推荐采用低延迟的存储设备，如配置 RAID-1 的 SSD、NVMe 或者任何企业级存储系统。当使用适当的硬件时，数据库事务处理和竞争将成为瓶颈，而非 I/O。由于持久性存储比 RAM 内存慢得多，因此 I/O 操作(日志和检查点)可能成为内存中数据库和内存优化数据库的瓶颈。但是，MOT 具有针对现代硬件(如 SSD、NVMe)进行优化的高效持久性设计和实现。此外，MOT 最小化和优化了写入点(例如，使用并行日志记录、每个事务的单日志记录和 NUMA-aware 事务组写入)，并且最小化了写入磁盘的数据(例如，只把更改记录的增量或更新列记录到日志，并且只记录提交阶段的事务)。

3. 容量需求

所需容量取决于检查点和日志记录的要求，如下所述。

1) 检查点

检查点将所有数据的快照保存到磁盘。需要给检查点分配两倍数据大小的容量。不需要为检查点索引分配空间。检查点＝2×MOT 数据大小(仅表示行，索引非持久)。检查点之所以需要两倍大小，是因为快照会保存数据的全部大小到磁盘上，此外还应该为正在进行的检查点分配同样数量的空间。当检查点进程结束时，以前的检查点文件将被删除。

2) 日志记录

MOT 日志记录与基于磁盘的表的其他记录写入同一个数据库事务日志。日志的大小取决于事务吞吐量、数据更改的大小和检查点之间的时间(每次检查点，重做日志被截断并重新开始扩展)。与基于磁盘的表相比，MOT 使用较少的日志带宽和较低的 I/O 争用，这由多种机制实现。例如，MOT 不会在事务完成之前记录每个操作。它只在提交阶段记录，并且只记录更新的增量记录(不像基于磁盘的表那样的完整记录)。为了确保日志 I/O 设备不会成为瓶颈，日志文件必须放在具有低延迟的驱动器上。

8.4.6　MOT部署

1. MOT服务器优化：x86

通常情况下，数据库由以下组件绑定。

(1) CPU：更快的CPU可以加速任何CPU绑定的数据库。

(2) 磁盘：高速SSD/NVME可加速任何I/O绑定的数据库。

(3) 网络：更快的网络可以加速任何SQL * Net绑定的数据库。

除以上内容外，以下通用服务器设置默认使用，可能会明显影响数据库的性能。MOT性能调优是确保快速的应用程序功能和数据检索的关键步骤。MOT支持最新的硬件，因此调整每个系统以达到最大吞吐量是极为重要的。以下是用于优化在英特尔x86服务器上运行MOT时的建议配置。这些设置是高吞吐量工作负载的最佳选择。

1) BIOS(x86)

Hyper Threading(超线程)设置为ON。强烈建议打开超线程(HT＝ON)。建议在MOT上运行OLTP工作负载时打开超线程。当使用超线程时，某些OLTP工作负载显示高达40%的性能增益。

2) 操作系统环境的设置

(1) NUMA。禁用NUMA平衡。MOT以极其高效的NUMA-aware方式进行内存管理，远远超过操作系统使用的默认方法：

```
echo 0 > /proc/sys/kernel/numa_balancing
```

(2) 服务。禁用如下服务：

```
service irqbalance stop           # MANADATORY
service sysmonitor stop           # OPTIONAL, performance
service rsyslog stop              # OPTIONAL, performance
```

(3) 调优服务。服务器必须运行throughput-performance配置文件：

```
[...] $ tuned - adm profile throughput - performance
```

throughput-performance配置文件是广泛适用的调优，它为各种常见服务器工作负载提供卓越的性能。其他不太适合openGauss和MOT服务器的配置可能会影响MOT的整体性能，包括平衡配置、桌面配置、延迟性能配置、网络延迟配置、网络吞吐量配置和节能配置。

(4) 系统命令。推荐使用下列操作系统设置，以获得最佳性能。

① 在/etc/sysctl.conf文件中添加如下配置，然后执行sysctl -p命令：

```
net.ipv4.ip_local_port_range = 9000 65535
kernel.sysrq = 1
kernel.panic_on_oops = 1
```

```
kernel.panic = 5
kernel.hung_task_timeout_secs = 3600
kernel.hung_task_panic = 1
vm.oom_dump_tasks = 1
kernel.softlockup_panic = 1
fs.file-max = 640000
kernel.msgmnb = 7000000
kernel.sched_min_granularity_ns = 10000000
kernel.sched_wakeup_granularity_ns = 15000000
kernel.numa_balancing=0
vm.max_map_count = 1048576
net.ipv4.tcp_max_tw_buckets = 10000
net.ipv4.tcp_tw_reuse = 1
net.ipv4.tcp_tw_recycle = 1
net.ipv4.tcp_keepalive_time = 30
net.ipv4.tcp_keepalive_probes = 9
net.ipv4.tcp_keepalive_intvl = 30
net.ipv4.tcp_retries2 = 80
kernel.sem = 250 6400000 1000 25600
net.core.wmem_max = 21299200
net.core.rmem_max = 21299200
net.core.wmem_default = 21299200
net.core.rmem_default = 21299200
#net.sctp.sctp_mem = 94500000 915000000 927000000
#net.sctp.sctp_rmem = 8192 250000 16777216
#net.sctp.sctp_wmem = 8192 250000 16777216
net.ipv4.tcp_rmem = 8192 250000 16777216
net.ipv4.tcp_wmem = 8192 250000 16777216
net.core.somaxconn = 65535
vm.min_free_kbytes = 26351629
net.core.netdev_max_backlog = 65535
net.ipv4.tcp_max_syn_backlog = 65535
#net.sctp.addip_enable = 0
net.ipv4.tcp_syncookies = 1
vm.overcommit_memory = 0
net.ipv4.tcp_retries1 = 5
net.ipv4.tcp_syn_retries = 5
```

② 按如下方式修改/etc/security/limits.conf对应部分：

```
<user> soft nofile 100000
<user> hard nofile 100000
```

软限制和硬限制设置可指定一个进程同时打开的文件数量。软限制可由各自运行这些限制的进程进行更改，直至达到硬限制值。

（5）磁盘/SSD。下面以数据库同步提交模式为例，介绍如何保证磁盘读写性能适合数据库同步提交模式。

按如下方式运行磁盘/SSD性能测试：

```
[...] $ sync; dd if = /dev/zero of = testfile bs = 1M count = 1024; sync
1024 + 0 records in
1024 + 0 records out
1073741824 bytes (1.1 GB) copied, 1.36034 s, 789 MB/s
```

当磁盘带宽明显低于789MB/s时，可能造成openGauss性能瓶颈，尤其是造成MOT性能瓶颈。

3）网络

需要使用10Gb/s以上网络。运行iperf命令进行验证：

```
Server side: iperf -s
Client side: iperf -c <IP>
```

rc. local：网卡调优。以下可选设置对性能有显著影响：

（1）将https://gist.github.com/SaveTheRbtz/8875474下的set_irq_privacy.sh文件复制到/var/scripts/目录下。

（2）进入/etc/rc.d/rc.local，执行chmod命令，确保在boot时执行以下脚本：

```
'chmod +x /etc/rc.d/rc.local'
var/scripts/set_irq_affinity.sh -x all <DEVNAME>
ethtool -K <DEVNAME> gro off
ethtool -C <DEVNAME> adaptive-rx on adaptive-tx on
Replace <DEVNAME> with the network card, i.e. ens5f1
```

2. MOT服务器优化：基于ARM的华为泰山2P/4P服务器

以下是基于ARM/鲲鹏架构的华为泰山2280 v2服务器（2路256核）和泰山2480 v2服务器（4路256核）上运行MOT时的建议配置。除非另有说明，以下设置适用于客户端和服务器的机器。

1）BIOS（基于ARM的华为泰山2P/4P服务器）

修改BIOS相关设置，如图8-3所示。

（1）依次选择**BIOS**→Advanced→MISC Config，设置Support Smmu参数为Disabled，如图8-3所示。

（2）在同一个界面（MISC Config）下设置CPU Prefetching Configuration参数为Disabled，如图8-3所示。

（3）依次选择**BIOS**→Advanced→Memory Config，设置Die Interleaving参数为Disable，如图8-4所示。

（4）依次选择**BIOS**→Advanced→Performance Config，设置Power Policy参数为Performance，如图8-5所示。

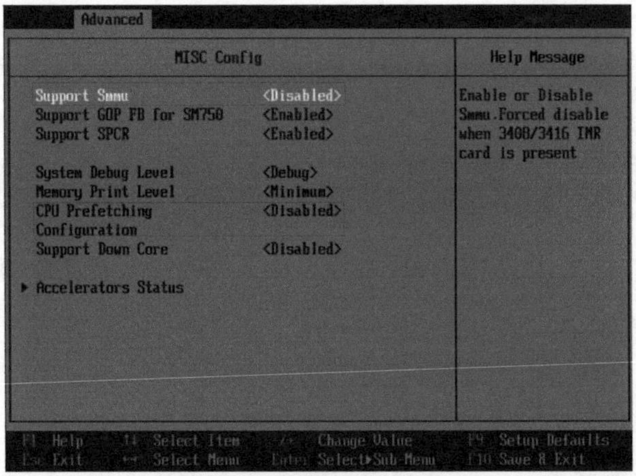

```
Advanced
MISC Config                                          Help Message
Support Smmu                  <Disabled>             Enable or Disable
Support GOP FB for SM750      <Enabled>              Smmu.Forced disable
Support SPCR                  <Enabled>              when 3408/3416 IMR
                                                     card is present
System Debug Level            <Debug>
Memory Print Level            <Minimum>
CPU Prefetching               <Disabled>
Configuration
Support Down Core             <Disabled>

▶ Accelerators Status

F1 Help    ↑↓ Select Item    -/+ Change Value       F9 Setup Defaults
Esc Exit   ↔ Select Menu     Enter Select▶Sub-Menu  F10 Save & Exit
```

图 8-3 BIOS 相关设置 1

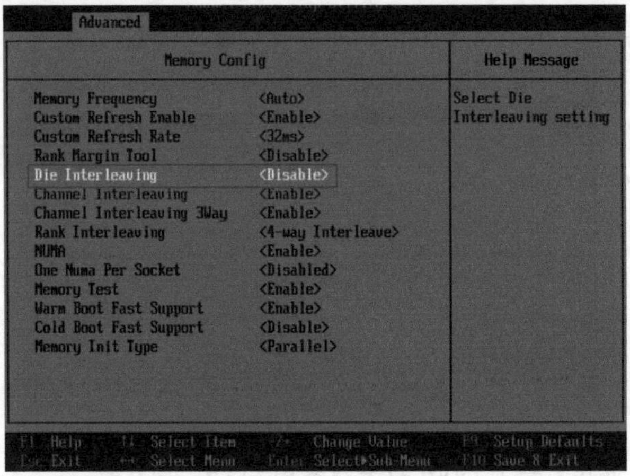

```
Advanced
Memory Config                                        Help Message
Memory Frequency              <Auto>                 Select Die
Custom Refresh Enable         <Enable>               Interleaving setting
Custom Refresh Rate           <32ms>
Rank Margin Tool              <Disable>
Die Interleaving              <Disable>
Channel Interleaving          <Enable>
Channel Interleaving 3Way     <Enable>
Rank Interleaving             <4-way Interleave>
NUMA                          <Enable>
One Numa Per Socket           <Disabled>
Memory Test                   <Enable>
Warm Boot Fast Support        <Enable>
Cold Boot Fast Support        <Disable>
Memory Init Type              <Parallel>

F1 Help    ↑↓ Select Item    -/+ Change Value       F9 Setup Defaults
Esc Exit   ↔ Select Menu     Enter Select▶Sub-Menu  F10 Save & Exit
```

图 8-4 BIOS 相关设置 2

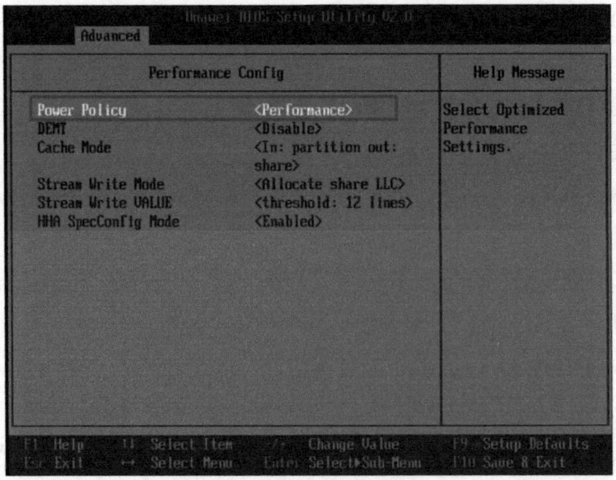

```
Huawei BIOS Setup Utility V2.0
Advanced
Performance Config                                   Help Message
Power Policy                  <Performance>          Select Optimized
DEMT                          <Disable>              Performance
Cache Mode                    <In: partition out:    Settings.
                              share>
Stream Write Mode             <Allocate share LLC>
Stream Write VALUE            <threshold: 12 lines>
HHA SpecConfig Mode           <Enabled>

F1 Help    ↑↓ Select Item    -/+ Change Value       F9 Setup Defaults
Esc Exit   ↔ Select Menu     Enter Select▶Sub-Menu  F10 Save & Exit
```

图 8-5 BIOS 相关设置 3

2）操作系统：内核和启动

(1) 以下操作系统内核和启动参数通常由 sysadmin 配置。具体内核参数的配置如下：

```
net.ipv4.ip_local_port_range = 9000 65535
kernel.sysrq = 1
kernel.panic_on_oops = 1
kernel.panic = 5
kernel.hung_task_timeout_secs = 3600
kernel.hung_task_panic = 1
vm.oom_dump_tasks = 1
kernel.softlockup_panic = 1
fs.file-max = 640000
kernel.msgmnb = 7000000
kernel.sched_min_granularity_ns = 10000000
kernel.sched_wakeup_granularity_ns = 15000000
kernel.numa_balancing = 0
vm.max_map_count = 1048576
net.ipv4.tcp_max_tw_buckets = 10000
net.ipv4.tcp_tw_reuse = 1
net.ipv4.tcp_tw_recycle = 1
net.ipv4.tcp_keepalive_time = 30
net.ipv4.tcp_keepalive_probes = 9
net.ipv4.tcp_keepalive_intvl = 30
net.ipv4.tcp_retries2 = 80
kernel.sem = 32000 1024000000       500     32000
kernel.shmall = 52805669
kernel.shmmax = 18446744073692774399
sys.fs.file-max = 6536438
net.core.wmem_max = 21299200
net.core.rmem_max = 21299200
net.core.wmem_default = 21299200
net.core.rmem_default = 21299200
net.ipv4.tcp_rmem = 8192 250000 16777216
net.ipv4.tcp_wmem = 8192 250000 16777216
net.core.somaxconn = 65535
vm.min_free_kbytes = 5270325
net.core.netdev_max_backlog = 65535
net.ipv4.tcp_max_syn_backlog = 65535
net.ipv4.tcp_syncookies = 1
vm.overcommit_memory = 0
net.ipv4.tcp_retries1 = 5
net.ipv4.tcp_syn_retries = 5
##NEW
kernel.sched_autogroup_enabled = 0
kernel.sched_min_granularity_ns = 2000000
kernel.sched_latency_ns = 10000000
```

```
kernel.sched_wakeup_granularity_ns = 5000000
kernel.sched_migration_cost_ns = 500000
vm.dirty_background_bytes = 33554432
kernel.shmmax = 21474836480
net.ipv4.tcp_timestamps  =  0
net.ipv6.conf.all.disable_ipv6 = 1
net.ipv6.conf.default.disable_ipv6 = 1
net.ipv4.tcp_keepalive_time = 600
net.ipv4.tcp_keepalive_probes = 3
kernel.core_uses_pid = 1
```

(2) 调优服务：服务器运行 throughput－performance 配置文件：

```
tuned - adm profile throughput - performance
```

(3) 启动调优。在内核启动参数中添加 iommu.passthrough＝1。在 pass-through 模式下运行时，适配器需要 DMA 转换到内存，从而提高性能。

8.4.7 MOT使用

使用 MOT 非常简单，以下将会详细描述。openGauss 允许应用程序使用 MOT 和基于标准磁盘的表。MOT 适用于最活跃、高竞争和对吞吐量敏感的应用程序表，也可用于所有应用程序的表。下面介绍如何创建 MOT，以及如何将现有的基于磁盘的表转换为 MOT，以加速应用程序的数据库相关性能。MOT 尤其有利于优化性能瓶颈的数据表。

1. 授予用户权限

以授予数据库用户对 MOT 存储引擎的访问权限为例，每个数据库用户仅执行一次，通常在初始配置阶段完成。

要使特定用户能够创建和访问 MOT(DDL、DML、SELECT)，以下语句只执行一次：

```
GRANT USAGE ON FOREIGN SERVER mot_server TO < user >;
```

2. 创建/删除 MOT

(1) 使用 create FOREIGN table 命令创建 MOT：

```
create FOREIGN table test(x int) [server mot_server];
```

若显示如下结果，则表示创建成功：

```
CREATE FOREIGN TABLE
```

(2) 以上语句中：

① 始终使用 FOREIGN 关键字引用 MOT。

② 在创建 MOT 表时,[server mot_server]部分是可选的,因为 MOT 是一个集成的引擎,而不是一个独立的服务器。

③ 上文以创建一个名为 test 的内存表(表中有一个名为 x 的整数列)为例。下文提供一个更现实的例子(创建索引)。

④ 如果在 postgresql.conf 配置文件中开启了增量检查点,则无法创建 MOT。因此,请在创建 MOT 前将 enable_incremental_checkpoint 参数设置为 off。

(3) 使用 drop FOREIGN table 命令删除名为 test 的 MOT:

```
drop FOREIGN table test;
```

3. 为 MOT 创建索引

MOT 支持标准的 PostgreSQL 创建和删除索引语句。例如,使用如下指令在 test 表上创建索引:

```
create index  text_index1 on test(x);
```

以下示例展示了如何创建一个用于 TPC-C 的 ORDER 表,并创建索引:

```
create FOREIGN table customer (
  o_w_id        integer       not null,
  o_d_id        integer       not null,
  o_id          integer       not null,
  o_c_id        integer not null,
  o_carrier_id integer,
  o_ol_cnt      integer,
  o_all_local   integer,
  o_entry_d     timestamp,
  primary key (o_w_id, o_d_id, o_id)
);
create index  bmsql_oorder_index1 on bmsql_oorder(o_w_id, o_d_id, o_c_id, o_id);
```

4. 将磁盘表转换为 MOT

磁盘表直接转换为 MOT 现在尚不能实现,即尚不存在将基于磁盘的表转换为 MOT 的 ALTER TABLE 语句。下面介绍如何手动将基于磁盘的表转换为 MOT,如何使用 gs_dump 工具导出数据,以及如何使用 gs_restore 工具导入数据。

1) 前置条件检查

检查待转换为 MOT 的磁盘表的模式是否包含所有需要的列。检查架构是否包含任何不支持的列数据类型。如果不支持特定列,则建议首先创建一个更新了模式的备磁盘表。此模式与原始表相同,只是所有不支持的类型都已转换为支持的类型。使用以下脚本导出该备磁盘表,然后导入 MOT 中。

2）转换

要将基于磁盘的表转换为 MOT，请执行以下步骤：

（1）暂停应用程序活动。

（2）使用 gs_dump 工具将表数据转储到磁盘的物理文件中。

（3）重命名原始基于磁盘的表。

（4）创建同名同模式的 MOT。请确保使用 FOREIGN 关键字创建指定该表为 MOT。

（5）使用 gs_restore 将磁盘文件的数据加载/恢复到数据库表中。

（6）浏览或手动验证所有原始数据是否正确导入新的 MOT 中，下面将举例说明。

（7）恢复应用程序活动。

3）转换示例

假设要将数据库中一个基于磁盘的表 customer_t1 迁移到 MOT 中。将 customer_t1 表迁移到 MOT，操作步骤如下。

（1）检查源表的列类型。验证 MOT 是否支持所有类型：

```
testDB=# \d+ customer_t1
                              Table "public.customer_t1"
   Column   |         Type          | Modifiers | Storage  | Stats target | Description
------------+-----------------------+-----------+----------+--------------+
 state_id   | character(2)          |           | extended |              |
 state_name | character varying(40) |           | extended |              |
 area_id    | numeric               |           | main     |              |
Has OIDs: no
Options: orientation=row, compression=no
```

（2）使用以下命令检查源表数据：

```
testDB=# select * from customer_t1 limit 5;
 state_id |      state_name      | area_id
----------+----------------------+---------
 AA       | AAAAAAAAAAAAAAAAAAAA |    1544
 AA       | AAAAAAAAAAAAAAAAAAAA |     626
 AA       | AAAAAAAAAAAAAAAAAAAA |    3317
 AA       | AAAAAAAAAAAAAAAAAAAA |    2689
 AA       | AAAAAAAAAAAAAAAAAAAA |    3726
(5 rows)
```

（3）在终端中使用 gs_dump 工具转储表数据，将 customer_t1 中的数据导出为 customer_t1.dump 文件，命令如下：

```
[omm@ecs-c32a ~]$ gs_dump -U omm -Fc testDB -a --table customer_t1 -f customer_t1.
dump -p 26000
gs_dump[port='26000'][testDB][2020-11-17 19:36:54]: dump database testDB successfully
gs_dump[port='26000'][testDB][2020-11-17 19:36:54]: total time: 208  ms
```

(4) 使用如下命令重命名源表为 customer_t1_bk,防止和即将导入的新表冲突:

```
testDB=# alter table customer_t1 rename to customer_t1_bk;
ALTER TABLE
```

(5) 使用如下命令创建与源表完全相同的 MOT:

```
testDB=# create foreign table customer_t1 (state_ID CHAR(2), state_NAME VARCHAR2(40), area_
ID NUMBER);
CREATE FOREIGN TABLE
testDB=# select * from customer_t1;
 state_id | state_name | area_id
---------+----------+---------
(0 rows)
```

(6) 将 customer_t1.dump 文件中保存的源转储数据导入新 MOT 中:

```
[omm@ecs-c32a ~]$ gs_restore -C -U omm -d testDB customer_t1.dump -p 26000
start restore operation ...
table customer_t1 complete data imported !
Finish reading 3 SQL statements!
end restore operation ...
restore operation successful
total time: 297  ms
```

(7) 检查数据是否成功导入。使用以下命令查询新数据表 customer_t1,和源数据相同,接着使用\d 命令查看当前数据库中的表,可以看到旧的磁盘数据表 customer_t1_bk 和新的 MOT customer_t1:

```
testDB=# select * from customer_t1 limit 5;
 state_id |      state_name      | area_id
---------+--------------------+---------
 AA       | AAAAAAAAAAAAAAAAAAAA |    1544
 AA       | AAAAAAAAAAAAAAAAAAAA |     626
 AA       | AAAAAAAAAAAAAAAAAAAA |    3317
 AA       | AAAAAAAAAAAAAAAAAAAA |    2689
 AA       | AAAAAAAAAAAAAAAAAAAA |    3726
(5 rows)

testDB=#  \d
                              List of relations
 Schema |      Name      |     Type      | Owner |             Storage
-------+--------------+-------------+------+---------------------------
 public | bmsql_oorder   | foreign table | omm   |
 public | customer_t1    | foreign table | omm   |
 public | customer_t1_bk | table         | omm   | {orientation=row,compression=no}
(3 rows)
```

5. MOT 外部支持工具

为了支持 MOT,修改了以下外部 openGauss 工具。请确保使用的工具是最新版本。下面介绍 gs_ctl、gs_basebackup、gs_dump 和 gs_restore 工具与 MOT 相关的用法。

1) gs_ctl

gs_ctl 用于从主服务器创建备服务器,以及当服务器的时间线偏离后,将服务器与其副本进行同步。在操作结束时,工具将获取最新的 MOT 检查点,同时考虑 checkpoint_dir 配置值。检查点从源服务器的 checkpoint_dir 读取到目标服务器的 checkpoint_dir。目前 MOT 不支持增量检查点。因此,gs_ctl 增量构建对于 MOT 来说不是以增量方式工作,而是以全量方式工作。Postgres 磁盘表仍然可以增量构建。

2) gs_basebackup

gs_basebackup 用于准备运行中服务器的基础备份,不影响其他数据库客户端。MOT 检查点也会在操作结束时获取。但是,检查点的位置是从源服务器中的 checkpoint_dir 获取的,并传输到源数据目录中,以便正确备份。

3) gs_dump

gs_dump 用于将数据库模式和数据导出到文件中,支持 MOT。

4) gs_restore

gs_restore 用于从文件中导入数据库模式和数据,支持 MOT。

6. MOT SQL 覆盖和限制

MOT 设计几乎能覆盖 SQL 和未来的特性集。例如,大多数支持标准的 Postgres SQL,也支持常见的数据库特性,如存储过程、自定义函数等。

下面介绍各种 SQL 覆盖和限制。

1) 不支持的特性

MOT 不支持以下特性。

(1) 跨引擎操作:不支持跨引擎(磁盘+MOT)的查询、视图或事务,计划于 2021 年实现该特性。

(2) MVCC、隔离:不支持没有快照/可序列化隔离,计划于 2021 年实现该特性。

(3) 即时编译(JIT):SQL 覆盖有限。此外,不支持存储过程的 JIT。

(4) 本地内存限制为 1GB。一个事务只能更改小于 1GB 的数据。

(5) 容量(数据+索引)受限于可用内存。未来将提供 Anti-caching 和数据分层功能。

(6) 不支持全文检索索引。

此外,下面详细列出了 MOT、MOT 索引、查询和 DML 语法的各种通用限制,以及查询即时编译的特点和限制。

2) MOT 限制

MOT 功能限制有按范围分区、AES 加密、流操作、自定义类型、子事务、DML 触发器和 DDL 触发器。

3）不支持的 DDL 操作

不支持的 DDL 操作有修改表结构，创建 including 表，创建 as select 表，按范围分区，创建无日志记录子句（no-logging clause）的表，创建可延迟约束主键（DEFERRABLE），重新索引，创建表空间，以及使用子命令创建架构。

4）不支持的数据类型

不支持的数据类型有 UUID，User-Defined Type（UDF），Array data type，NVARCHAR2（n），Clob，Name，Blob，Raw，Path，Circle，Reltime，Bit varying（10），Tsvector，Tsquery，JSON，HSTORE，Box，Text，Line，Point，LSEG，POLYGON，INET，CIDR，MACADDR，Smalldatetime，BYTEA，Bit，Varbit，OID，Money，以及无限制的 varchar/character varying。

5）不支持的索引 DDL 和索引

在小数和数值类型上创建索引，在可空列上创建索引，单表创建索引总数大于 9，在键大小大于 256 的表上创建索引。键大小包括以字节为单位的列大小＋列附加大小，这是维护索引所需的开销。表 8-5 列出了不同列类型的列附加大小。此外，如果索引不是唯一的，则额外需要 8B。

下面是计算键大小的伪代码：

```
keySize = 0;

for each (column in index){
      keySize += (columnSize + columnAddSize);
}
if (index is non_unique) {
      keySize += 8;
}
```

表 8-5 中未指定的类型，列附加大小为零（例如时间戳）。

表 8-5 键大小

列 类 型	列 大 小	列附加大小
varchar	N	4
tinyint	1	1
smallint	2	1
int	4	1
longint	8	1
float	4	2
double	8	3

6）不支持的 DML

不支持的 DML 有 Merge into，Delete on conflict，Insert on conflict，Select into，Update on conflict,Update from,Lock table,Copy from table。

7) 即时编译和轻量执行不支持的查询

(1) 查询涉及两个以上的表。

(2) 查询有以下任何一个情况。

① 非原生类型的聚合。

② 窗口功能。

③ 子查询、子链接。

④ Distinct-ON 修饰语(distinct 子句来自 DISTINCT ON)。

⑤ 递归(已指定 WITH RECURSIVE)。

⑥ 修改 CTE(WITH 中有 INSERT/UPDATE/DELETE)。

以下子句不支持轻量执行：Returning list,Group By clause,Grouping sets,Having clause,Windows clause,Distinct clause,Sort clause that does not conform to native index order,Set operations,Constraint dependencies。

8.4.8 MOT 监控

MOT 监控的所有语法都支持基于 FDW 的表,包括表或索引大小。此外,还存在用于监控 MOT 内存消耗的特殊函数,包括 MOT 全局内存、MOT 本地内存和单个客户端会话内存。

1) 表和索引大小

可以通过查询 pg_relation_size 参数来监控表和索引的大小,例如：

(1) 查看数据大小的命令如下：

```
select pg_relation_size('customer_t1');
```

(2) 查看索引大小的命令如下：

```
select pg_relation_size('customer_t1_pkey');
```

2) MOT 全局内存详情

使用以下命令检查 MOT 全局内存大小,主要是数据和索引：

```
select * from mot_global_memory_detail();
```

显示结果如下：

```
numa_node  | reserved_size        | used_size
-----------+----------------------+--------------
-1         | 194716368896         | 25908215808
0          | 446693376            | 446693376
1          | 452984832            | 452984832
```

```
2              | 452984832        | 452984832
3              | 452984832        | 452984832
4              | 452984832        | 452984832
5              | 364904448        | 364904448
6              | 301989888        | 301989888
7              | 301989888        | 301989888
```

其中，−1为总内存。0～7为NUMA内存节点。

3）MOT本地内存详情

使用以下命令检查MOT本地内存大小，包括会话内存：

```
select * from mot_local_memory_detail();
```

显示结果如下：

```
numa_node | reserved_size   | used_size
---------+---------------+-------------
 -1       | 144703488      | 144703488
0         | 25165824       | 25165824
1         | 25165824       | 25165824
2         | 18874368       | 18874368
3         | 18874368       | 18874368
4         | 18874368       | 18874368
5         | 12582912       | 12582912
6         | 12582912       | 12582912
7         | 12582912       | 12582912
```

其中，−1为总内存。0～7为NUMA内存节点。

4）会话内存

会话管理的内存从MOT本地内存中获取。所有活动会话（连接）的内存使用量都可以通过以下命令查询：

```
select * from mot_session_memory_detail();
```

显示结果如下，其中total_size为分配给会话的内存，free_size为未使用的内存，used_size为使用中的内存。

```
sessid                       | total_size  | free_size | used_size
-----------------------------+-------------+-----------+----------
1591175063.139755603855104  | 6291456     | 1800704   | 4490752
```

DBA可以通过以下查询确定当前会话使用的本地内存状态：

```
select * from mot_session_memory_detail()
 where sessid = pg_current_sessionid();
```

8.5 小结

本章介绍了行存表和列存表两种存储类型，并介绍了两种存储类型的应用场景和操作方式，对比了两种存储类型的性能差异。最后，本章还介绍了 MOT 的概念和应用场景，MOT 的部署、使用和管理方法。

8.6 习题

1. 规划数据库存储模型时，对于增、删、改操作较多的场景，应选择(　　)？

A. 行存表　　　　B. 列存表

2. 规划数据库存储模型时，对于统计分析类查询(关联、分组操作较多的场景)，应使用(　　)？

A. 行存表　　　　B. 列存表

3. 行存表和列存表中(　　)压缩率高？

A. 行存表　　　　B. 列存表

4. 内存表更适用于(　　)场景？

A. OLTP　　　　B. OLAP

5. 基于磁盘的表(　　)直接转换为内存表。

A. 能　　　　B. 不能

第9章

事务控制

事务是所有数据库系统的基本概念，是数据库为用户提供的最核心、最具吸引力的功能之一。简单地说，事务是用户定义的一系列数据库操作(如查询、插入、修改或删除等)的集合，一次事务的要点就是把多个步骤捆绑成一个单一的、同时成功或失败的操作。其他并发的事务是看不到这些步骤之间的中间状态的，并且如果发生了一些问题，导致该事务无法完成，那么所有这些步骤完全不会影响数据库。

openGauss需要保证事务处理的原子性(Atomicity)、一致性(Consistency)、隔离性(Isolation)和持久性(Durability)，它们统称为事务的ACID特性。其中：

(1) 原子性是指一个事务中的所有操作要么全部执行成功，要么全部执行失败。一个事务执行以后，数据库只可能处于上述两种状态之一。即使数据库在这些操作执行过程中发生故障，数据库也不会出现只有部分操作执行成功的状态。

(2) 一致性是指一个事务的执行会导致数据从一个一致的状态转移到另一个一致的状态，事务的执行不会违反一致性约束、触发器等定义的规则。

(3) 隔离性是指在一个事务的执行过程中，所看到的数据库状态受并发事务的影响程度。根据该影响程度的轻重，一般将事务的隔离级别分为读未提交、读已提交、可重复读和可串行化4个级别(受并发事务影响由重到轻)。

(4) 持久性是指一旦一个事务提交以后，那么即使数据库发生故障重启，该事务的执行结果也不会丢失，仍然对后续事务可见。

本文不对这些原理进行进一步解释，主要通过介绍openGauss的相关指令和实验感受openGauss中事务的处理。

9.1 openGauss中的事务控制

本节主要介绍openGauss中提供的事务控制的几种方式。银行数据库在转账、消费等场景下时往往涉及多条数据的改变，是一个典型的事务数据库场景。下面以一个简单的银行数据库为例，解释这类场景下事务控制的必要性和具体操作。

9.1.1 示例一个银行数据库

首先构建一个银行数据库。连接openGauss数据库，通过创建(Create Database)指令构建一个银行(bank)数据库。

```
openGauss = # Create Database bank;
CREATE DATABASE.
openGauss = # \c bank;
Non - SSL connection (SSL connection is recommended when requiring high - security)
You are now connected to database "bank" as user "omm".
bank = # \d
No relations found.
```

通过 Create Database 指令已经创建了一个空的银行数据库，通过\c 指令，用户可以进入这个数据库。目前这个数据库是空的，用户需要先给这个银行数据库创建(CREATE TABLE)一个账户表(account)，用于存储数据。

```
bank = # CREATE TABLE account( ID INT PRIMARY KEY      NOT NULL, NAME              TEXT
NOT NULL, BALANCE              INT      NOT NULL);
NOTICE:  CREATE TABLE / PRIMARY KEY will create implicit index "account_pkey" for table
"account"
CREATE TABLE
bank = # \d
                              List of relations
 Schema |  Name   | Type  | Owner |                Storage
--------+---------+-------+-------+--------------------------------------
 public | account | table | omm   | {orientation = row,compression = no}
(1 row)
```

通过创建表格指令，目前这个银行数据库中包含了一个 account 表格，表格包括人名(name)和余额(balance)信息。这个数据库可以简单存储该银行中每个人的存款余额。

初始化这个表，首先假定有两位用户在这个银行中有存款，分别是 TOM 和 MIKE，假定这两个用户都有 100 元的存款。

```
bank = # INSERT INTO account (ID,NAME,BALANCE) VALUES (0,'TOM',100);
INSERT 0 1
bank = # INSERT INTO account (ID,NAME,BALANCE) VALUES (1,'MIKE',100);
INSERT 0 1
bank = # select * from account;
 id | name | balance
----+------+---------
  0 | TOM  |     100
  1 | MIKE |     100
(2 rows)
```

通过两条插入指令之后，一个简单的银行数据库就初步被构建完成，其中表 account 记录了 MIKE 和 TOM 的账户余额，目前都为 100 元。下面解释为何事务在银行数据库中是必需的。

假设要记录一次从MIKE账户到TOM账户金额为100元的转账,那么需要下面两个简单的SQL命令来完成:

```
bank = # UPDATE account SET balance = balance - 100.00 WHERE name = 'MIKE';
UPDATE 1
bank = # UPDATE account SET balance = balance + 100.00 WHERE name = 'TOM';
UPDATE 1
bank = # select * from account;
 id | name | balance
---+----+---------
  1 | MIKE |       0
  0 | TOM  |     200
(2 rows)
```

通过两条UPDATE指令,数据库就进行了数据的更改。这些指令是非常简单的,但是指令本身不是这次事务的重点。这些指令重要的地方在于,这次转账过程是由两条独立的更新构成的一整套操作。这两条指令必须同时成功或者失败。转账成功,MIKE账户增加100元,而TOM账户减小100元。如果转账失败,他们两人的账户余额保持不变。openGauss要保证任何一次系统崩溃都不会导致MIKE没有支付但是TOM凭空增加了100元,或者MIKE支付了钱但TOM没收到。任意一个错误对于银行业务来讲都是致命的,数据库要保证操作的过程中一旦发生错误,任意一条更新都不会生效。

这便是对银行数据库的原子性要求,从事务的角度看,该事务的所有指令要么全部发生,要么全部不发生。

同时也希望一旦一个事务被确认且完成,那么这两条更新的数据就得永久地被存储在磁盘上。不能因为一次死机,导致TOM或者MIKE账户更新消失。这里其实对应的是事务的持久性。

事务的隔离性要求,主要体现在两个事务的互相影响上。例如,有两条指令,一条事务正在统计银行的总存款,而一条事务正在进行MIKE 100元的消费。如果这两条事务是分开发生的,那么分别执行下面两条SQL语句就可以了:

```
bank = # SELECT sum(balance) from account;
 sum
-----
 200
(1 row)

bank = # UPDATE account SET balance = balance - 100.00 WHERE name = 'TOM';
UPDATE 1
```

需要注意的问题是,如果两条事务同时进行,余额计算是否应该看到这100元的消费。这在事务中体现的是另外一个要点,即事务的隔离机制,9.2节会单独介绍,这里先不赘述。

上面初步介绍了什么是事务，以及事务的ACID特性，对于单一的SQL，往往要考虑多条SQL之间的相互关联。

通常，一次事务是由多个SQL组成的，因此在语法上需要一条指令标志下面一系列SQL将组成一个事务。同样，也需要使用一条指令标志这个事务的结束，即

```
bank = # 启动事务
bank = # UPDATE account SET balance = balance - 100.00 WHERE name = 'MIKE';
bank = # UPDATE account SET balance = balance + 100.00 WHERE name = 'TOM';
bank = # 提交事务
```

启动事务和**提交事务**就是用于表示事务开始和结束的标志。在openGauss中有对应的关键词进行描述。这样，通过两个关键词把多条SQL整合成一个事务。当然，除了提交事务之外，在开始事务之后还可以选择回滚数据库，让之前所有的修改失效。

```
bank = # 启动事务
bank = # UPDATE account SET balance = balance - 100.00 WHERE name = 'MIKE';
bank = # 回滚事务
```

这里希望通过回滚操作，将一些失败的修改删除，如上面的例子所示。在扣MIKE钱的过程中，发现出现了某些故障，于是用户决定取消这次交易，希望通过**回滚事务**这个操作在事务还没有提交的时候对事务进行回滚。这样，如果取消交易，MIKE账户也不会被扣除100元钱。

上述指令都在openGauss中得以实现，对应openGauss中的4种事务控制指令。

9.1.2 openGauss的4种事务控制指令

在上面的介绍中，使用关键词启动事务和提交事务等关键词定义了事务，但是仍然不知道使用什么指令以及它们的相关参数，下面介绍openGauss中提供的事务控制的几种指令。openGauss中主要提供了4种事务控制：启动事务、设置事务、提交事务、回滚事务。

1. 启动事务

事务不同于单独的SQL，往往由多条指令构成。为了让openGauss知道即将开启一次事务的处理流程，需要通过某条指令告诉openGauss：下面的一系列SQL是一个事务。具体地，openGauss提供了两种语法来开启一个事务：通过START TRANSACTION和BEGIN语法启动事务。

1）事务开启语法

（1）格式一：START TRANSACTION格式

通过START TRANSACTION启动事务。如果声明了隔离级别、读写模式，那么新事务就使用这些特性，类似执行了SET TRANSACTION。它的语法格式如下：

```
START TRANSACTION
  [
    {
       ISOLATION LEVEL { READ COMMITTED | SERIALIZABLE | REPEATABLE READ }
       | { READ WRITE | READ ONLY }
     } [, …]
  ];
```

(2) 格式二：BEGIN 格式

BEGIN 语法格式的内容和 START TRANSACTION 语法格式的内容较类似，如下所示：

```
BEGIN [ WORK | TRANSACTION ]
  [
    {
       ISOLATION LEVEL { READ COMMITTED | SERIALIZABLE | REPEATABLE READ }
       | { READ WRITE | READ ONLY }
      } [, …]
  ];
```

2) 启动事务参数说明

以下罗列了语法中的参数说明，供读者参考使用。

(1) WORK | TRANSACTION 参数：BEGIN 格式中的可选关键字，没有实际作用，使用时记得补充即可。

(2) ISOLATION LEVEL 参数：指定事务隔离级别，它决定当一个事务中存在其他并发运行事务时它能够看到什么数据。在事务中第一个数据修改语句(SELECT，INSERT，DELETE，UPDATE，FETCH，COPY)执行之后，事务隔离级别就不能再次设置。

参数取值范围：

① READ COMMITTED：读已提交隔离级别。

② REPEATABLE READ：可重复读隔离级别。

③ SERIALIZABLE：OpenGauss 目前功能上不支持此隔离级别。

(3) READ WRITE | READ ONLY 参数：指定事务访问模式(读/写或者只读)。

3) 启动事务示例

如下是一个开启事务的例子。

```
--以默认方式启动事务
openGauss = # START TRANSACTION;
openGauss = # SELECT * FROM tpcds.reason;
openGauss = # END;

--以默认方式启动事务
```

```
openGauss = # BEGIN;
openGauss = # SELECT * FROM tpcds.reason;
openGauss = # END;

-- 以隔离级别为 READ COMMITTED,读/写方式启动事务
openGauss = # START TRANSACTION ISOLATION LEVEL READ COMMITTED READ WRITE;
openGauss = # SELECT * FROM tpcds.reason;
openGauss = # COMMIT;
```

2. 设置事务

openGauss 通过 SET TRANSACTION 或者 SET LOCAL TRANSACTION 语法设置事务,这里仅介绍语法的内容,9.2 节将会具体解释事务的隔离级别,并辅导用户选择正确的隔离方式。

1) 设置事务功能

为当前事务设置特性。它对后面的事务没有影响。事务特性包括事务隔离级别、事务访问模式(读/写或者只读)。

2) 设置事务注意事项

此命令需要在事务中执行(即执行 SET TRANSACTION 之前需要执行 START TRANSACTION 或者 BEGIN),否则设置不生效。

3) 设置事务的语法格式

设置事务的隔离级别和读写模式。

```
{ SET [ LOCAL ] TRANSACTION|SET SESSION CHARACTERISTICS AS TRANSACTION }
  { ISOLATION LEVEL { READ COMMITTED | SERIALIZABLE | REPEATABLE READ }
  | { READ WRITE | READ ONLY } } [, ...]
```

4) 设置事务参数说明

下面给出具体每个参数的说明。

(1) LOCAL 参数。

作用:声明该命令只在当前事务中有效。

(2) SESSION 参数。

作用:声明这个命令只对当前会话起作用。

取值范围:字符串,要符合标识符的命名规范。

(3) ISOLATION LEVEL 参数。

作用:指定事务隔离级别,该参数决定当一个事务中存在其他并发运行事务时能够看到什么数据。

说明: *在事务中第一个数据修改语句(SELECT、INSERT、DELETE、UPDATE、FETCH、COPY)执行之后,事务隔离级别就不能再次设置。*

取值范围：

① READ COMMITTED：读已提交隔离级别，只能读到已经提交的数据，而不会读到未提交的数据。这是默认值。

② REPEATABLE READ：可重复读隔离级别，仅能看到事务开始之前提交的数据，不能看到未提交的数据，以及在事务执行期间由其他并发事务提交的修改。

③ SERIALIZABLE：可串行化隔离级别，openGauss目前功能上不支持此隔离级别。SERIALIZABLE等价于REPEATABLE READ。

(4) READ WRITE | READ ONLY参数：指定事务访问模式(读/写或者只读)。

5) 示例

下面是一个开启事务，并设定隔离级别的例子。

```
--开启一个事务,设置事务的隔离级别为READ COMMITTED,访问模式为READ ONLY.
openGauss=# START TRANSACTION;
openGauss=# SET LOCAL TRANSACTION ISOLATION LEVEL READ COMMITTED READ ONLY;
openGauss=# COMMIT;
```

3. 提交事务

openGauss通过COMMIT或者END可完成提交事务的功能，即提交事务的所有操作。

1) 提交事务功能描述

通过COMMIT或者END可完成提交事务的功能，即提交事务的所有操作。

2) 提交事务注意事项

执行COMMIT命令时，执行者必须是该事务的创建者或系统管理员，且创建和提交操作可以不在同一个会话中。

3) 提交事务语法格式

COMMIT语法相对比较简单，一般与开启事务对应，使用一条语句对前述的SQL进行提交。

```
{ COMMIT | END } [ WORK | TRANSACTION ] ;
```

4) 提交事务参数说明

(1) COMMIT | END参数

提交当前事务，让所有当前事务的更改对其他事务可见。

(2) WORK | TRANSACTION参数

可选关键字，除增加可读性外，没有其他任何作用。

5) 语法示例

下面给出一个例子。首先创建数据库，并通过事务添加数据，最后提交事务。

```
--创建表
openGauss=# CREATE TABLE tpcds.customer_demographics_t2
(
    CD_DEMO_SK                  INTEGER                 NOT NULL,
    CD_GENDER                   CHAR(1)                         ,
    CD_MARITAL_STATUS           CHAR(1)                         ,
    CD_EDUCATION_STATUS         CHAR(20)                        ,
    CD_PURCHASE_ESTIMATE        INTEGER                         ,
    CD_CREDIT_RATING            CHAR(10)                        ,
    CD_DEP_COUNT                INTEGER                         ,
    CD_DEP_EMPLOYED_COUNT       INTEGER                         ,
    CD_DEP_COLLEGE_COUNT        INTEGER
)
WITH (ORIENTATION = COLUMN,COMPRESSION=MIDDLE)
;

--开启事务
openGauss=# START TRANSACTION;

--插入数据
openGauss=# INSERT INTO tpcds.customer_demographics_t2 VALUES(1,'M', 'U', 'DOCTOR DEGREE',
1200, 'GOOD', 1, 0, 0);
openGauss=# INSERT INTO tpcds.customer_demographics_t2 VALUES(2,'F', 'U', 'MASTER DEGREE',
300, 'BAD', 1, 0, 0);

--提交事务,让所有更改永久化
openGauss=# COMMIT;

--查询数据
openGauss=# SELECT * FROM tpcds.customer_demographics_t2;

--删除表 tpcds.customer_demographics_t2
openGauss=# DROP TABLE tpcds.customer_demographics_t2;
```

4. 回滚事务

回滚是在事务运行的过程中发生了某种故障,事务不能继续执行,系统将事务中对数据库的所有已完成的操作全部撤销,通常用ROLLBACK指令完成。

1) 回滚事务功能描述

回滚当前事务并取消当前事务中的所有更新。在事务运行的过程中发生了某种故障,事务不能继续执行,系统将事务中对数据库的所有已完成的操作全部撤销,使数据库状态回到事务开始时。

2) 回滚事务注意事项

如果不在一个事务内部发出ROLLBACK就不会有问题,但是将抛出一个NOTICE信息。

3) 回滚事务语法格式

```
ROLLBACK [ WORK | TRANSACTION ];
```

4) 回滚事务参数说明

WORK | TRANSACTION

可选关键字。除增加可读性外,没有任何其他作用,用户可以选择是否填写该参数。

5) 回滚事务示例

```
openGauss = # START TRANSACTION;
-- 取消所有更改
openGauss = # ROLLBACK;
```

9.2 事务的4种隔离级别

本节介绍事务的隔离性。隔离性是指一个事务内部的操作及使用的数据对并发的其他事务是隔离的,并发执行的各个事务之间不能互相干扰。一致性和隔离性相互联系,在openGauss中均是基于MVCC和快照实现的;同时,两者又有一定区别,对于较高的隔离级别,除MVCC和快照外,还需要辅以其他机制来实现。

如表9-1所示,在数据库业界,一般将隔离性由低到高分为以下四个隔离级别,每个隔离级别按照在该级别下禁止发生的异常现象定义。这些异常现象包括:

(1) 脏读,指一个事务在执行过程中读到并发的、还没有提交的写事务的修改内容。

(2) 不可重复读,指在同一个事务内,先后两次读到的同一条记录的内容发生了变化(被并发的写事务修改)。

(3) 幻读,指在同一个事务内先后两次执行的、谓词条件相同的范围查询,返回的结果不同(并发写事务插入了新的记录)。

表9-1 四种隔离级别和对应的行为

隔离级别	脏读	不可重复读	幻读
读未提交	允许	允许	允许
读已提交	不允许	允许	允许
可重复读	不允许	不允许	允许
可串行化	不允许	不允许	不允许

隔离级别从低到高分别是:读未提交(READ UNCOMMITTED)、读已提交(READ COMMITTED)、可重复读(REPEATABLE READ)、可串行化(SERIALIZABLE)。

隔离级别越高,在一个事务执行过程中,它能感知到的并发事务的影响越小。在最高的可串行化隔离级别下,任意一个事务的执行,均感知不到有任何其他并发事务执行的影响,并且所有事务执行的效果和一个挨一个顺序执行的效果完全相同。

在 openGauss 中,可以请求读已提交、可重复读、可串行化这 3 种可能的事务隔离级别中的任意一种。但是在内部,实际上只有两种独立的隔离级别,分别对应读已提交、可重复读。目前 openGauss 中没有实现可串行化的隔离级别,如果选择了可串行化的级别,实际上获得的是可重复读。

要设置一个事务的隔离级别,请参考使用前面介绍的 SET TRANSACTION 命令,这里不再赘述。下面介绍这几种隔离级别产生的影响。

9.2.1 读未提交隔离级别

读未提交是隔离级别中最低的隔离级别,当事务隔离级别处于读未提交的隔离级别时,对事务间并发的影响并不额外考虑。如表 9-1 所示,读未提交对于常见的三种异常现象,都处于允许的状态。

读未提交的隔离级别要求,在并发时,当前事务可以查询其他事务尚未提交的数据,即使该数据未来可能会被回滚(ROLLBACK)。

在 openGauss 中无法请求该隔离级别。下面主要从 3 种异常现象对 openGauss 中可以请求的 3 种隔离级别进行讨论。

9.2.2 读已提交隔离级别

读已提交的隔离级别要求,当前事务只能查询该查询之前其他事务已经提交的数据,如果数据未提交,则当前查询不可见。需要注意的是,同一事务中之前已经进行的修改即使未提交,也是可以看见的。

表 9-1 列出了该隔离级别对比其他隔离级别的不同点:读已提交单独要求脏读在这一隔离级别中不被允许。具体理解读已提交隔离级别的含义,可以从脏读这一现象入手。

1. 脏读

脏读即一个事务中可以访问另一事物中修改但是未提交的数据。

1) 脏读场景

首先定义一个事务场景,以 9.1.1 节中的银行数据库为例。

TOM 的公司发了 100 元的津贴,但是由于财务失误,不小心将金额输入成 10 元,因此需要撤销。在发放津贴的同时,TOM 正在进行查询账户余额的操作,TOM 查询余额的时间正好在财务写错数据之后,回滚事务之前。

2) 场景的对应执行

该场景有如下事务 A 和事务 B 需要执行。

事务 A:将 TOM 的余额增加 10 元后取消。

```
START TRANSACTION;                                                  //开启事务
UPDATE account SET balance = balance + 10.00 WHERE name = 'TOM';    //增加余额
ROLLBACK;                                                           //回滚事务
```

事务B：查询TOM账户的余额是多少。

```
START TRANSACTION;                                                    //开启事务
SELECT balance FROM account WHERE name = 'TOM';                       //查询余额
COMMIT;                                                               //提交事务
```

表9-2列出了事务A与事务B脏读下的并发执行流程，第一列表示时间片，时间被分成6个时间片，第二列和第三列分别描述了事务A和事务B在每个时间片下的操作。

表9-2　脏读下的事务流程

时　　间	事　务　A	事　务　B
t1	开始事务	
t2		开始事务
t3	TOM增加10元钱，余额为110元	
t4		查询TOM余额(脏读，显示110元)
t5	回滚事务，余额变回100元	
t6		提交事务

从表9-2可以看出，TOM在事务A修改余额之后但是回滚之前进行了查询操作。在脏读这一场景下，TOM会读到那个因失误造成的，但是实际被撤销的110元，这显然是不合适的。通过开启读已提交隔离级别，脏读这一现象被设置成不允许，TOM便无法读取到财务没有提交的数据。

2. 读已提交实例

使用9.1.2节中提到的隔离级别代码，将事务的隔离级别设置成读已提交，避免脏读导致TOM读取到未提交的数据。表9-3描述了读已提交下的事务流程。

表9-3　读已提交下的事务流程

时　　间	事　务　A	事　务　B
t1	开始事务	
t2		开始事务
t3	设置隔离级别为读已提交	
t4		设置隔离级别为读已提交
t5	TOM增加10元钱，余额为110元	
t6		查询TOM余额(读已提交，显示100元)
t7	回滚事务，余额变回100元	
t8		提交事务

事务A的代码及运行结果：

```
bank = # START TRANSACTION;
START TRANSACTION
```

```
bank = # SET LOCAL TRANSACTION ISOLATION LEVEL READ COMMITTED;
SET
bank = # UPDATE account SET balance = balance + 10.00 WHERE name = 'TOM';
UPDATE 1
bank = # ROLLBACK;
```

事务 B 的代码及运行结果：

```
bank = # START TRANSACTION;
START TRANSACTION
bank = # SET LOCAL TRANSACTION ISOLATION LEVEL READ COMMITTED;
SET
bank = # SELECT balance FROM account WHERE name = 'TOM';
balance
----------
100
(1 row)
bank = # COMMIT;
```

对比脏读中事务 A 和事务 B 的代码，不同的是，在开启事务(START TRANSACTION)之后，设置事务的隔离级别为读已提交(READ COMMITTED)。事务 B 的查询(SELECT)不会读取到未提交的修改，只是读到原始的 100 元。

这里考虑有一个新的事务 C，它的指令如下：

```
bank = # START TRANSACTION;
START TRANSACTION
bank = # SET LOCAL TRANSACTION ISOLATION LEVEL READ COMMITTED;
SET
bank = # UPDATE account SET balance = balance + 10.00 WHERE name = 'TOM';
UPDATE 1
bank = # SELECT balance FROM account WHERE name = 'TOM';
balance
----------
110
(1 row)
bank = # COMMIT;
```

当前事务中未提交对 TOM 的修改，但是查询语句却能读取到这一修改，即使已经使用了读已提交的隔离级别。事实上，在读已提交的事务中，每个新的命令都是从一个新的快照开始的，但是这个快照只会包含之前已经提交的事务，那么在这个快照上进行的修改自然能够被同一事务所读取到。

9.2.3 可重复读隔离级别

可重复读的隔离级别要求当前事务只能查询该查询之前其他事务已经提交的数据。

但是，如果该事务进行中其他事务进行了数据的提交，这些提交对于该事务仍是不可见的。

从表9-1可看出可重复读对比读已提交的不同：可重复读要求不可重复读这一现象在这一隔离级别中不被允许。具体理解可重复读隔离级别的含义，可以从不可重复读这一现象入手。

1. 不可重复读

不可重复读指一个事务A在进行中，此时事务B新提交 X 数据的值（比如100）后，事务A读取了 X 的值，但是事务A又在事务B新提交之前读取过 X 的值（比如10），造成一次事务中关于同一个数据的两次读取内容不一致。

1）不可重复读场景

首先定义一个事务场景。

TOM的公司发放了100元的工资，TOM准备买一部新手机，然而TOM的妻子准备把这笔钱存起来。TOM进入手机店时刷银行卡发现余额还有100元，此时正好TOM的妻子转出100元并提交。TOM的银行卡扣费时发现余额发生变化，无法完成支付操作。

2）不可重复读场景的执行过程

该场景有事务A和事务B需要执行。

事务A：TOM的妻子转账减少存款。

```
START TRANSACTION;                                              //开启事务
UPDATE account SET balance = balance - 100.00 WHERE name = 'TOM';      //转账余额
COMMIT;                                                         //提交事务
```

事务B：TOM查询账户的余额是多少。

```
START TRANSACTION;                                          //开启事务
SELECT balance FROM account WHERE name = 'TOM';             //查询余额
SELECT balance FROM account WHERE name = 'TOM';             //扣款前确认
COMMIT;                                                     //提交事务
```

表9-4列出了事务A与事务B不可重复读下的并发执行流程，第二列和第三列分别描述事务A和事务B在每个时间片下的操作。

表9-4　不可重复读下的事务流程

时间	事　务　A	事　务　B
t1	开始事务	
t2		开始事务
t3		查询TOM余额（显示100元）
t4	转账，余额为0元	
t5	提交事务	
t6		查询TOM余额（不可重复读，显示0元）
t7		提交事务

从表 9-4 可以看出，TOM 的事务 B 在事务 A 修改余额之后读取到提交的余额修改，这会让数据库产生一定的困惑：一次事务中的两次读取获得的值却不一样。通过开启可重复读隔离级别，不可重复读这一现象被设置成不允许，可以保证事务 B 中每次读取到的值是一致的。

2. 可重复读实例

使用 9.1.2 节中提到的隔离级别代码将事务的隔离级别设置成可重复读，避免同一事务两次读取到不同的值。表 9-5 描述了可重复读下的事务流程。

表 9-5 可重复读下的事务流程

时间	事 务 A	事 务 B
t1		开始事务
t2	开始事务	
t3	设置隔离级别为可重复读	
t4		设置隔离级别为可重复读
t5		查询 TOM 余额(显示为 100 元)
t6	转账，余额为 0 元	
t7	提交事务	
t8		查询 TOM 余额(可重复读，显示为 100 元)
t9		提交事务

事务 A 的代码及运行结果：

```
bank = # START TRANSACTION;                                                    //t2
START TRANSACTION
bank = # SET LOCAL TRANSACTION ISOLATION LEVEL REPEATABLE READ ;               //t3
SET
bank = # UPDATE account SET balance = balance - 100.00 WHERE name = 'TOM'; //t6
UPDATE 1
bank = # COMMIT;                                                               //t7
```

事务 B 的代码及运行结果：

```
bank = # START TRANSACTION;                                                    //t1
START TRANSACTION
bank = # SET LOCAL TRANSACTION ISOLATION LEVEL REPEATABLE READ;                //t4
SET
bank = # SELECT balance FROM account WHERE name = 'TOM';                       //t5
balance
---------
100
(1 row)
bank = # SELECT balance FROM account WHERE name = 'TOM';                       //t8
balance
```

```
---------
100
(1 row)
bank = # COMMIT;                                                    //t9
```

对比不可重复读中事务 A 和事务 B 的代码，不同的是，在开启事务（START TRANSACTION）之后，设置事务的隔离级别为可重复读（REPEATABLE READ）。事务 B 的两次查询都能得到一样的值。

既然 TOM 的余额查询仍然是 100 元，这里考虑在事务 B 的 t9 之前加入一条指令对 TOM 进行扣款。

```
……………//t1～t6
bank = # SELECT balance FROM account WHERE name = 'TOM';                    //t8
balance
---------
100
bank = # UPDATE account SET balance = balance - 100.00 WHERE name = 'TOM';     //t9
ERROR:  could not serialize access due to concurrent update
```

这里会有一个报错，无法再对 TOM 的值进行修改。这也符合事实情况：TOM 的账户上实际已经没有钱了。实际在 openGauss 中这里通知有另外的修改操作，因此不能盲目修改。可重复读是对数据进行的加锁，防止数据库读出不一样的修改，同时也避免了对数据的错误修改。

由于是对数据的加锁，所以可重复读状态下是可以进行其他人员的余额修改的，比如这里将 t9 时刻执行的指令换成对 MIKE 账户的修改，那么该指令就可以正常执行了。

```
……………//t1～t6
bank = # SELECT balance FROM account WHERE name = 'TOM';                   //t8
balance
---------
100
bank = # UPDATE account SET balance = balance - 100.00 WHERE name = 'MIKE'; //t9
UPDATE 1
```

9.2.4　可串行化隔离级别

openGauss 中目前未支持这一级别，如果请求可串行化，实际得到的是可重复读的隔离级别。这里仅做介绍，不提供具体的代码演示。

可串行化提供了最严格的隔离级别，该级别将模拟所有事物串行的执行，事务之间的干扰将最小化。从表 9-4 可看出可串行化与可重复读的区别：可串行化还要求幻读这一现象在这一隔离级别中不被允许。具体理解可串行化隔离级别的含义，可以从幻读这一现象入手。

1. 幻读

幻读指某个事务 A 在进行中，先进行一个操作（比如求和），得到一个值。接着事务 B 进行一次提交，事务 A 重复刚才的操作，发现值不一样。看上去和不可重复读有很相近，其实这两个现象之间存在着明显的不同。幻读和不可重复读的关键在于是锁住了某行数据，还是锁住了整列数据。

1）幻读场景

首先定义一个事务场景。银行准备统计总的存款数目，发现 TOM 和 MIKE 加起来一共 200(100＋100)元，此时正好有一个新的客户 TIM 开户，存入 100 元。银行再次确认总存款数目，发现金额变成 300(100＋100＋100)元。

2）幻读场景的执行过程

该场景有事务 A 和事务 B 需要执行。

事务 A：新客户开户。

```
START TRANSACTION;                                                    //开启事务
INSERT INTO account (ID,NAME,BALANCE) VALUES (2,'TIM',100);           //新客户
COMMIT;                                                               //提交事务
```

事务 B：统计存款。

```
START TRANSACTION;                                                  //开启事务
SELECT sum(balance) from account;                                   //统计总存款
SELECT sum(balance) from account;                                   //统计总存款
COMMIT;                                                             //提交事务
```

表 9-6 列出了事务 A 与事务 B 幻读下的并发执行流程，第二列和第三列分别描述了事务 A 和事务 B 在每个时间片下的操作。

表 9-6　不可重复读下的事务流程

时间	事　务　A	事　务　B
t1	开始事务	
t2		开始事务
t3		查询总存款为 200 元
t4	新客户 TIM 开户，余额为 100 元	
t5	提交事务	
t6		查询总存款（幻读，显示 300 元）
t7		提交事务

从表 9-6 可以看出，事务 B 中 TOM 在事务 A 中增加客户之后发生了幻读，读到不一样的值。可串行读的隔离级别，幻读这一现象被设置成不允许，可以保证事务 B 中每次读取到的值是一致的。

2. 可串行化实例

使用9.1.2节中提到的隔离级别代码，将事务的隔离级别设置成可串行化，避免同一事务两次读取到不同的值。表9-7描述了可串行化的事务流程。

表9-7 可串行化的事务流程

时间	事 务 A	事 务 B
t1		开始事务
t2	开始事务	
t3	设置隔离级别为可串行化	
t4		设置隔离级别为可串行化
t5		查询总存款(200元)
t6	新客户TIM,余额为100元	
t7	提交事务	
t8		查询总存款(可串行化,显示为200元)
t9		提交事务

可串行化避免了幻读。幻读这一现象本身与不可重复读存在较大的相似之处,关键在于是对数据还是列的锁定。幻读的避免要对列进行锁定,会占据非常多的资源。目前可串行化这一隔离级别不被openGauss所支持。

9.3 自治事务

自治事务(autonomous transaction)将一个主事务分隔成几个子事务,在执行完子事务以后再继续执行主事务。子事务是独立于主事务的,子事务中的ROLLBACK和COMMIT操作只会影响子事务中的DML操作;同样,主事务中的ROLLBACK和COMMIT操作只会影响主事务中的DML操作,而不会影响子事务中的操作。在子事务中已经COMMIT的操作,不会被主事务中的ROLLBACK撤销。

自治事务在函数或存储过程中定义,声明使用关键字PRAGMA AUTONOMOUS_TRANSACTION。

对自治事务的介绍,主要包含用户自定义函数支持自治事务,存储过程支持自治事务和规格约束3方面内容。

9.3.1 用户自定义函数支持自治事务

自治事务可以在函数中定义,定义时使用标识符PRAGMA AUTONOMOUS_TRANSACTION,执行的函数块中使用包含START TRANSACTION和COMMIT/ROLLBACK的SQL语句,其余语法与使用CREATE FUNCTION创建函数的语法类似,下面介绍一个简单的用例。

(1) 创建一个 test1 表。

```
CREATE TABLE test1 (a int, b text);
```

(2) 创建一个包含自治事务的函数。

```
CREATE OR REPLACE FUNCTION autonomous_easy_2(i int) RETURNS integer
LANGUAGE plpgsql
AS $ $
DECLARE
    PRAGMA AUTONOMOUS_TRANSACTION;
BEGIN
    START TRANSACTION;
    INSERT INTO test1 VALUES (2, 'a');
    IF i % 2 = 0 THEN
        COMMIT;
    ELSE
        ROLLBACK;
    END IF;
  RETURN i % 2 = 0;
END;
 $ $ ;
```

(3) 执行函数命令。

```
select autonomous_easy_2(1);
```

(4) 得到该指令的执行结果。

```
autonomous_easy_2
--------------------
                  0
(1 row)
```

(5) 执行 SELECT 命令,查询 test1 表数据。

```
select * from test1;
-- 执行结果.
 a  | b
---+---
(0 rows)
```

(6) 第二次执行函数命令。

```
select autonomous_easy_2(2);
```

(7) 得到 select 执行结果。

```
autonomous_easy_2
--------------------
                  1
(1 row)
```

(8) 执行命令,查询 test1 表数据。

```
select * from test1;
```

(9) 执行 test1 的结果。

```
a   | b
---+---
 2  | a
(1 row)
```

(10) 清空表数据。

```
truncate table test1;
```

(11) 在回滚的事务块中执行包含自治事务的函数。

```
begin;
insert into test1 values(1,'b');
select autonomous_easy_2(2);
rollback;
```

(12) 检查表数据。

```
select * from test1;
```

(13) 执行结果如下。

```
a  | b
--+---
 2 | a
(1 row)
```

上述例子,最后在回滚的事务块中执行包含自治事务的函数,直接说明了自治事务的特性,即主事务的回滚,不会影响自治事务已经提交的内容。

9.3.2 存储过程支持自治事务

存储过程支持自治事务,执行的函数块中使用 starttransaction 和 commit 分别作为开头和结尾指令,包含要执行的 SQL 语句。其余语法与使用 CREATE PROCEDURE 创建存储过程的语法类似。下面是一个简单的例子。

(1) 创建 test1 表。

```
CREATE TABLE test1 (a int, b text);
```

(2) 创建包含自治事务的存储过程 autonomous_easy_1。

```
CREATE OR REPLACE PROCEDURE autonomous_easy_1(i int)
AS
DECLARE
    PRAGMA AUTONOMOUS_TRANSACTION;
BEGIN
    START TRANSACTION;
    INSERT INTO test1 VALUES (2, 'a');
    IF i % 2 = 0 THEN
        COMMIT;
    ELSE
        ROLLBACK;
    END IF;
END;
/
```

(3) 第一次执行存储过程。

```
select autonomous_easy_1(1);
```

(4) 查看表数据。

```
select * from test1;
```

(5) 执行指令后结果如下。

```
a   | b
---+---
(0 rows)
```

(6) 执行存储过程。

```
select autonomous_easy_1(2);
```

(7) 查看 test1 表数据。

```
select * from test1;
```

(8) 该 select 结果如下。

```
a  | b
--+---
 2 | a
(1 row)
```

(9) 清空 test1 表数据。

```
truncate table test1;
```

(10) 在回滚的事务块中执行包含自治事务的存储过程。

```
begin;
insert into test1 values(1,'b');
select autonomous_easy_2(2);
rollback;
```

(11) 再次查看表数据。

```
select * from test1;
```

(12) 得到的结果如下。

```
a  | b
--+---
 2 | a
(1 row)
```

上述例子,最后在回滚的事务块中执行包含自治事务的存储过程,也能直接说明自治事务的特性,即主事务的回滚,不会影响自治事务已经提交的内容。

9.3.3 规格约束

自治事务并不能在任何场景下都发挥作用,这里主要列出 openGauss 中对自治事务的一些约束。

(1) 触发器函数不支持自治事务。

(2) 函数或者存储过程的自治事务块中,静态 SQL 语句不支持变量传递。

这里分如下两种情况。

① 自治事务不支持以下函数的执行,SQL 语句中含有变量 i。

```
CREATE OR REPLACE FUNCTION autonomous_easy_2(i int) RETURNS integer
LANGUAGE plpgsql
AS $ $
```

```
DECLARE
PRAGMA AUTONOMOUS_TRANSACTION;
BEGIN
START TRANSACTION;
INSERT INTO test1 VALUES (i, 'test');
COMMIT;
RETURN 42;
END;
$ $ ;
```

② 如果想使用参数的传递，请使用动态语句 EXCUTE 进行变量替换，如下面的例子可以执行。

```
CREATE OR REPLACE FUNCTION autonomous_easy(i int) RETURNS integer
LANGUAGE plpgsql
AS $ $
DECLARE
PRAGMA AUTONOMOUS_TRANSACTION;
BEGIN
START TRANSACTION;
EXECUTE 'INSERT INTO test1 VALUES (' || i::integer || ', ''test'')';
COMMIT;
RETURN 42;
END;
$ $ ;
```

(3) 自治事务不支持执行嵌套。

(4) 包含自治事务的函数不支持参数传递的返回值。

如下面的例子中，返回值 ret 不会进行传递，只会返回 null。

```
create or replace function at_test2(i int) returns text
LANGUAGE plpgsql
as $ $
declare
ret text;
pragma autonomous_transaction;
begin
START TRANSACTION;
insert into at_tb2 values(1, 'before s1');
if i > 10 then
rollback;
else
commit;
end if;
```

```
select val into ret from at_tb2 where id = 1;
return ret;
end;
$ $ ;
```

(5) 包含自治事务的存储过程/函数,不支持 exception 异常处理。

(6) 触发器函数不支持自治事务。

9.4 小结

本章介绍了 openGauss 中的事务控制,首先介绍了事务的 ACID 特性,即原子性(Atomicity)、一致性(Consistency)、隔离性(Isolation)和持久性(Durability);其次构建了一个简单但经典的事务场景——银行数据库,对事物的 4 个特性进行了解释;然后介绍了 4 种事务控制指令——启动事务、设置事务、提交事务、回滚事务;最后介绍了事务控制中的 4 种隔离机制,学习了它们在不同场景下的意义。

9.5 习题

使用 9.1.1 节的银行数据库首先构建简单的银行数据库,包含 accounts 表,并导入 MIKE 和 TOM 的数据。

1. 编写指令,开启事务 A:加入新的客户 TIM,存款 100 元,提交并查看。

2. 编写指令,开启事务 A:更新 TIM 的存款为 200 元,统计银行总存款,回滚修改,并再次查询银行总存款。

3. 考虑如表 9-8 所示的并发场景下,开启可重复读的隔离级别,目前 TOM 有存款 100 元。

表 9-8 习题 3 的并发流程

时　间	事　务　A	事　务　B
t1	开始事务	
t2		开始事务
t3	TOM 取款 100 元	
t4	提交事务	
t5		查询 TOM 余额
t6		TOM 存入 100 元
t7		提交事务

(1) t5 时间显示的余额是多少?

(2) t6 时间的指令是否能正确执行?

4. 考虑如表 9-9 所示的并发场景下，目前 TOM 有存款 100 元。

表 9-9　习题 4 的并发流程

时　间	事　务　A	事　务　B
t1	开始事务	
t2		开始事务
t3	查询 TOM 余额	
t4		TOM 取 100 元
t5		提交事务
t6	查询 TOM 余额	
t7	TOM 存 100 元	
t8	提交事务	

(1) 若 t3 和 t6 时间查询余额不同，目前可能是什么隔离级别？

(2) 读已提交隔离级别下是否可以成功执行 t7 的指令。事务 A、B 完成后 TOM 的账户余额是多少？

第 10 章

数据库安全

数据库安全是数据库运行和维护的一个重要环节，只有保证数据库在安全的状态下运行，才能保证数据库中的数据安全，为用户提供安全的服务。在 openGauss 中，有多种措施共同维护数据库安全，这些措施大致可以划分为权限管理、安全策略和审计三个方面。本章首先介绍用户、角色和模式这些基本概念，然后从权限管理、安全策略和审计三个角度研究和验证 openGauss 的安全性措施。

10.1 用户

用户是数据库中的一种对象，能够使用其对应的用户名和密码登录数据库，根据被赋予的数据库操作权限执行相应的数据库命令来操作和访问数据库资源。

在 openGauss 中，用户可以被分为管理员和普通用户。

10.1.1 管理员

管理员有初始用户和系统管理员两种类型。

初始用户是特殊的管理员，是在 openGauss 安装过程中自动生成的用户。初始用户也是系统管理员、监控管理员、运维管理员和安全策略管理员。他们拥有系统的最高权限，能够执行所有的操作。初始用户与进行 openGauss 安装的操作系统用户同名，安装时需要手动设置密码。第一次登录数据库后，请及时修改初始用户的密码。初始用户会绕过所有权限检查，因此，建议仅将初始用户用作 DBA 来管理数据库，而非业务应用。

系统管理员是指具有 SYSADMIN 属性的账户，默认安装情况下具有与对象所有者相同的权限，但不包括 dbe_perf 模式的对象权限。要创建新的系统管理员，必须使用初始用户或者具有系统管理员身份的用户连接数据库，并使用带 SYSADMIN 选项的 CREATE USER 语句或 ALTER USER 语句进行设置。

在创建新的系统管理员之前，首先使用“SELECT * FROM pg_user;”命令查看数据库的用户列表，然后使用“SELECT * FROM pg_authid;”命令查看用户的属性，如图 10-1 和图 10-2 所示。用户 omm 就是数据库的初始用户，与安装 openGauss 的操作系统用户同名，只有用户 omm 具有 SYSADMIN 属性，即此时数据库中没有除 omm 外的其他系统管理员。

使用命令“CREATE USER sysadmin WITH SYSADMIN PASSWORD 'Bigdata@123';”创建新的系统管理员。除了使用 CREATE USER 命令外，也可以用 ALTER USER 命令将已经存在的用户设置为系统管理员，代码如下：

```
opengauss=# SELECT * FROM pg_user;
 usename | usesysid | usecreatedb | usesuper | usecatupd | userepl |  passwd  | valbegin | valuntil |
   respool    | parent | spacelimit |      useconfig       | nodegroup | tempspacelimit | spillspacelim
it
---------+----------+-------------+----------+-----------+---------+----------+----------+----------+
--------------+--------+------------+----------------------+-----------+----------------+--------------
---
 omm     |       10 | t           | t        | t         | t       | ******** |          |          |
 default_pool |      0 |            |                      |           |                |
 clerk   |    16407 | f           | f        | f         | f       | ******** |          |          |
 default_pool |      0 |            | {search_path=bank}   |           |                |
 yong    |    16703 | f           | f        | f         | f       | ******** |          |          |
 default_pool |      0 |            |                      |           |                |
(3 rows)
```

图 10-1　使用“SELECT * FROM pg_user;”命令

```
opengauss=# SELECT * FROM pg_authid;
 rolname | rolsuper | rolinherit | rolcreaterole | rolcreatedb | rolcatupdate | rolcanlogin | rolrepl
ication | rolauditadmin | rolsystemadmin | rolconnlimit |
                                                  rolpassword
                                                            | rolvalidbegin | rolvaliduntil |
rolrespool  | roluseft | rolparentid | roltabspace | rolkind | rolnodegroup | roltempspace | rolspill
space | rolexcpdata
---------+----------+------------+---------------+-------------+--------------+-------------+--------
--------+---------------+----------------+--------------------------------------------------------
-------------------------------------------------------------------------------------------------
-----------------------------------------------------------------------------+---------------+--
----------+----------+-------------+-------------+---------+--------------+--------------+--------
------+------------
 omm     | t        | t          | t             | t           | t            | t
        | t              | t             |            -1 | sha25640230ca5b844448f1a2b0679841d49522c659
0485bb25274ac666d34db040601768dcd0a227602e3af4c6a58a8268daebbced0b81c82c4b34365a99d5a2070857d194e7ea5
364118720c38ad5b1c4333c00bca851f9b71bbd7d24070bde4d068ecdfecefade |               |               | d
efault_pool | t        |           0 |             | n       |            0 |              |
      |
 clerk   | f        | t          | f             | f           | f            | t           | f
        | f              | f             |            -1 | sha256653dbb345e2895188af7b0eb824d386b754c5
dcd8b133145e19eb383018d1086a96a341d4d1c987014b74e9fa58a355834ef10d3eb9751476a8d5790c9ad4311e9dea8f38d
77febec677ba52c7f678254a18eece3d9425f5790cd5c9f00d056fecdfecefade |               |               | d
efault_pool | f        |           0 |             | n       |              |              |
      |
 yong    | f        | t          | f             | f           | f            | t           | f
        | f              | f             |            -1 | sha25692e080c9dc86af05babd3d55837f60e7e20d2
3b3e4b9e2ebd83b74ef2c72c9a3d9b86af1fcfcf87ad0b022e92fa7a1e8cd948726323de4ce1c506928b952615ac26a1f85a4
dee192540db492f05edb8746ebdf1f67b4c64575a16b7910b1586cecdfecefade |               |               | d
efault_pool | f        |           0 |             | n       |              |              |
      |
(3 rows)

opengauss=#
```

图 10-2　使用“SELECT * FROM pg_authid;”命令

```
opengauss = # CREATE USER sysadmin WITH SYSADMIN PASSWORD 'Bigdata@123';
CREATE ROLE
opengauss = # CREATE USER joe password 'Bigdata@123';
CREATE ROLE
opengauss = # ALTER USER joe SYSADMIN;
ALTER ROLE
```

系统管理员拥有对数据库极高的权限，如果系统管理员误操作或恶意破坏，将对数据库造成巨大的影响，为此，openGauss提出了“**三权分立**”的运行模式，将系统管理员的部分权限赋予安全管理员和审计管理员。这样，就形成了系统管理员、安全管理员和审计管理员“三权分立”的权限结构。系统管理员将不再具有CREATEROLE属性(安全管理员具有的属性)和AUDITADMIN属性(审计管理员具有的属性)，即不再拥有创建角色和用户的权限，并不再拥有查看和维护数据库审计日志的权限，系统管理员只能对自己作为所有者的对象有权限。需要注意的是：初始用户的权限不受三权分立设置的影响，初始用户仍然具有所有的权限。

10.1.2 普通用户

当用户登录 openGauss 时系统会对其进行身份验证。用户可以创建数据库、表、视图等，也可以对数据库执行查询、修改、删除等操作，对于用户拥有的数据库和数据库对象(如表)，用户可以向其他用户和角色授予对这些对象的权限以控制谁可以访问哪个对象。除系统管理员外，具有 CREATEDB 属性的用户可以创建数据库并为其他用户或角色授予对这些数据库的权限。

在非三权分立的运行模式下，普通用户账户可以由初始用户、系统管理员或拥有 CREATEROLE 属性的安全管理员创建和删除。三权分立时，用户账户只能由初始用户和安全管理员创建。

以初始用户 omm 的身份连接数据库后，创建用户 jim，将登录密码设置为 Bigdata@123，代码如下：

```
opengauss=# CREATE USER jim PASSWORD 'Bigdata@123';
CREATE ROLE
```

注意，密码必须满足如下安全规则：

(1) 密码默认不少于8个字符。

(2) 不能与用户名及用户名倒序相同。

(3) 至少包含大写字母(A～Z)、小写字母(a～z)、数字(0～9)、非字母数字字符(限定为～!@#$%^&*()-_=+\|[{}];:,<.>/?)四类字符中的三类字符。

(4) 创建用户时，应当使用双引号或单引号将用户密码括起来。

如果要创建具有 CREATEDB 权限的用户，则可以在创建用户时增加 CREATEDB 关键字，代码如下：

```
opengauss=# CREATE USER dim CREATEDB PASSWORD 'Bigdata@123';
CREATE ROLE
```

如果要对用户的属性进行修改，可以使用 ALTER USER 命令完成，包括对用户进行重命名，修改用户密码，锁定或解锁账户，以及追加权限等。ALTER USER 命令的使用示例如下，命令“ALTER USER jim RENAME TO jim_new;”将用户 jim 重命名为 jim_new，命令“ALTER USER jim_new CREATEROLE;”为 jim_new 用户追加了创建角色的 CREATEROLE 权限，命令“ALTER USER jim_new IDENTIFIED BY 'Abcd@123' REPLACE 'Bigdata@123';”将用户 jim_new 的登录密码由 Bigdata@123 修改为 Abcd@123，命令“ALTER USER jim_new ACCOUNT LOCK;”将用户 jim_new 锁定，命令

“ALTER USER jim_new ACCOUNT UNLOCK;”将用户 jim_new 解锁。

```
opengauss = # ALTER USER jim RENAME TO jim_new;
ALTER ROLE
opengauss = # ALTER USER jim_new CREATEROLE;
ALTER ROLE
opengauss = # ALTER USER jim_new IDENTIFIED BY 'Abcd@123' REPLACE 'Bigdata@123';
ALTER ROLE
opengauss = # ALTER USER jim_new ACCOUNT LOCK;
ALTER ROLE
opengauss = # ALTER USER jim_new ACCOUNT UNLOCK;
ALTER ROLE
```

当一个用户账户不再使用后,可以使用 DROP USER 命令将用户删除,代码如下:

```
opengauss = # DROP USER jim_new;
DROP ROLE
opengauss = # DROP USER dim;
DROP ROLE
```

10.2 角色

在数据库中,为了控制用户对数据库对象的访问,需要将各种复杂、繁多的权限赋予用户。如果将每个权限逐个分配给每位用户,不仅不便于管理,而且容易出现权限分配错误。因此,引入**角色**这一概念进行权限管理。角色是一组权限的集合。角色可以被赋予指定的权限,并被分配给其他用户,这样其他用户就有了角色对应的权限,从而实现了权限的高效管理和分配,极大地方便了用户的权限管理。但是,角色没有登录权限,也就是无法使用角色登录数据库。在对角色权限进行修改时需要注意,对角色进行权限赋予或撤销将会直接影响角色下面的所有成员。

在 openGauss 中,openGauss 提供了一个隐式定义的拥有所有角色的组 PUBLIC,所有创建的用户和角色默认拥有组 PUBLIC 所拥有的权限。

在非三权分立的运行模式下,只有系统管理员和具有 CREATEROLE 属性的用户才能创建、修改或删除角色。在三权分立的运行模式下,只有初始用户和具有 CREATEROLE 属性的用户才能创建、修改或删除角色。

使用系统管理员的身份连接数据库后,使用 CREATE ROLE 命令创建一个名为 manager 的新角色,设置密码为 Bigdata@123,代码如下:

```
opengauss = # CREATE ROLE manager IDENTIFIED BY 'Bigdata@123';
CREATE ROLE
```

在使用 CREATE ROLE 命令创建新角色时，可以指定角色的生效日期和失效日期，角色 miriam 从 2020 年 7 月 1 日开始生效，到 2020 年 12 月 1 日失效，代码如下：

```
opengauss = # CREATE ROLE miriam WITH LOGIN PASSWORD 'Bigdata@123' VALID BEGIN '2020 - 07 - 01'
VALID UNTIL '2020 - 12 - 01';
CREATE ROLE
```

如果修改角色的相关属性，可以使用 ALTER ROLE 命令。命令“ALTER ROLE manager IDENTIFIED BY 'abcd@123' REPLACE 'Bigdata@123';”将角色 manager 的密码由 Bigdata@123 改为 abcd@123，命令“ALTER ROLE manager SYSADMIN;”为角色 manager 增加了系统管理员权限，命令“ALTER ROLE manager RENAME TO manager_new;”将角色 manager 重命名为 manager_new，代码如下：

```
opengauss = # ALTER ROLE manager IDENTIFIED BY 'abcd@123' REPLACE 'Bigdata@123';
ALTER ROLE
Opengauss = # ALTER ROLE manager SYSADMIN;
ALTER ROLE
Opengauss = # ALTER ROLE manager RENAME TO manager_new;
ALTER ROLE
```

要查看数据库系统中存在的所有角色，可以使用命令“SELECT * FROM PG_ROLES;”查询 PG_ROLES 系统表。如图 10-3 所示，从 PG_ROLES 系统表中可以看到当前存在的所有角色以及相关的属性信息，可以看到新创建的 manager_new 和 miriam 两个角色，并且 manager_new 具有系统管理员权限。

```
opengauss=# SELECT * FROM PG_ROLES;
   rolname   | rolsuper | rolinherit | rolcreaterole | rolcreatedb | rolcatupdate | rolcanlogin | rol
replication | rolauditadmin | rolsystemadmin | rolconnlimit | rolpassword |     rolvalidbegin      |
   rolvaliduntil       |  rolrespool  | rolparentid | roltabspace |     rolconfig      |  oid  | rolu
seft | rolkind | nodegroup | roltempspace | rolspillspace
-------------+----------+------------+---------------+-------------+--------------+-------------+----
-----------+---------------+----------------+--------------+-------------+------------------------+-
-----------------------+--------------+-------------+-------------+--------------------+-------+-----
-----+---------+-----------+--------------+---------------
 omm         | t        | t          | t             | t           | t            | t           | t
           | t             | t              |           -1 | ********    |                        |
                       | default_pool |           0 |             |                    |    10 | t
    | n       |           |              |
 clerk       | f        | t          | f             | f           | f            | t           | f
           | f             | f              |           -1 | ********    |                        |
                       | default_pool |           0 |             | {search_path=bank} | 16407 | f
    | n       |           |              |
 yong        | f        | t          | f             | f           | f            | t           | f
           | f             | f              |           -1 | ********    |                        |
                       | default_pool |           0 |             |                    | 16703 | f
    | n       |           |              |
 miriam      | f        | t          | f             | f           | f            | t           | f
           | f             | f              |           -1 | ********    | 2020-07-01 00:00:00+08 |
2020-12-01 00:00:00+08 | default_pool |           0 |             |                    | 16908 | f
    | n       |           |              |
 manager_new | f        | t          | f             | f           | f            | f           | f
           | f             | t              |           -1 | ********    |                        |
                       | default_pool |           0 |             |                    | 16905 | f
    | n       |           |              |
(5 rows)

opengauss=#
```

图 10-3　查看所有角色

当角色不再被使用后,可以使用 DROP ROLE 命令删除相应的角色,代码如下:

```
opengauss = # DROP ROLE manager_new;
DROP ROLE
opengauss = # DROP ROLE miriam;
DROP ROLE
```

本节只介绍了创建、删除、修改角色基本属性等操作,如何使用角色进行权限管理将在10.4 节介绍。

10.3 模式

模式(schema)包含表、视图、索引、数据类型、函数及操作符等。使用模式带来许多便利:允许多个用户使用一个数据库并且不会互相干扰,比如用户可以针对同一张表各自定义视图或索引来加速查询;把数据库对象组织成逻辑组,让它们更便于管理,例如,一个用户定义的操作在一个模式中,便于维护和使用;第三方的应用可以放在不同的模式中,这样它们就不会和其他对象的名字冲突。

每个数据库包含一个或多个模式,模式类似于操作系统目录,但模式不能嵌套。具有所需权限的用户可以访问数据库的多个模式中的对象。在数据库创建用户时,系统会自动帮助用户创建一个同名模式。要在模式内创建表,要以 schema_name. table_name 的格式创建表。在 openGauss 中,初始用户和系统管理员可以创建模式,其他用户需要具备数据库的 CREATE 权限才可以在该数据库中创建模式。

使用系统管理员身份连接数据库后,使用命令 CREATE SCHEMA 就可以创建新的模式了。创建一个新的模式并命名为 ds,代码如下:

```
opengauss = # CREATE SCHEMA ds;
CREATE SCHEMA
```

如果要修改模式的名称或者模式的所有者,可以使用命令 ALTER SCHEMA 来完成。需要注意的是,模式所有者可以更改模式的名称,代码如下:

```
opengauss = # ALTER SCHEMA ds RENAME TO ds_new;
ALTER SCHEMA
```

使用"ALTER SCHEMA ds RENAME TO ds_new;"命令可将模式 ds 的名称修改为 ds_new。在修改模式的所有者前,首先创建一个新用户 jack,然后使用命令"ALTER SCHEMA ds_new OWNER TO jack;"将模式的所有者修改为 jack,代码如下:

```
opengauss = # CREATE USER jack PASSWORD "Bigdata@123";
CREATE ROLE
```

```
opengauss = # ALTER SCHEMA ds_new OWNER TO jack;
ALTER SCHEMA
```

为了查看系统中存在的所有模式,可使用命令"SELECT * FROM pg_namespace;"查询pg_namespace系统表。如图10-4所示,可以看到一个名为jack的模式,这是在创建jack用户时系统自动帮助用户创建的一个同名模式,且它和名为ds_new的模式为同一个用户所拥有。

```
opengauss=# SELECT * FROM pg_namespace;
      nspname       | nspowner | nsptimeline |        nspacl
--------------------+----------+-------------+----------------------
 pg_toast           |       10 |           0 |
 cstore             |       10 |           0 |
 dbe_perf           |       10 |           0 |
 snapshot           |       10 |           0 |
 pg_catalog         |       10 |           0 | {omm=UC/omm,=U/omm}
 public             |       10 |           0 | {omm=UC/omm,=U/omm}
 information_schema |       10 |           0 | {omm=UC/omm,=U/omm}
 jack               |    16913 |           0 |
 ds_new             |    16913 |           0 |
(9 rows)

opengauss=#
```

图10-4 查看所有模式

当然,仅通过PG_NAMESPACE系统表无法看出模式究竟属于哪个用户。为了查看模式所有者,要对系统表PG_NAMESPACE和pg_user执行关联查询。如图10-5所示,使用命令"SELECT s.nspname,u.usename AS nspowner FROM pg_namespace s,pg_user u WHERE s.nspowner = u.usesysid;"进行查询,就可以查看每个模式的所有者,此时可以看到jack和ds_new这两个模式的所有者都是jack。

```
opengauss=# SELECT s.nspname,u.usename AS nspowner FROM pg_namespace s, pg_user u WHERE s.nspowner =
u.usesysid;
      nspname       | nspowner
--------------------+----------
 pg_toast           | omm
 cstore             | omm
 dbe_perf           | omm
 snapshot           | omm
 pg_catalog         | omm
 public             | omm
 information_schema | omm
 jack               | jack
 ds_new             | jack
(9 rows)

opengauss=#
```

图10-5 查看所有模式的所有者

模式不再使用后,要使用命令DROP SCHEMA删除相应的模式。模式所有者可以删除模式,代码如下:

```
opengauss = # DROP SCHEMA ds_new;
DROP SCHEMA
```

10.4 用户权限设置与回收

openGauss 通过权限约束用户的行为，用户执行任何数据库命令都要有对应的权限，这是对数据库系统的保护，防止用户越权操作。在 openGauss 中，权限可以分为系统权限和对象权限。可以直接授予用户权限，也可以将权限授予角色来实现高效管理。当用户或角色所需的权限使用完毕后，要及时将权限回收，避免用户滥用权限造成不必要的损失。

10.4.1 将系统权限授予用户或者角色

系统权限是将数据库对象从无到有或从有到无的操作对应的权限，比如说创建和删除表、视图、存储过程等这些操作对应的权限都可以认为是系统权限。

在 openGauss 中，系统权限又称为用户属性，包括 SYSADMIN、CREATEDB、CREATEROLE、AUDITADMIN 和 LOGIN。系统权限一般通过 CREATE/ALTER ROLE 语法指定。其中，SYSADMIN 权限可以通过 GRANT/REVOKE ALL PRIVILEGES 授予或撤销。但系统权限无法通过 ROLE 和 USER 的权限被继承，也无法授予 PUBLIC。

使用系统管理员身份连接数据库后，创建一个名为 joe 的用户，并通过 GRANT ALL PRIVILEGES 这种方式将 SYSADMIN 权限授予用户 joe，通过 REVOKE ALL PRIVILEGES 命令，可以回收用户的 SYSADMIN 权限，代码如下：

```
opengauss = # CREATE USER joe PASSWORD "Bigdata@123";
CREATE ROLE
opengauss = # GRANT ALL PRIVILEGES TO joe;
ALTER ROLE
opengauss = # REVOKE ALL PRIVILEGES FROM joe;
ALTER ROLE
opengauss = # DROP USER joe;
DROP ROLE
```

创建一个名为 manager 的角色，并通过“ALTER ROLE manager CREATEDB;”命令将 CREATEDB 权限授予角色 manager，代码如下：

```
opengauss = # CREATE ROLE manager IDENTIFIED BY 'Bigdata@123';
CREATE ROLE
opengauss = # ALTER ROLE manager CREATEDB;
ALTER ROLE
```

然后，通过命令“ALTER ROLE manager NOCREATEDB;”回收角色 manager 的 CREATEDB 权限，代码如下：

```
opengauss = # ALTER ROLE manager NOCREATEDB;
ALTER ROLE
opengauss = # DROP ROLE manager;
DROP ROLE
```

10.4.2　将数据库对象授予角色或用户

对象权限赋予了特定用户或角色在不同的数据库对象(表和视图、指定字段、数据库、函数、模式、表空间等)上操作的能力,比如 DELETE 权限允许用户删除表和视图,SELECT 权限允许用户对表、视图等进行查询操作。

GRANT 命令将数据库对象的特定权限授予一个或多个角色。这些权限会追加到已有的权限上。只有声明了 WITH GRANT OPTION 选项时,被授权的用户才可以将此权限赋予他人,否则就不能授予他人。这个选项不能赋予 PUBLIC 组,这是 openGauss 特有的属性。

在 openGauss 中,PUBLIC 可以看作是一个隐含定义好的组,它总是包括所有角色。默认情况下,对表、表字段、序列、外部数据源、外部服务器、模式或表空间对象的权限不会授予 PUBLIC 组。openGauss 会将某些类型的对象上的权限授予 PUBLIC 组,这些对象包括:数据库的 CONNECT 权限、数据库的 CREATE TEMP TABLE 权限、函数的 EXECUTE 特权,以及语言和数据类型(包括域)的 USAGE 特权。

任何角色或用户都将拥有通过 GRANT 命令直接赋予的权限和所属的权限,再加上 PUBLIC 的权限。如果在 GRANT 命令中使用关键字 PUBLIC,那么表示该权限要赋予所有角色,包括以后创建的用户。

当然,对象拥有者可以撤销默认授予 PUBLIC 的权限并专门授予权限给其他用户。为了更安全,建议在同一个事务中创建对象并设置权限,这样其他用户就没有时间窗口使用该对象。另外,这些初始的默认权限可以使用 ALTER DEFAULT PRIVILEGES 命令修改。

在后面将数据库对象权限授予用户或角色的实验前,先完成一些准备工作。首先使用命令“CREATE USER joe PASSWORD 'Bigdata@123';”创建用户 joe;然后使用命令“CREATE SCHEMA tpcds;”创建 tpcds 模式,并在 tpcds 模式下使用 CREATE TABLE 命令创建一张名为 reason 的表,表中包含 r_reason_sk、r_reason_id 和 r_reason_desc 三列;最后使用命令“CREATE ROLE tpcds_manager PASSWORD 'Bigdata@123';”创建角色 tpcds_manager,代码如下:

```
opengauss = # CREATE USER joe PASSWORD 'Bigdata@123';
CREATE ROLE
opengauss = # CREATE SCHEMA tpcds;
CREATE SCHEMA
```

```
opengauss = # CREATE TABLE tpcds.reason
(
r_reason_sk     INTEGER     NOT NULL,
r_reason_id     CHAR(16)     NOT NULL,
r_reason_desc   VARCHAR(20)
);
CREATE TABLE
opengauss = # CREATE ROLE tpcds_manager PASSWORD 'Bigdata@123';
CREATE ROLE
```

创建好用户 joe、模式 tpcds 和角色 tpcds_manager 后，就可以进行权限授予的实验了。首先使用命令“GRANT USAGE ON SCHEMA tpcds TO joe;”将模式 tpcds 的使用权限授予用户 joe，注意，授予某个模式上的权限时，需要在 GRANT 命令中使用 ON SCHEMA 参数指定模式，代码如下：

```
opengauss = # GRANT USAGE ON SCHEMA tpcds TO joe;
GRANT
```

然后使用命令“GRANT ALL PRIVILEGES ON tpcds. reason TO joe;”将模式 tpcds 中的表 reason 的所有权限都授予用户 joe，代码如下：

```
opengauss = # GRANT ALL PRIVILEGES ON tpcds. reason TO joe;
GRANT
```

数据库对象的权限还有更细粒度的划分，使用命令“GRANT select(r_reason_sk, r_reason_id, r_reason_desc), update (r_reason_desc) ON tpcds. reason TO joe;”能将模式 tpcds 中表 reason 的列 r_reason_sk、r_reason_id、r_reason_desc 的查询权限，以及列 r_reason_desc 的更新权限授予 joe，代码如下：

```
opengauss = # GRANT
select(r_reason_sk,r_reason_id,r_reason_desc),
update (r_reason_desc)
ON tpcds. reason TO joe;
GRANT
```

数据库对象的权限也可以被授予角色，使用命令“GRANT USAGE, CREATE ON SCHEMA tpcds TO tpcds_manager;”将模式 tpcds 的访问权限和在 tpcds 下创建对象的权限授予角色 tpcds_manager，代码如下：

```
opengauss = # GRANT USAGE, CREATE ON SHCEMA tpcds TO tpcds_manager;
GRANT
```

注意，该命令中没有声明 WITH GRANT OPTION 选项，那么就不允许该角色中的用户将权限授予其他用户或角色。

10.4.3 节将继续使用本节创建的用户、角色和模式完成实验，此时暂不回收用户和角色的权限。

10.4.3 将用户或者角色的权限授予其他用户或角色

一般情况下，数据库对象被创建时都会被赋予一个所有者，通常，所有者就是执行对象创建语句的角色，所有者可以对该对象做任何事情。所有者或系统管理员为了让其他有需要的用户或角色按需访问一些对象，可以将权限授予其他用户或角色。

将一个角色或用户的权限授予一个或多个其他角色或用户，在这种情况下，每个角色或用户都可被视为拥有一个或多个数据库权限的集合。

当声明了选项 WITH ADMIN OPTION，被授权的用户可以将该权限再次授予其他角色或用户，以及撤销所有由该角色或用户继承到的权限。当授权的角色或用户发生变更或被撤销时，所有继承该角色或用户权限的用户拥有的权限都会随之发生变更。

数据库系统管理员可以给任何角色或用户授予/撤销任何权限。拥有 CREATEROLE 权限的角色可以赋予或者撤销任何非系统管理员角色的权限。

用户的权限可以授予其他用户。使用命令“GRANT create，connect ON DATABASE postgres TO joe WITH GRANT OPTION;”可将数据库 postgres 的连接权限和在 postgres 中创建 Schema 的权限授予用户 joe，代码如下：

```
opengauss = # CREATE USER senior_manager PASSWORD 'Bigdata123';
CREATE ROLE
opengauss = # GRANT create,connect ON DATABASE postgres TO joe WITH GRANT OPTION;
GRANT
opengauss =  GRANT joe TO senior_manager;
GRANT ROLE
```

注意，在此命令中声明了 WITH GRANT OPTION 选项，意味着 joe 可以将这些权限授予其他用户。创建一个新用户 senior_manager，使用命令“GRANT joe TO senior_manager;”就能将用户 joe 具有的权限授予用户 senior_manager。注意，senior_manager 不能再将这些权限授予其他用户或角色。

用户的权限还可以授予其他角色。创建一个新角色 manager，使用命令“GRANT joe TO manager WITH ADMIN OPTION;”将 joe 的权限授予 manager，并声明 WITH ADMIN OPTION 选项允许该角色将权限授予其他人，代码如下：

```
opengauss = # CREATE ROLE manager PASSWORD 'Bigdata123';
CREATE ROLE
opengauss = # GRANT joe TO manager WITH ADMIN OPTION;
GRANT ROLE
```

同样,角色拥有的权限也可以授予其他用户。使用命令“GRANT manager TO senior_manager;”能够将角色 manager 的权限授予用户 senior_manager,代码如下:

```
opengauss=# GRANT manager TO senior_manager;
GRANT ROLE
```

角色的权限也能授予其他角色,使用命令“GRANT manager TO tpcds_manager;”就可以将角色 manager 拥有的权限授予角色 tpcds_manager,代码如下:

```
opengauss=# GRANT manager TO tpcds_manager;
GRANT ROLE
```

10.4.4 权限回收

用户或角色的权限要及时回收,避免因为角色或用户拥有过多权限而造成不必要的损失,回收权限使用 REVOKE 命令。

命令“REVOKE joe FROM senior_manager;”将用户 joe 授予其他用户 senior_manager 的权限回收,命令“REVOKE joe FROM manager;”将用户 joe 授予其他角色 manager 的权限回收,命令“REVOKE manager FROM senior_manager;”将角色 manager 授予其他用户 senior_manager 的权限回收,命令“REVOKE manager FROM tpcds_manager;”将角色 manager 授予其他角色 tpcds_manager 的权限回收。命令“REVOKE ALL PRIVILEGES ON tpcds.reason FROM joe;”方便地将用户 joe 在模式 tpcds 中表 reason 上的权限全部回收,命令“REVOKE ALL PRIVILEGES ON SCHEMA tpcds FROM joe;”将用户 joe 在模式 tpcds 上的权限全部回收,命令“REVOKE USAGE, CREATE ON SCHEMA tpcds FROM tpcds_manager;”则将角色 tpcds_manager 在模式 tpcds 上的 USAGE 权限和 CREATE 权限回收。代码如下:

```
opengauss=# REVOKE joe FROM senior_manager;
REVOKE ROLE
opengauss=# REVOKE joe FROM manager;
REVOKE ROLE
opengauss=# REVOKE manager FROM senior_manager;
REVOKE ROLE
opengauss=# REVOKE manager FROM tpcds_manager;
REVOKE ROLE
opengauss=# REVOKE ALL PRIVILEGES ON tpcds.reason FROM joe;
REVOKE
opengauss=# REVOKE ALL PRIVILEGES ON SCHEMA tpcds FROM joe;
REVOKE
opengauss=# REVOKE USAGE,CREATE ON SCHEMA tpcds FROM tpcds_manager;
REVOKE
```

实验完成后，不要忘记使用 DROP 命令清理实验中创建的用户、角色、模式等对象，代码如下：

```
opengauss = # DROP TABLE tpcds.reason;
DROP TABLE
opengauss = # DROP SCHEMA tpcds;
DROP SCHEMA
opengauss = # DROP USER joe CASCADE;
DROP ROLE
opengauss = # DROP ROLE tpcds_manager;
DROP ROLE
opengauss = # DROP ROLE manager;
DROP ROLE
opengauss = # DROP ROLE senior_manager;
DROP ROLE
```

10.5 安全策略设置

在数据库中，信息安全问题不仅是技术层面的问题，管理方面存在的问题也必须引起重视，并制定相关的措施来解决这些管理问题。比如，用户的密码需要定期更换，如果用户安全意识松懈，没有按照要求周期性更换密码，那么极有可能带来安全风险。所以，必须制定合适的数据库安全策略，这是维护数据库安全的重要指导方针，不仅从技术上，也从管理上给数据库提供了安全保障。

安全策略一般是指在某个安全区域内，用于所有与安全相关的一套安全规则和行动策略。在 openGauss 中，安全策略主要有三方面，分别是账户安全策略、账号有效期和密码安全策略。

10.5.1 设置账户安全策略

在账户安全策略方面，openGauss 为账户提供了自动锁定和解锁账户、手动锁定和解锁账户，以及删除不再使用的账户等一系列安全措施，保证数据安全。

1. 自动锁定和解锁账户

为了保证账户安全，如果用户输入密码超过一定次数(参数 failed_login_attempts)，系统将自动锁定该账户，默认值为 10。次数设置得越小越安全，但是会给使用过程带来不便。若账户被锁定时间超过设定值(参数 password_lock_time)，则当前账户自动解锁，默认值为 1 天。时间设置得越长越安全，但是会给使用过程带来不便。这两个参数的默认值都符合安全标准，用户可以根据需要重新设置参数，提高安全等级。

当 failed_login_attempts 设置为 0 时，表示不限制密码错误次数。当 password_lock_time 设置为 0 时，表示即使超过密码错误次数限制导致账户锁定，也会在短时间内自动解锁。因此,只有两个配置参数都为正数时,才可以进行常规的密码失败检查、账户锁定和解锁操作。参数 password_lock_time 的整数部分表示天数,小数部分可以换算成时、分、秒。

登录数据库,使用命令"SHOW failed_login_attempts;"就可以查看已配置的参数 failed_login_attempts 的值,代码如下。可以看到,当前参数 failed_login_attempts 的值就是默认值 10。

```
opengauss = # SHOW failed_login_attempts;
failed_login_attempts
------------------------
 10
(1 row)
```

执行数据库命令"\q"退出数据库。注意,必须确保当前使用的是安装数据库的操作系统用户,本例中使用的用户为 omm。在操作系统 omm 用户下,执行命令"gs_guc reload -D /gaussdb/data/ecs-c32a -c "failed_login_attempts=15"",将参数 failed_login_attempts 的值修改为 15。注意,"/gaussdb/data/ecs-c32a "指的是数据目录,要根据实际情况调整。如图 10-6 所示,参数 failed_login_attempts 的值就成功地修改为 15 了。

```
[omm@ecs-c32a root]$ gs_guc reload -D /gaussdb/data/ecs-c32a -c "failed_login_attempts=15"
expected instance path: [/gaussdb/data/ecs-c32a/postgresql.conf]
gs_guc reload: failed_login_attempts=15: [/gaussdb/data/ecs-c32a/postgresql.conf]
server signaled

Total instances: 1. Failed instances: 0.
Success to perform gs_guc!

[omm@ecs-c32a root]$
```

图 10-6 修改 failed_login_attempts 的值

此时,再次登录数据库,使用命令"SHOW failed_login_attempts;"查看参数 failed_login_attempts 的值,代码如下,这时已经可以确认参数 failed_login_attempts 的值发生了变化。为了数据库安全,请及时退出数据库将参数 failed_login_attempts 的值改回默认值 10。

```
opengauss = # SHOW failed_login_attempts;
failed_login_attempts
------------------------
 15
(1 row)
```

同样,使用命令"SHOW password_lock_time;"可以查看已配置的参数 password_lock_time 的值,代码如下。password_lock_time 当前的值就是默认值 1。

```
opengauss = # SHOW password_lock_time;
password_lock_time
------------------------
 1
(1 row)
```

使用命令“\q”退出数据库，在操作系统用户 omm 下使用命令“gs_guc reload -N all -I all -c "password_lock_time＝2"”，将 password_lock_time 的值修改为 2。如图 10-7 所示，参数 password_lock_time 的值已经成功被修改为 2。

```
[omm@ecs-c32a root]$ gs_guc reload -N all -I all -c "password_lock_time=2"
could not stat file "(null)/build_completed.start": Permission denied
The file "(null)/gs_build.pid" open failed: Permission denied.
NOTICE: password_lock_time and failed_login_attempts must have positive for lock and unlock functions
 to work as.
Begin to perform gs_guc for all datanodes.

Total instances: 1. Failed instances: 0.
Success to perform gs_guc!


[omm@ecs-c32a root]$
```

图 10-7　修改 password_lock_time 的值

再次登录数据库，使用命令“SHOW password_lock_time;”查看参数 password_lock_time 修改后的值，代码如下。这时可以确定参数 password_lock_time 的值发生了变化。为了数据库安全，请及时退出数据库将参数 password_lock_time 的值改回默认值 1。

```
opengauss = # SHOW password_lock_time;
password_lock_time
------------------------
 2
(1 row)
```

2. 手动锁定和解锁账户

若管理员发现某账户被盗、非法访问等异常情况，可手动锁定该账户。当管理员认为账户恢复正常后，可手动解锁该账户。

使用命令“CREATE USER joe PASSWORD 'Bigdata@123';”创建新用户 joe。接下来，使用命令“ALTER USER joe ACCOUNT LOCK;”手动将用户 joe 锁定，此时 joe 用户就不能被使用了，必须等待解锁后才能正常使用。如果要解锁用户 joe，使用命令“ALTER USER joe ACCOUNT UNLOCK;”即可，代码如下：

```
opengauss = # CREATE USER joe PASSWORD 'Bigdata@123';
CREATE ROLE
opengauss = # ALTER USER joe ACCOUNT LOCK;
ALTER ROLE
opengauss = # ALTER USER joe ACCOUNT UNLOCK;
ALTER ROLE
```

3. 删除不再使用的账户

当确认账户不再使用，管理员可以删除账户，该操作不可恢复。当删除的用户正处于活动状态时，此会话状态不会立马断开，用户在会话状态断开后才会被完全删除。

当用户 joe 不再使用后，使用命令“DROP USER joe CASCADE;”就可以删除用户 joe，代码如下：

```
opengauss = # DROP USER joe CASCADE;
DROP ROLE
```

10.5.2 设置账号有效期

创建新用户时，需要限制用户的操作期限（有效开始时间和有效结束时间）。不在有效操作期内的用户需要重新设定账号的有效操作期。

使用命令“CREATE USER joe WITH PASSWORD 'Bigdata@123' VALID BEGIN '2020-07-10 08:00:00' VALID UNTIL '2022-10-10 08:00:00';”创建一个新用户joe，并且指定用户的有效开始时间是2020年7月10日8点，用户的有效结束时间是2020年10月10日8点，代码如下：

```
opengauss = # CREATE USER joe WITH PASSWIRD 'Bigdata@123' VALID BEGIN '2020 - 07 - 10 08:00:00'
VALID UNTIL '2020 - 10 - 10 08:00:00;';
CREATE ROLE
```

如果用户已不在有效使用期内，则需要重新设定账号的有效期，这包括有效开始时间和有效结束时间。使用命令“ALTER USER joe WITH VALID BEGIN '2020-11-10 08:00:00' VALID UNTIL '2021-11-10 08:00:00';”可以重新为用户joe指定账号的有效使用期，从2020年11月10日8点开始到2021年11月10日8点结束，代码如下：

```
opengauss = # ALTER USER joe WITH VALID BEGIN '2020 - 11 - 10 08:00:00' VALID UNTIL '2021 - 11 -
10 08:00:00;';
ALTER ROLE
```

需要注意的是，若在命令CREATE ROLE或命令ALTER ROLE语法中不指定选项VALID BEGIN，则表示不对用户的开始操作时间做限定；若不指定选项VALID UNTIL，则表示不对用户的结束操作时间做限定；若两者均不指定，则表示该用户一直有效。

10.5.3 设置密码安全策略

用户密码存储在系统表pg_authid中，为防止用户密码泄露，openGauss对用户密码可进行加密存储、密码复杂度设置、密码重用天数设置、密码有效期限设置等。

1. 配置加密算法

openGauss对用户密码进行加密存储，所采用的加密算法由配置参数password_encryption_type决定。

(1) 当参数password_encryption_type设置为0时，表示采用md5方式对密码加密。md5为不安全的加密算法，不建议使用。

（2）当参数 password_encryption_type 设置为 1 时，表示采用 sha256 和 md5 方式对密码加密。其中，md5 为不安全的加密算法，不建议使用。

（3）当参数 password_encryption_type 设置为 2 时，表示采用 sha256 方式对密码加密，这种情况通常为默认配置。

使用命令"SHOW password_encryption_type;"可以查看参数 password_encryption_type 的值，即当前配置的加密算法，代码如下，此时当前 password_encryption_type 的值为默认值 2。

```
opengauss = # SHOW password_encryption_type;
password_encryption_type
------------------------
 2
(1 row)
```

使用命令"\q"退出数据库，在操作系统用户 omm 下执行命令"gs_guc reload -N all -I all -c "password_encryption_type = 1""修改加密算法的配置，如图 10-8 所示，参数 password_encryption_type 的值已经被修改。

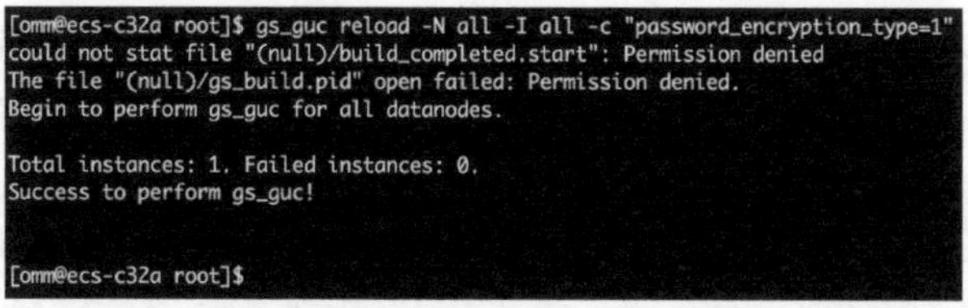

```
[omm@ecs-c32a root]$ gs_guc reload -N all -I all -c "password_encryption_type=1"
could not stat file "(null)/build_completed.start": Permission denied
The file "(null)/gs_build.pid" open failed: Permission denied.
Begin to perform gs_guc for all datanodes.

Total instances: 1. Failed instances: 0.
Success to perform gs_guc!


[omm@ecs-c32a root]$
```

图 10-8　修改参数 password_encryption_type 的值

再次登录数据库，使用命令"SHOW password_encryption_type;"查看参数 password_encryption_type 的值，代码如下，此时参数 password_encryption_type 的值已经被修改为 1。为了保证数据库安全，请及时退出数据库，将参数 password_encryption_type 的值修改回默认值 2。

```
opengauss = # SHOW password_encryption_type;
password_encryption_type
------------------------
 1
(1 row)
```

注意，为防止用户密码泄露，在执行 CREATE USER/ROLE 命令创建数据库用户时，不能指定 UNENCRYPTED 属性，即新创建的用户的密码只能是加密存储的。

2. 配置密码安全参数

初始化数据库、创建用户、修改用户时需要指定密码。密码必须符合密码复杂度（password_policy）的要求，否则会提示用户重新输入密码。是否采用密码复杂度校验由参数 password_policy 决定。

(1) 参数 password_policy 设置为 1 时，表示采用密码复杂度校验，此种情况通常为默认值。

(2) 参数 password_policy 设置为 0 时，表示不采用任何密码复杂度校验，这种情况存在安全风险，不建议设置为 0，即使需要设置，也要将所有 openGauss 节点中的 password_policy 都设置为 0 才能生效。

账户密码的复杂度要求如下：

(1) 包含大写字母(A～Z)的最少个数(password_min_uppercase)。

(2) 包含小写字母(a～z)的最少个数(password_min_lowercase)。

(3) 包含数字(0～9)的最少个数(password_min_digital)。

(4) 包含特殊字符的最少个数(password_min_special)。

(5) 密码的最小长度(password_min_length)。

(6) 密码的最大长度(password_max_length)。

(7) 至少包含上述四类字符中的三类。

(8) 不能和用户名、用户名的倒写相同，本要求对大小写不敏感。

(9) 不能和当前密码、当前密码的倒写相同。

使用命令"SHOW password_policy;"可以查看参数 password_policy 的值，即当前配置的密码复杂度参数，代码如下，此时当前 password_policy 的值为默认值 1。

```
opengauss=# SHOW password_policy;
password_policy
-------------------------
 1
(1 row)
```

使用命令"\q"退出数据库，在操作系统用户 omm 下执行命令"gs_guc reload -N all -I all -c "password_policy=0""修改密码复杂度参数的配置，关闭密码复杂度校验，如图 10-9 所示，参数 password_policy 的值已经被修改。

```
[omm@ecs-c32a root]$ gs_guc reload -N all -I all -c "password_policy=0"
could not stat file "(null)/build_completed.start": Permission denied
The file "(null)/gs_build.pid" open failed: Permission denied.
Begin to perform gs_guc for all datanodes.

Total instances: 1. Failed instances: 0.
Success to perform gs_guc!


[omm@ecs-c32a root]$
```

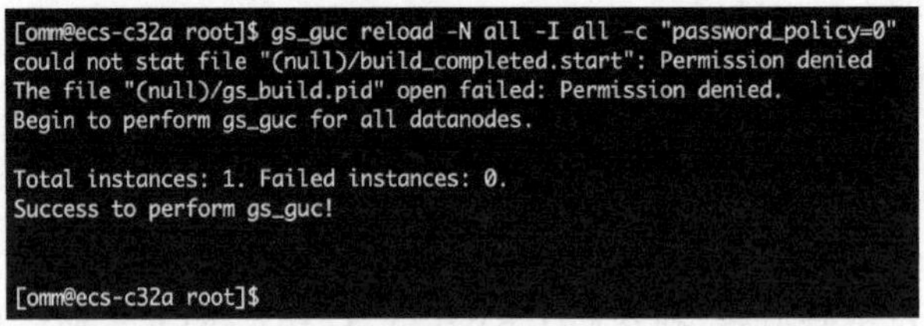

图 10-9　修改参数 password_policy 的值

再次登录数据库，使用命令"SHOW password_policy;"查看参数 password_policy 的值，代码如下，此时参数 password_policy 的值已经被修改为 0。为了保证数据库安全，请及时退出数据库，将参数 password_policy 的值修改回默认值 1。

```
opengauss = # SHOW password_policy;
password_policy
------------------------
 0
(1 row)
```

3. 配置密码重用

用户密码重用规则主要由密码不可重用天数(password_reuse_time)和不可重用次数(password_reuse_max)两个参数控制。用户修改密码时,只有超过不可重用天数或不可重用次数的密码才可以使用。

不可重用天数的取值为正数或 0,其中整数部分表示天数,小数部分可以换算成时,分,秒。不可重用天数的默认值为 60 天。如果 password_reuse_time 的值变小,则后续修改密码按新的参数进行检查。如果 password_reuse_time 的值变大(比如由 a 变大为 b),因为 b 天之前的历史密码可能已经删除,所以 b 天之前的密码仍有可能被重用,那么后续修改密码按新的参数进行检查。

不可重用次数的取值是正整数或 0。不可重用次数的默认值是 0,表示不检查重用次数。如果 password_reuse_max 的值变小,则后续修改密码按新的参数进行检查。如果 password_reuse_max 的值变大(比如由 a 变大为 b),因为 b 次之前的历史密码可能已经删除,所以 b 次之前的密码仍有可能被重用,那么后续修改密码按新的参数进行检查。

这两个参数值越大越安全,但是会给使用过程带来不便,其默认值符合安全标准,用户可以根据需要重新设置参数,提高安全等级。

登录数据库,使用命令"SHOW password_reuse_time;"和"SHOW password_reuse_max;"分别可以查看参数 password_reuse_time 和 password_reuse_max 的值,代码如下,此时当前参数 password_reuse_time 的值为默认值 60,当前参数 password_reuse_max 的值为默认值 0。

```
opengauss = # SHOW password_reuse_time;
password_reuse_time
------------------------
 60
(1 row)

opengauss = # SHOW password_reuse_max;
password_reuse_max
------------------------
 0
(1 row)
```

使用命令"\q"退出数据库,在操作系统用户 omm 下执行命令"gs_guc reload -N all -I all -c "password_reuse_time=70""修改参数 password_reuse_time 的值,执行命令"gs_guc reload -N all -I all -c "password_reuse_max = 5""修改参数 password_reuse_max 的值。如图 10-10 所示,参数 password_reuse_time 的值已经被修改为 70,参数 password_reuse_max 的值已经被修改为 5。

```
[omm@ecs-c32a root]$ gs_guc reload -N all -I all -c "password_reuse_time=70"
could not stat file "(null)/build_completed.start": Permission denied
The file "(null)/gs_build.pid" open failed: Permission denied.
NOTICE: Checks the configuration parameters password_reuse_time and password_reuse_max when modifying
 password, as long as either one, can be considered the password can be reused.
Begin to perform gs_guc for all datanodes.

Total instances: 1. Failed instances: 0.
Success to perform gs_guc!


[omm@ecs-c32a root]$ gs_guc reload -N all -I all -c "password_reuse_max = 5"
could not stat file "(null)/build_completed.start": Permission denied
The file "(null)/gs_build.pid" open failed: Permission denied.
Begin to perform gs_guc for all datanodes.

Total instances: 1. Failed instances: 0.
Success to perform gs_guc!


[omm@ecs-c32a root]$
```

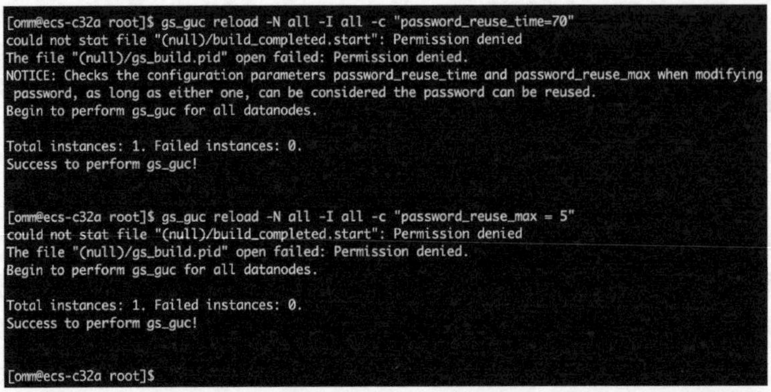

图 10-10 修改参数 password_reuse_time 和 password_reuse_max 的值

再次登录数据库,分别使用命令"SHOW password_reuse_time;"和"SHOW password_reuse_max;"查看参数 password_reuse_time 和 password_reuse_max 的值,代码如下,此时参数 password_reuse_time 的值已经被修改为 70,参数 password_reuse_max 的值已经被修改为 5。为了保证数据库使用方便,请及时退出数据库,将参数 password_reuse_time 的值修改为默认值 60,将参数 password_reuse_max 的值修改为默认值 0。

```
opengauss = # SHOW password_reuse_time;
password_reuse_time
------------------------
 70
(1 row)

opengauss = # SHOW password_reuse_max;
password_reuse_max
------------------------
 5
(1 row)
```

4. 配置密码有效期限

数据库用户的密码都有密码有效期(password_effect_time),当达到密码到期提醒天数(password_notify_time)时,系统会在用户登录数据库时提示用户修改密码。在 openGauss 中,考虑到数据库使用特殊性及业务连续性,密码过期后用户还可以登录数据库,但是每次登录都会提示修改密码,直至修改为止。参数 password_effect_time 的默认值为 90,参数 password_notify_time 的默认值为 7。

登录数据库,分别使用命令"SHOW password_effect_time;"和"SHOW password_

notify_time;"查看参数 password_effect_time 和 password_notify_time 的值,代码如下。可以发现,当前参数 password_effect_time 的值为默认值 90,当前参数 password_notify_time 的值为默认值 7。

```
opengauss = # SHOW password_effect_time;
password_effect_time
-----------------------
 90
(1 row)

opengauss = # SHOW password_notify_time;
password_notify_time
-----------------------
 7
(1 row)
```

使用命令"\q"退出数据库,在操作系统用户 omm 下执行命令"gs_guc reload -N all -I all -c "password_effect_time = 80""修改参数 password_effect_time 的值,执行命令"gs_guc reload -N all -I all -c "password_notify_time = 5""修改参数 password_notify_time 的值。如图 10-11 所示,参数 password_effect_time 的值已经被修改为 80,参数 password_notify_time 的值已经被修改为 5。

```
[omm@ecs-c32a root]$ gs_guc reload -N all -I all -c "password_effect_time = 80"
could not stat file "(null)/build_completed.start": Permission denied
The file "(null)/gs_build.pid" open failed: Permission denied.
Begin to perform gs_guc for all datanodes.

Total instances: 1. Failed instances: 0.
Success to perform gs_guc!

[omm@ecs-c32a root]$ gs_guc reload -N all -I all -c "password_notify_time = 5"
could not stat file "(null)/build_completed.start": Permission denied
The file "(null)/gs_build.pid" open failed: Permission denied.
Begin to perform gs_guc for all datanodes.

Total instances: 1. Failed instances: 0.
Success to perform gs_guc!


[omm@ecs-c32a root]$
```

图 10-11 修改参数 password_effect_time 和 password_notify_time 的值

再次登录数据库,分别使用命令"SHOW password_effect_time;"和"SHOW password_notify_time;"查看参数 password_effect_time 和参数 password_notify_time 的值。代码如下,参数 password_effect_time 的值已经被修改为 80,参数 password_notify_time 的值已经被修改为 5。为了保证数据库使用安全、方便,请及时退出数据库,将参数 password_effect_time 的值修改为默认值 90,将参数 password_notify_time 的值修改为默认值 7。

```
opengauss = # SHOW password_effect_time;
password_effect_time
```

```
 -------------------------
  80
 (1 row)

opengauss = # SHOW password_notify_time;
password_notify_time
 -------------------------
  5
 (1 row)
```

10.6 审计

数据库安全对数据库系统来说至关重要。数据库审计是对数据库活动的一种监管措施,通过记录数据库的所有操作行为,对数据库中的高风险操作进行实时警告,并在事后进行汇总和分析,得出安全性报告或对事故追根溯源。数据库审计通常是为了保护数据库中存储信息的隐私,提高数据库的安全性。

openGauss会将用户对数据库的所有操作写入审计日志。数据库安全管理员可以利用这些日志信息,重现导致数据库现状的一系列事件,找出非法操作的用户、时间和内容等。

10.6.1 审计开、关

openGauss审计总开关audit_enabled支持动态加载,在数据库运行期间修改该配置项的值会立即生效,无须重启数据库。它的默认值为"on",表示开启审计功能。除了审计总开关,各个审计项也有对应的开关,只有开关开启,对应的审计功能才能生效。各审计项的开关也支持动态加载,在数据库运行期间修改审计开关的值,不需要重启数据库便可生效。目前,openGauss支持以下审计项,见表10-1。

表10-1 配置审计项

配置项	描述
用户登录、注销审计	参数:audit_login_logout, 默认值为7,表示开启用户登录、退出的审计功能。设置该参数值为0,表示关闭用户登录、退出的审计功能。不推荐设置除0和7之外的值
数据库启动、停止、恢复和切换审计	参数:audit_database_process, 默认值为1,表示开启数据库启动、停止、恢复和切换的审计功能
用户锁定和解锁审计	参数:audit_user_locked, 默认值为1,表示开启审计用户锁定和解锁功能
用户访问越权审计	参数:audit_user_violation, 默认值为0,表示关闭用户越权操作审计功能
授权和回收权限审计	参数:audit_grant_revoke, 默认值为1,表示开启审计用户权限授予和回收功能

续表

配 置 项	描 述
数据库对象的 CREATE、ALTER、DROP 操作审计	参数：audit_system_object， 默认值为 12295，表示只对 DATABASE、SCHEMA、USER、DATA SOURCE 这四类数据库对象的 CREATE、ALTER、DROP 操作进行审计
具体表的 INSERT、UPDATE 和 DELETE 操作审计	参数：audit_dml_state， 默认值为 0，表示关闭具体表的 DML 操作（SELECT 除外）审计功能
SELECT 操作审计	参数：audit_dml_state_select， 默认值为 0，表示关闭 SELECT 操作审计功能
COPY 审计	参数：audit_copy_exec， 默认值为 0，表示关闭 copy 操作审计功能
存储过程和自定义函数的执行审计	参数：audit_function_exec， 默认值为 0，表示不记录存储过程和自定义函数的执行审计日志
SET 审计	参数：audit_set_parameter， 默认值为 1，表示记录 set 操作审计日志

登录数据库，使用命令“SHOW audit_enabled;”就可以查看审计总开关的配置。代码如下，审计总开关默认为开，audit_enabled 的默认值为“on”。

```
opengauss = # SHOW audit_enabled;
audit_enabled
------------------------
 on
(1 row)
```

如果要关闭审计功能，在退出数据库后，在操作系统 omm 用户下使用命令“gs_guc reload -N all -I all -c "audit_enabled = off"”，就可以关闭审计开关，如图 10-12 所示。

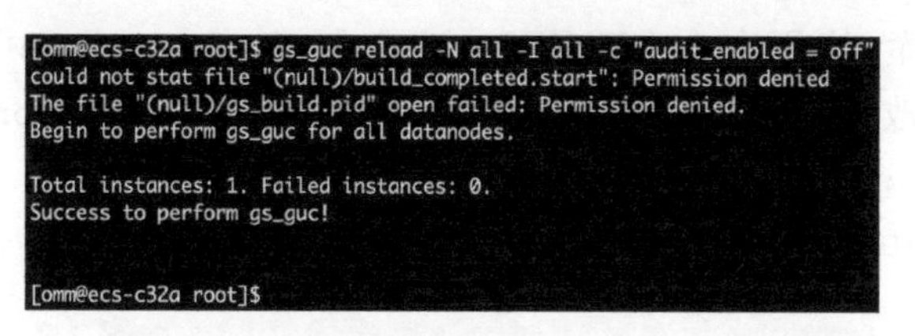

图 10-12　修改审计开关 audit_enabled 的值

再次登录数据库，使用命令“SHOW audit_enabled; ”查看审计总开关 audit_enabled 的值，可以看到审计开关已经关闭，代码如下：

```
opengauss = # SHOW audit_enabled;
audit_enabled
------------------------
 off
(1 row)
```

为了数据库安全，要及时退出数据库，使用命令“gs_guc reload -N all -I all -c "audit_enabled = on"”重新打开审计开关，只有开启审计功能，用户的操作才会被记录到审计文件中。

各个审计项开关均可以单独设置，各审计项的默认参数都符合安全标准，用户可以根据需要开启其他审计功能，但会对性能有一定影响。审计项开关的配置方法类似，下面以数据库启动、停止、恢复和切换审计项为例进行实验。

登录数据库，使用命令“SHOW audit_database_process;”查看审计项 audit_database_process 的默认值，代码如下。审计项 audit_database_process 的默认值为 1。

```
opengauss = # SHOW audit_database_process;
audit_database_process
-------------------------
 1
(1 row)
```

要想修改审计项 audit_database_process 的值，退出数据库后，在操作系统 omm 账户下执行命令“gs_guc reload -N all -I all -c " audit_database_process = 0"”，可以关闭 audit_database_process 审计项，如图 10-13 所示。

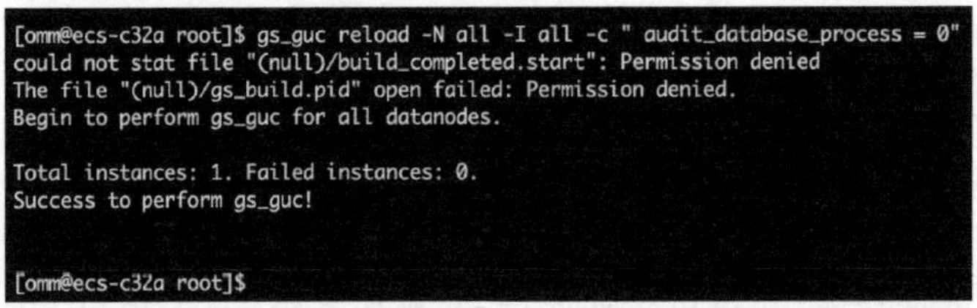

```
[omm@ecs-c32a root]$ gs_guc reload -N all -I all -c " audit_database_process = 0"
could not stat file "(null)/build_completed.start": Permission denied
The file "(null)/gs_build.pid" open failed: Permission denied.
Begin to perform gs_guc for all datanodes.

Total instances: 1. Failed instances: 0.
Success to perform gs_guc!


[omm@ecs-c32a root]$
```

图 10-13　修改审计项 audit_database_process 的值

再次登录数据库，使用命令“SHOW audit_database_process;”查看审计项 audit_database_process 修改后的值，代码如下此时审计项 audit_database_process 已被修改为 0。实验完成后，及时退出数据库，使用命令“gs_guc reload -N all -I all -c " audit_database_process = 1"”恢复审计项 audit_database_process 的值。

```
opengauss = # SHOW audit_database_process;
audit_database_process
-------------------------
 0
(1 row)
```

10.6.2　查看审计结果

为了查看数据库审计结果，必须确保审计功能总开关和需要审计的审计项开关已开启,并且数据库正常运行,对数据库执行了一系列增、删、改、查操作,保证在查询时段内有审计结果产生。同时,数据库各个节点审计日志需单独记录。

只有拥有 AUDITADMIN 属性的用户才可以查看审计记录,查询审计日志需要使用数据库提供的 SQL 函数 pg_query_audit(),其原型为 pg_query_audit(timestamptz startime, timestamptz endtime, audit_directory),其中参数 startime 和 endtime 分别表示审计记录的开始时间和结束时间,参数 audit_directory 表示所查看的审计日志信息所在的物理文件路径,当不指定参数 audit_directory 时,默认查看连接当前实例的审计日志信息。

登录数据库后,使用命令"SELECT time, type, result, username, object_name FROM pg_query_audit('2020-11-18 10:00:00', '2020-11-18 22:00:00');"查看某个时段的审计记录,如图 10-14 所示。在本示例中,仅选取了几个字段进行查看,用户可以根据需要选择查看的字段。

```
opengauss=# SELECT time,type,result,username,object_name  FROM pg_query_audit('2020-11-18 10:00:00','
2020-11-18 22:00:00');
          time          |     type      | result | username |   object_name
------------------------+---------------+--------+----------+-----------------
 2020-11-18 11:44:02+08 | login_success | ok     | omm      | postgres
 2020-11-18 11:44:02+08 | set_parameter | ok     | omm      | connection_info
 2020-11-18 11:45:21+08 | ddl_user      | ok     | omm      | yong
 2020-11-18 11:45:41+08 | ddl_database  | ok     | omm      | db_tpcc
 2020-11-18 11:45:58+08 | user_logout   | ok     | omm      | postgres
 2020-11-18 11:46:15+08 | login_success | ok     | yong     | db_tpcc
 2020-11-18 11:46:15+08 | set_parameter | ok     | yong     | connection_info
 2020-11-18 11:46:35+08 | ddl_schema    | ok     | yong     | yong
 2020-11-18 12:00:35+08 | user_logout   | ok     | yong     | db_tpcc
 2020-11-18 21:28:07+08 | login_success | ok     | omm      | postgres
 2020-11-18 21:28:07+08 | set_parameter | ok     | omm      | connection_info
 2020-11-18 21:28:07+08 | user_logout   | ok     | omm      | postgres
 2020-11-18 21:40:12+08 | login_success | ok     | omm      | postgres
 2020-11-18 21:40:12+08 | set_parameter | ok     | omm      | connection_info
 2020-11-18 21:41:30+08 | login_success | ok     | omm      | postgres
 2020-11-18 21:41:30+08 | set_parameter | ok     | omm      | connection_info
 2020-11-18 21:41:30+08 | user_logout   | ok     | omm      | postgres
 2020-11-18 21:41:54+08 | login_success | ok     | omm      | postgres
 2020-11-18 21:41:54+08 | set_parameter | ok     | omm      | connection_info
 2020-11-18 21:41:54+08 | user_logout   | ok     | omm      | postgres
 2020-11-18 21:50:12+08 | user_logout   | ok     | omm      | postgres
 2020-11-18 21:53:39+08 | login_success | ok     | omm      | postgres
 2020-11-18 21:53:39+08 | set_parameter | ok     | omm      | connection_info
 2020-11-18 21:53:57+08 | user_logout   | ok     | omm      | postgres
 2020-11-18 21:53:58+08 | login_success | ok     | omm      | postgres
 2020-11-18 21:53:58+08 | set_parameter | ok     | omm      | connection_info
 2020-11-18 21:55:07+08 | ddl_user      | ok     | omm      | joe
 2020-11-18 21:55:13+08 | ddl_user      | ok     | omm      | joe
 2020-11-18 21:58:37+08 | ddl_user      | ok     | omm      | joe
(29 rows)
```

图 10-14　查看审计记录

10.6.3　维护审计日志

维护审计日志的用户必须拥有审计权限。审计日志也由一组相关的配置参数控制,这些参数及其含义见表 10-2。

表 10-2　审计日志相关配置参数

配　置　项	含　　义	默　认　值
audit_directory	审计文件的存储目录	/var/log/gaussdb/用户名/pg_audit
audit_resource_policy	审计日志的保存策略	on(表示使用空间配置策略)

续表

配　置　项	含　义	默　认　值
audit_space_limit	审计文件占用的磁盘空间总量	1GB
audit_file_remain_time	审计日志文件的最小保存时间	90 天
audit_file_remain_threshold	审计目录下审计文件的最大数量	1 048 576 个

审计日志删除命令为数据库提供的 SQL 函数 pg_delete_audit()，其原型为 pg_delete_audit(timestamp startime，timestamp endtime)，其中参数 startime 和 endtime 分别表示审计记录的开始时间和结束时间。

目前常用的记录审计内容的方式有两种：记录到数据库的表中、记录到操作系统文件中。这两种方式的优缺点比较见表 10-3。从数据库安全角度出发，openGauss 采用记录到操作系统文件的方式保存审计结果，保证了审计结果的可靠性。

表 10-3　审计日志保存方式比较

方　式	优　点	缺　点
记录到数据库的表中	不需要用户维护审计日志	由于表是数据库的对象，如果一个数据库用户具有一定的权限，就能够访问到审计表。如果该用户非法操作审计表，则审计记录的准确性难以得到保证
记录到操作系统文件中	比较安全，即使一个账户可以访问数据库，但不一定有访问操作系统文件的权限	需要用户维护审计日志

维护审计日志的方法有多种，可以设置自动删除审计日志，设置审计文件个数的最大值，也可以手动备份审计文件或手动删除审计日志。下面分别介绍这几种维护审计日志的方法。

1. 设置自动删除审计日志

审计文件占用的磁盘空间或者审计文件的个数超过指定的最大值时，系统将删除最早的审计文件，并记录审计文件删除信息到审计日志中。审计文件占用的磁盘空间大小默认值为 1024MB，用户可以根据磁盘空间大小重新设置参数 audit_space_limit。

登录数据库，使用命令“SHOW audit_space_limit;”可以查看参数 audit_space_limit 的默认值，代码如下，默认值为 1GB。

```
opengauss = # SHOW audit_space_limit;
audit_space_limit
-----------------------
 1GB
(1 row)
```

退出数据库后，使用“gs_guc reload -N all -I all -c "audit_space_limit=2048MB"”将参

数 audit_space_limit 的值修改为 2GB，如图 10-15 所示。

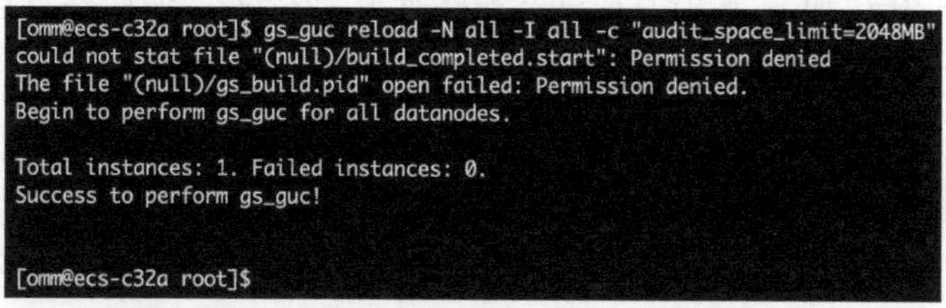

```
[omm@ecs-c32a root]$ gs_guc reload -N all -I all -c "audit_space_limit=2048MB"
could not stat file "(null)/build_completed.start": Permission denied
The file "(null)/gs_build.pid" open failed: Permission denied.
Begin to perform gs_guc for all datanodes.

Total instances: 1. Failed instances: 0.
Success to perform gs_guc!


[omm@ecs-c32a root]$
```

图 10-15　修改参数 audit_space_limit 的值

再次登录数据库，使用命令"SHOW audit_space_limit;"查看，代码如下。可以看到，参数 audit_space_limit 的值已经修改为 2GB。实验结束后，要及时退出数据库，将参数 audit_space_limit 的值改为默认值。

```
opengauss = # SHOW audit_space_limit;
audit_space_limit
------------------------
 2GB
(1 row)
```

2. 设置审计文件个数的最大值

设置审计文件个数的最大值由参数 audit_file_remain_threshold 控制，默认值为 1 048 576。

在数据库中使用命令"SHOW audit_file_remain_threshold;"查看当前参数 audit_file_remain_threshold 的值，代码如下，其值为默认值 1 048 576。

```
opengauss = # SHOW audit_file_remain_threshold;
audit_file_remain_threshold
------------------------
 1048576
(1 row)
```

退出数据库后，使用命令"gs_guc reload -N all -I all -c "audit_file_remain_threshold=524288""可以将参数 audit_file_remain_threshold 修改为 524 288，如图 10-16 所示。

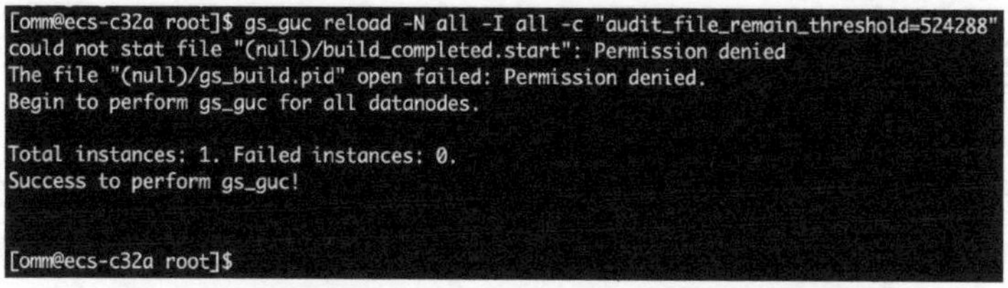

```
[omm@ecs-c32a root]$ gs_guc reload -N all -I all -c "audit_file_remain_threshold=524288"
could not stat file "(null)/build_completed.start": Permission denied
The file "(null)/gs_build.pid" open failed: Permission denied.
Begin to perform gs_guc for all datanodes.

Total instances: 1. Failed instances: 0.
Success to perform gs_guc!


[omm@ecs-c32a root]$
```

图 10-16　修改参数 audit_file_remain_threshold 的值

再次登录数据库，使用命令"SHOW audit_file_remain_threshold;"查看参数 audit_file_remain_threshold，代码如下，此时真值已经被修改为 524 288。实验结束后，请及时将参数 audit_file_remain_threshold 修改为默认值。

```
opengauss = # SHOW audit_file_remain_threshold;
audit_file_remain_threshold
---------------------------
 524288
(1 row)
```

3. 手动备份审计文件

当审计文件占用的磁盘空间或者审计文件的个数超过配置文件指定的值时，系统将会自动删除较早的审计文件，因此建议用户周期性地对比较重要的审计日志进行保存。手动备份审计文件需要首先使用命令"SHOW audit_directory;"获得审计文件所在目录(audit_directory)，代码如下，然后复制审计目录并保存。

```
opengauss = # SHOW audit_directory;
audit_directory
--------------------------------------------
 /var/log/gaussdb/omm/pg_audit/dn_6001
(1 row)
```

4. 手动删除审计日志

当不再需要某时段的审计记录时，可以使用审计接口命令 pg_delete_audit 进行手动删除。使用命令"SELECT pg_delete_audit('2020-11-1 ','2020-11-5');"即可删除相应时段的审计日志，代码如下：

```
opengauss = # SELECT pg_delete_audit('2020 - 11 - 1','2020 - 11 - 5');
pg_delete_audit
------------------

(1 row)
```

10.7 小结

本章首先介绍了 openGauss 中用户、角色、模式这些基本概念，然后介绍了 openGauss 中用户权限的管理、授权、回收，了解了如何使用角色实现高效的权限管理，接着介绍了 openGauss 中使用的安全策略，了解了账户安全策略、账号有效期、密码安全策略的设置。最后，本章还介绍了 openGauss 中重要的监管措施——审计，介绍了如何设置审计和审计项的开启和关闭以及如何维护审计日志。

10.8 习题

假设你是某银行的数据库管理员，数据库 a_bank 中已有数据表 worker(id，worker_name，age，dept)，请按照下面需求完成数据库安全配置。

1. 请为另外两位数据库管理员创建账户 Admin1 和 Admin2，并为他们赋予管理员权限。

2. 请为人事部经理创建账户 hr_manager，将表 worker 的所有权限赋予人事部经理 hr_manager。

3. 请为人事部创建角色 hr_role，将表 worker 的查询权限授予角色 hr_role。

4. 由于安全威胁日益严重，为了防范恶意攻击，请修改账户安全策略，使系统更加安全。

5. 近期有新人 Joe 入职，试用期 3 个月，请为他创建账户并设置合理的有效期。

6. 调查发现，员工的账户密码 3 个月修改 1 次，存在安全隐患，请设置合理的安全策略，保证密码的时效性。

7. 请打开审计开关，记录用户的登录和注销情况。

8. 请查询当天上午 8:00～10:00 的登录记录。

附录 A

Linux 操作系统相关命令

Linux 中的命令格式为 command [options] [arguments],其中括号表示是可选项,即有些命令不需要选项,也不需要参数,但有的命令在运行时需要多个选项或参数。

options(选项):选项是调整命令执行行为的开关。选项的不同决定了命令的显示结果不同。

arguments(参数):参数是指命令的作用对象。

1. vi/vim

文本编辑器,若文件存在,则是编辑;若文件不存在,则是创建并编辑文本。

命令语法:

```
vim [参数]
```

参数:可编辑的文件名。

命令示例:

编辑名为 clusterconfig 的 xml 文本:

```
vim clusterconfig.xml
```

注:vim 编辑器有以下三种模式。

(1) 正常模式:其他模式下按 Esc 键或按 Ctrl+[组合键进入,左下角显示文件名或为空。

(2) 插入模式:正常模式下按 i 键进入,左下角显示--INSERT--。

(3) 可视模式:正常模式下按 v 键进入,左下角显示--VISUAL--。

退出命令(正常模式下):

(1) :wq 保存并退出。

(2) :q! 强制退出并忽略所有更改。

(3) :e! 放弃所有修改,并打开原有文件。

2. cd

显示当前目录的名称,或切换当前的目录(打开指定目录)。

命令语法:

```
cd [参数]
```

参数说明如下。

(1) 无参数：切换用户当前目录。

(2) .：表示当前目录；

(3) ..：表示上一级目录；

(4) ～：表示 home 目录；

(5) /：表示根目录。

命令示例：

(1) 切换到 usr 目录下的 bin 目录中：

```
cd /usr/bin
```

(2) 切换到用户 home 目录：

```
cd
```

(3) 切换到当前目录(cd 后面接一个.)：

```
cd .
```

(4) 切换到当前目录的上一级目录(cd 后面接两个.)：

```
cd ..
```

(5) 切换到用户 home 目录：

```
cd ~
```

(6) 切换到根目录下：

```
cd /
```

注：切换目录需要理解绝对路径和相对路径这两个概念。

(1) 绝对路径：在 Linux 中，绝对路径是从/(即根目录)开始的，例如 /opt/software、/etc/profile，如果目录以/开始，则该目录就是绝对目录。

(2) 相对路径：是以 . 或.. 开始的目录。. 表示用户当前操作所在的位置，而 .. 表示上级目录。例如 ./gs_om 表示当前目录下的文件或者目录。

3. mv

文件或目录改名(move(rename)files)，或者将文件或目录移入其他位置，经常用来备份文件或者目录。

命令语法：

```
mv [选项] 参数 1  参数 2
```

常用选项如下。

-b：若需覆盖文件，则覆盖前先备份文件。

参数说明如下。

(1) 参数 1：源文件或目录。

(2) 参数 2：目标文件或目录。

命令示例：

(1) 将文件 python 重命名为 python.bak：

```
mv python python.bak
```

(2) 将/physical/backup 目录下的所有文件和目录移到/data/dbn1 目录下：

```
mv  /physical/backup/*  /data/dbn1
```

4. curl

在 Linux 中，curl 是一个利用 URL 规则在命令行下工作的文件传输工具，它支持文件的上传和下载，是综合传输工具。

命令语法：

```
curl [选项] [URL]
```

常用选项如下。

(1) -A/--user-agent <string>：设置用户代理发送给服务器。

(2) -C/--continue-at <offset>：断点续转。

(3) -D/--dump-header <file>：把 header 信息写入该文件中。

(4) -e/--referer：来源网址。

(5) -o/--output：把输出写到该文件中。

(6) -O/--remote-name：把输出写到该文件中，保留远程文件的文件名。

(7) -s/--silent：静默模式，不输出任何东西。

(8) -T/--upload-file <file>：上传文件。

(9) /--user <user[:password]>：设置服务器的用户和密码。

(10) -x/--proxy <host[:port]>：在给定的端口上使用 HTTP 代理。

(11) -#/--progress-bar：进度条显示当前的传送状态。

参数说明如下。

URL：指定的文件传输 URL 地址。

命令示例：将 url(https://mirrors.huaweicloud.com/repository/conf/openeuler_x86

_64. repo)的内容保存到/etc/yum. repos. d/openEuler_x86_64. repo 文件中。

```
curl  - o  /etc/yum. repos. d/openEuler _ x86 _ 64. repo  https://mirrors. huaweicloud. com/
repository/conf/openeuler_x86_64.repo
```

如果在传输过程中掉线,可以使用-C 的方式进行续传。

```
curl  - C  - O https://mirrors.huaweicloud.com/repository/conf/openeuler_x86_64.repo
```

5. yum

Shell 前端软件包管理器。基于 RPM 包管理,能够从指定的服务器自动下载 RPM 包并且安装,可以自动处理依赖性关系,并且一次安装所有依赖的软件包,无须烦琐地一次次下载和安装。

命令语法:

```
yum [options] [command] [package ...]
```

常用选项如下。

(1) -h:查看帮助。

(2) -y:安装过程提示选择全部为 yes。

(3) -q:不显示安装的过程。

参数说明如下。

(1) command:要进行的操作。

(2) package:安装的包名。

命令示例:列出所有可更新的软件清单命令:

```
yum check - update
```

更新所有软件命令:

```
yum update
```

列出所有可安装的软件清单命令:

```
yum list
```

安装指定的软件:

```
yum install  - y libaio - devel flex bison ncurses - devel glibc.devel patch lsb_release wget
python3
```

6. wget

wget是Linux下载文件最常用的命令。wget支持HTTP、HTTPS和FTP,支持自动下载,即可以在用户退出系统后在后台执行,直到下载结束。

命令语法:

```
wget [选项] [URL]
```

常用选项如下。

(1) -c:接着下载没下载完的文件。

(2) -b:启动后转入后台执行。

(3) -P:指定下载目录。

(4) -O:变更下载文件名。

(5) --ftp-user --ftp-password:使用FTP用户认证下载。

参数说明如下。

URL:指定的文件下载URL地址。

命令示例:

(1) 下载openGauss数据库安装文件到当前文件夹:

```
wget https://opengauss.obs.cn-south-1.myhuaweicloud.com/1.1.0/x86/openGauss-1.1.0-openEuler-64bit.tar.gz
```

(2) 使用wget断点续传:

```
wget -c https://opengauss.obs.cn-south-1.myhuaweicloud.com/1.1.0/x86/openGauss-1.1.0-openEuler-64bit.tar.gz
```

7. ln

为某个文件在另外一个位置建立一个同步的链接(软硬链接,若不带选项,则为硬链接)。

当不同的目录需要,用到相同的文件时,就不需要在每个需要的目录下都放一个必须相同的文件,只要在某个固定的目录放上该文件,然后在其他的目录下用ln命令链接(link)它就可以,不必重复占用磁盘空间。

命令语法:

```
ln [选项] 参数1 参数2
```

常用选项如下。

(1) -b:删除,覆盖以前建立的链接。

(2) -d:允许超级用户制作目录的硬链接。

(3) -s：软链接(符号链接)。

参数说明如下。

(1) 参数 1：源文件或目录。

(2) 参数 2：被链接的文件或目录。

命令示例：为 python 3 文件创建软链接/usr/bin/python，如果 python 3 丢失，/usr/bin/python 将失效：

```
ln -s python 3 /usr/bin/python
```

为 python 3 创建硬链接/usr/bin/python，python 3 与/usr/bin/python 的各项属性相同：

```
ln python3 /usr/bin/python
```

8. mkdir

mkdir 命令用于创建指定名称的目录，要求创建目录的用户在当前目录中具有写权限，并且指定的目录名不能是当前目录中已有的目录。

命令语法：

```
mkdir [选项] [参数]
```

常用选项如下。

(1) -p：可以是一个路径名称。此时若路径中的某些目录尚不存在，加上此选项后，系统将自动建立好那些尚不存在的目录，即一次可以建立多个目录(递归)。

(2) -v：每次创建新目录都显示信息。

(3) -m：设定权限<模式>（类似 chmod)，而不是 rwxrwxrwx 减 umask。

参数说明如下。

参数：需要创建的目录。

命令示例：

(1) 创建一个空目录：

```
mkdir test
```

(2) 递归创建多个目录：

```
mkdir -p /opt/software/openGauss
```

(3) 创建权限为 777 的目录(目录的权限为 rwxrwxrwx)：

```
mkdir -m 777 test
```

9. chmod

chmod 命令用于更改文件权限。

命令语法：

```
chmod [选项] <mode> <file...>
```

常用选项如下。

-R：以递归的方式对目前目录下的所有文件与子目录进行相同的权限变更。

参数说明：

mode：权限设定字串，详细格式如下：

```
[ugoa...][[+-=][rwxX]...][,...],
```

其中，[ugoa...]中的 u 表示该档案的拥有者，g 表示与该档案的拥有者属于同一个群体(group)者，o 表示 u. g 以外的人，a 表示所有（包含上面三者）；[＋－＝]中，＋表示增加权限，－表示取消权限，＝表示唯一设定权限；[rwxX]中，r 表示可读取，w 表示可写入，x 表示可执行，X 表示只有当该档案是个子目录或者该档案已经被设定过，才为可执行。

file：文件列表（单个或者多个文件、文件夹）。

命令示例：

(1) 设置所有用户可读取文件 cluterconfig. xml：

```
chmod ugo+r cluterconfig.xml
```

或

```
chmod a+r  cluterconfig.xml
```

(2) 当前目录下的所有档案与子目录皆设为任何人可读写：

```
chmod -R a+rw *
```

数字权限使用格式：

这种使用方式中，规定数字 4、2 和 1 表示读、写、执行权限，即 r＝4，w＝2，x＝1。

例如，rwx＝7(4＋2＋1)；rw＝6(4＋2)；r-x＝5(4＋0＋1)；r--＝4(4＋0＋0)；--x＝1(0＋0＋1)。

每个文件都可以针对 3 个粒度设置不同的 r、w、x（读、写、执行）权限，即可以用三个八进制数字分别表示拥有者、群组、其他组（u、g、o）的权限详情，并用 chmod 加 3 个八进制数字的方式直接改变文件权限，语法格式为：

```
chmod <abc> file...
```

其中，a、b、c 各为一个数字，分别代表 User、Group、Other 的权限，相当于简化版的 chmod u=权限，g=权限，o=权限 file...，而此处的权限将用八进制的数字表示 User、Group、Other 的读、写、执行权限。

命令示例：赋予 cluterconfig.xml 文件可读、可写、可执行权限(所有权限)：

```
chmod 777 cluterconfig.xml
```

赋予/opt/software/openGauss 目录下所有文件及其子目录用户所有权限组可读、可执行权限，其他用户可读、可执行权限：

```
chmod  R 755 /opt/software/openGauss
```

10. chown

利用 chown 将指定文件的拥有者改为指定的用户或组，用户可以是用户名或者用户 ID；组可以是组名或者组 ID；文件是以空格分开的要改变权限的文件列表，支持通配符。只有系统管理者(root)才有这样的权限。使用权限：**root**。

命令语法：

```
chown [选项] user[:group] file...
```

常用选项如下。

(1) -c：显示更改部分的信息。

(2) -f：忽略错误信息。

(3) -R：处理指定目录及其子目录下的所有文件。

参数说明如下。

(1) user：新的文件拥有者的使用者 ID。

(2) group：新的文件拥有者的使用者组(group)。

(3) file：文件。

命令示例：

(1) 将文件 file1.txt 的拥有者设为 omm，群体的使用者设为 dbgrp：

```
chown omm:dbgrp /opt/software/openGauss/clusterconfig.xml
```

(2) 将当前目录下的所有文件与子目录的拥有者皆设为 omm，群体的使用者设为 dbgrp：

```
chown - R omm:dbgrp *
```

11. ls

ls 命令用于列出文件和目录的内容。

命令语法：

```
ls [选项] [参数]
```

常用选项如下。

(1) -l：以长格式显示，列出文件的详细信息，如创建者、创建时间、文件的读写权限列表等。

(2) -a：列出文件下所有的文件，包括以“.”和“..”开头的隐藏文件（Linux下的文件隐藏文件是以 .开头的，如果存在 ..，则代表存在着父目录）。

(3) -d：列出目录本身而非目录内的文件，通常与-l一起使用。

(4) -R：同时列出所有子目录层，与-l相似，只是不显示文件的所有者，相当于编程中的“递归”实现。

(5) -t：按照时间进行文件的排序，Time(时间)。

(6) -s：在每个文件的后面打印出文件的大小，size(大小)。

(7) -S：以文件的大小进行排序。

参数说明如下。

参数：目录或文件。

命令示例：

以长格式列出当前目录中的文件及目录：

```
ls -l
```

12. cp

cp命令用于复制文件或者目录。

命令语法：

```
cp [选项] 参数1 参数2
```

常用选项如下。

(1) -f：如果目标文件无法打开，则将其移除并重试(当 -n 选项存在时，则不必再选此项)。

(2) -n：不要覆盖已存在的文件(使前面的 -i 选项失效)。

(3) -I：覆盖前询问(使前面的 -n 选项失效)。

(4) -p：保持指定的属性(默认：模式、所有权、时间戳)，如果可能，则保持附加属性，如环境、链接、xattr 等。

(5) -R，-r：复制目录及目录内的所有项目。

参数说明如下。

(1) 参数1：源文件。

(2) 参数 2：目标文件。

命令示例：将 home 目录中的 abc 文件复制到 opt 目录下：

```
cp /home/abc /opt
```

注意：目标文件存在时，会询问是否覆盖。这是因为 cp 是 cp -i 的别名。目标文件存在时，即使加了-f 标志，也还会询问是否覆盖。

13. rm

rm 命令用于删除一个目录中的一个或多个文件或目录，它也可以将某个目录及其下的所有文件及子目录均删除。对于链接文件，只是删除了链接，原有文件均保持不变。

rm 是一个危险的命令，使用的时候要特别当心，否则整个系统会毁于这个命令(比如在/(根目录)下执行 rm * rf)。所以，在执行 rm 之前最好先确认一下在哪个目录，操作时应事先思考清楚。

命令语法：

```
rm [选项] 参数
```

常用选项如下。

(1) -f：忽略不存在的文件，从不给出提示。

(2) -r：指示 rm 将参数中列出的全部目录和子目录均递归地删除。

参数：需要删除的文件或目录。

命令示例：

(1) 删除文件：

```
rm qwe
```

注意：输入 rm qwe 命令后，系统会询问是否删除，输入 y 后就会删除文件，若不想删除文件，则输入 n。

(2) 强制删除某个文件：

```
rm - rf clusterconfig.log
```

14. cat

cat 命令用于连接文件并在标准输出上输出。这个命令常用来显示文件内容，或者将几个文件连接起来显示，或者从标准输入读取内容并显示，它常与重定向符号配合使用。

命令语法：

```
cat [选项] [参数]
```

常用选项如下。

(1) -E：在每行的结束位置显示 $ 。

(2) -n：从 1 开始对所有输出行编号。

(3) -b 或--number-nonblank：和 -n 相似，只不过对空白行不编号。

(4) -v：使用^和 M-符号，除了 LFD 和 TAB 之外。

参数：可操作的文件名。

命令示例：

(1) 显示 textfile 文件的内容：

```
cat textfile
```

(2) 为 textfile1 和 textfile2 的文档加上行号(空白行不加)后将内容追加到 textfile3 文档：

```
cat -b textfile1 textfile2 >> textfile3
```

(3) 向/etc/profile 中追加内容(输入 EOF 表示结束追加)：

```
cat >>/etc/profile << EOF
> export LD_LIBRARY_PATH=/opt/software/openGauss/script/gspylib/clib:$LD_LIBRARY_PATH
> EOF
```

注意：EOF 是 end of file 的缩写，表示"文字流"(stream)的结尾。"文字流"可以是文件(file)，也可以是标准输入(stdin)。在 Linux 系统中，EOF 是当系统读取到文件结尾所返回的一个信号值(也就是－1)。